我想知！圖解十萬個為什麼

人體篇

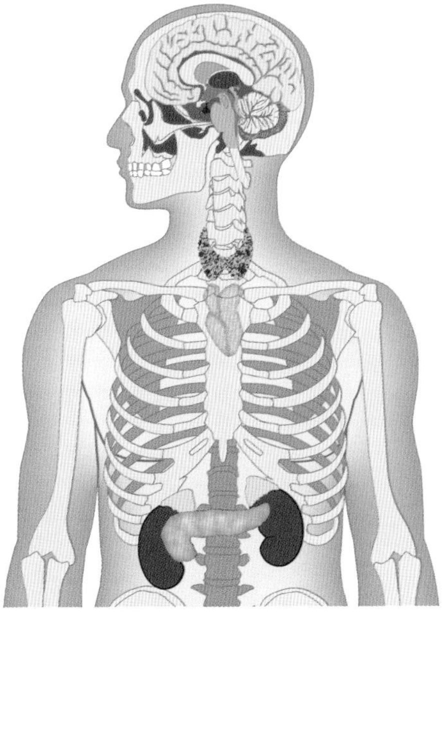

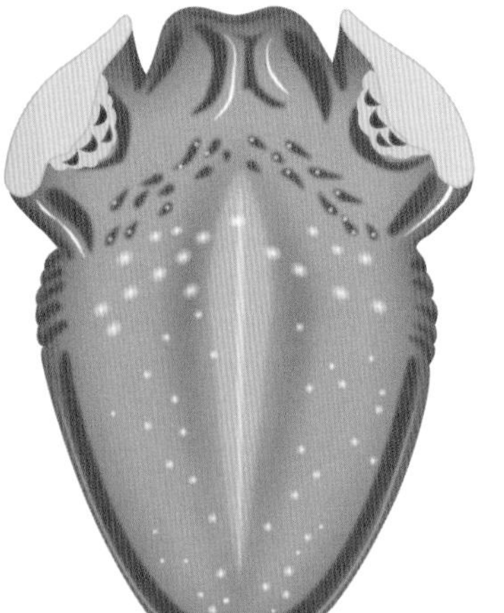

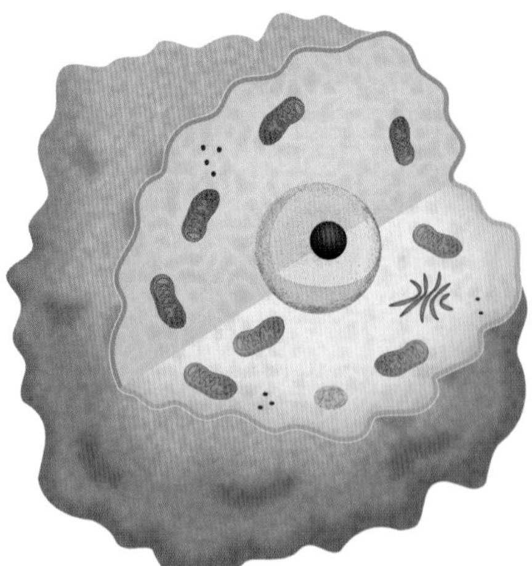

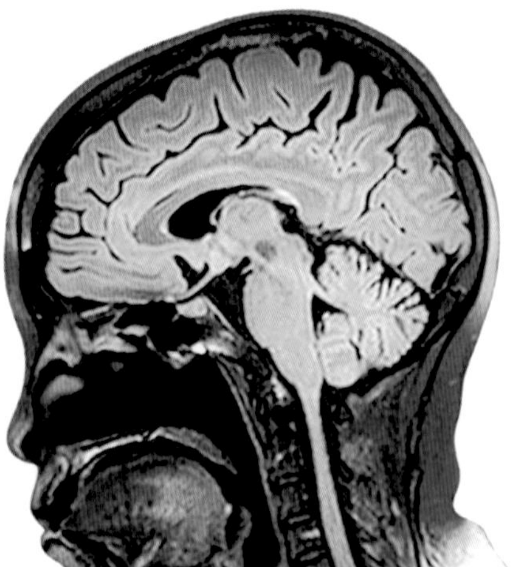

我想知！圖解十萬個為什麼

人體篇

愛蜜莉・陶德 著

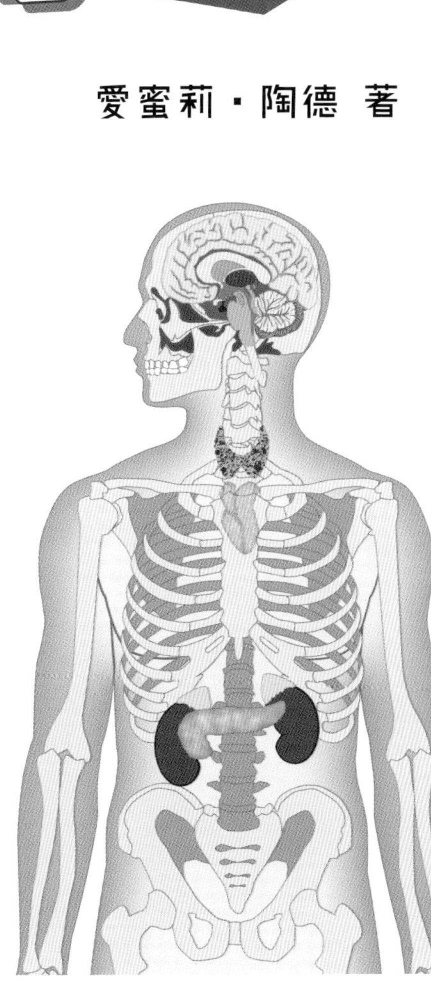

新雅文化事業有限公司
www.sunya.com.hk

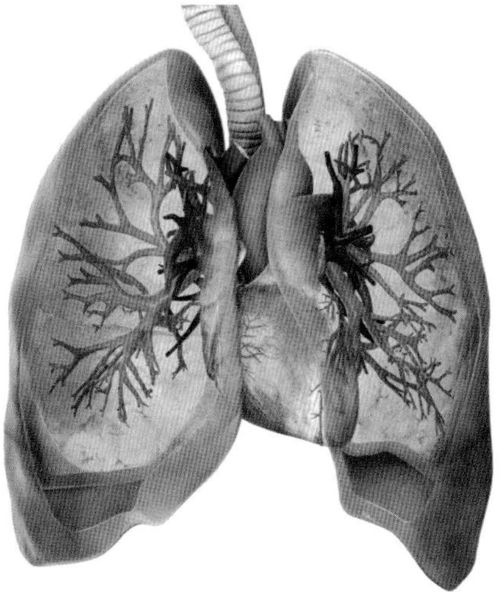

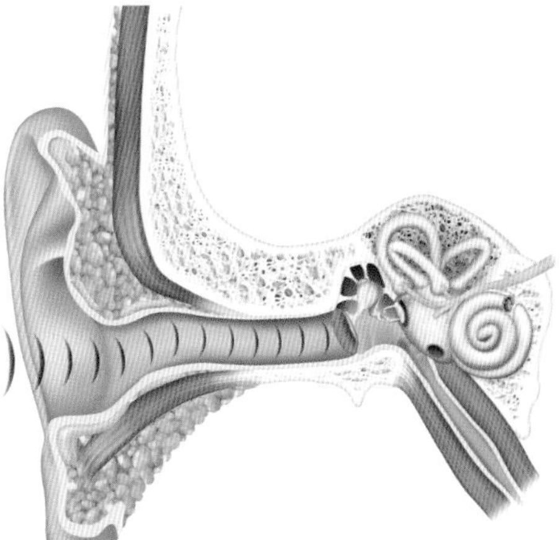

DK | Penguin Random House

新雅・知識館
我想知！圖解十萬個為什麼
（人體篇）
作者：愛蜜莉・陶德
（Emily Dodd）
翻譯：張碧嘉
責任編輯：黃楚雨
美術設計：黃觀山
出版：新雅文化事業有限公司
香港英皇道499號北角工業大廈18樓
電話：(852)2138 7998
傳真：(852)2597 4003
網址：http://www.sunya.com.hk
電郵：marketing@sunya.com.hk
發行：香港聯合書刊物流有限公司
香港荃灣德士古道220-248號荃灣工業中心16樓
電話：(852)2150 2100
傳真：(852)2407 3062
電郵：info@suplogistics.com.hk
版次：二〇二二年六月初版

ISBN:978-962-08-8002-5
Original Title: *Why Is Blood Red?*

18/F, North Point Industrial Building, 499 King's Road, Hong Kong
Published in Hong Kong, China
Printed in China

For the curious
www.dk.com

目錄

基本構造

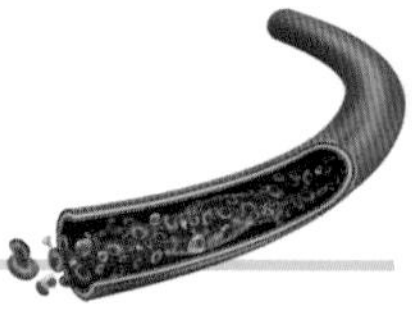

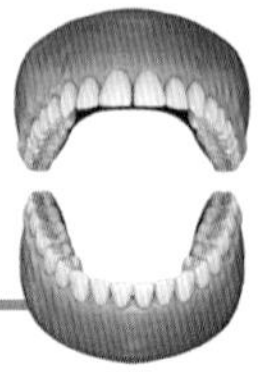

認識器官

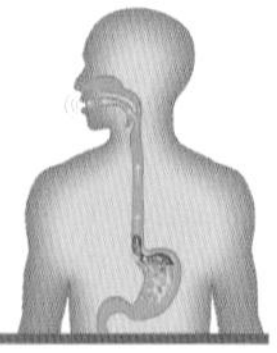

身體的運作

健康的習慣

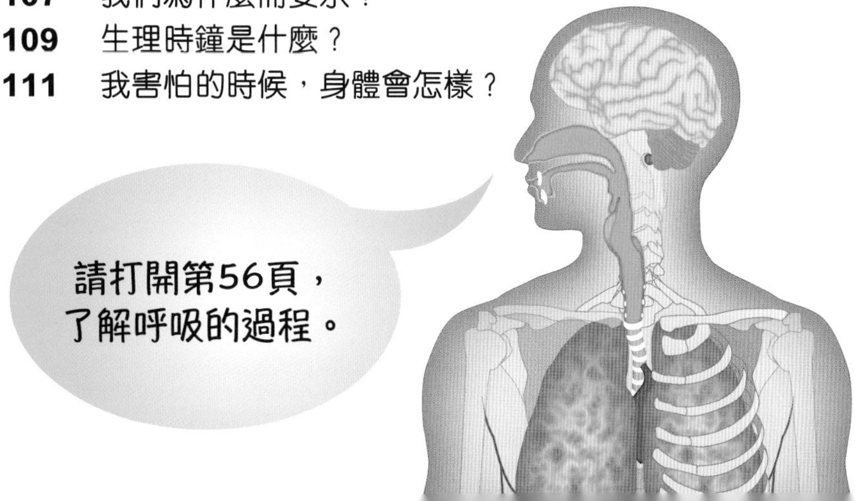
請打開第56頁，
了解呼吸的過程。

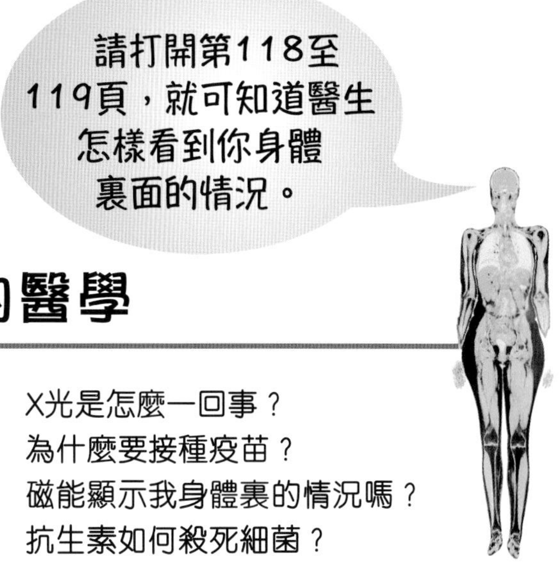
請打開第118至
119頁，就可知道醫生
怎樣看到你身體
裏面的情況。

神奇的醫學

? 考考你

我們會隨時考考你！
留意書中的這個小欄目，就能測試自己學到多少。
有些答案可以在內文裏找到，但有些則要發揮想像力去猜猜看。請翻到第138至139頁查看答案。

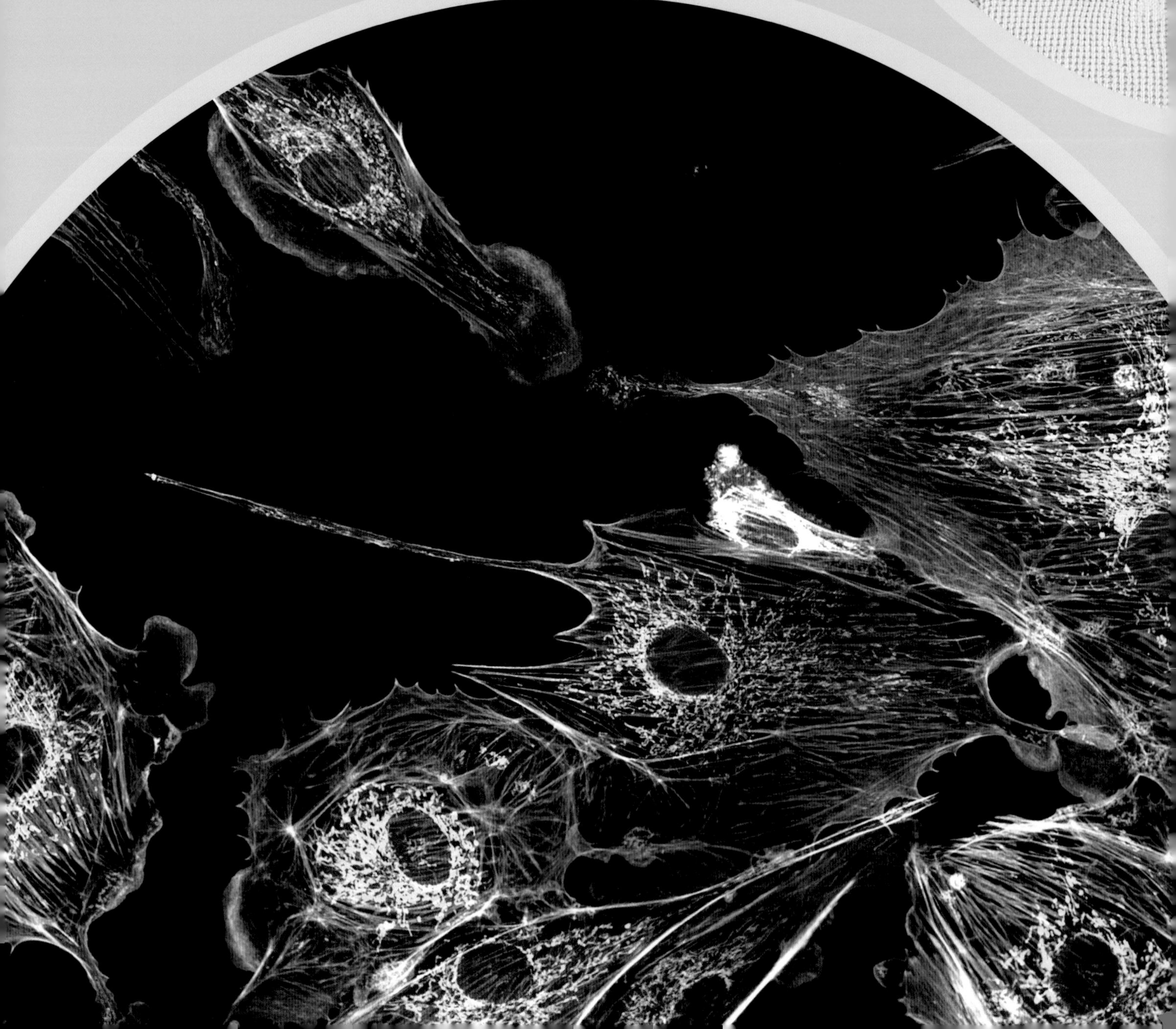

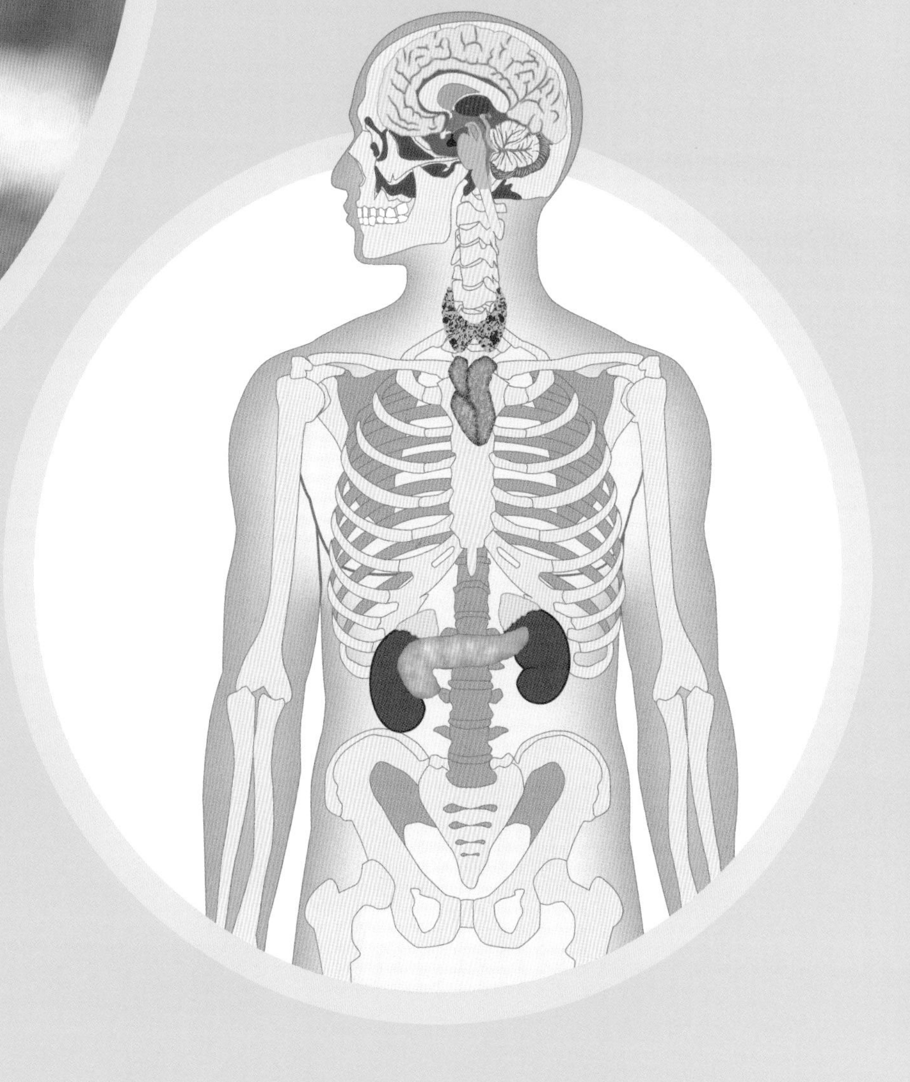

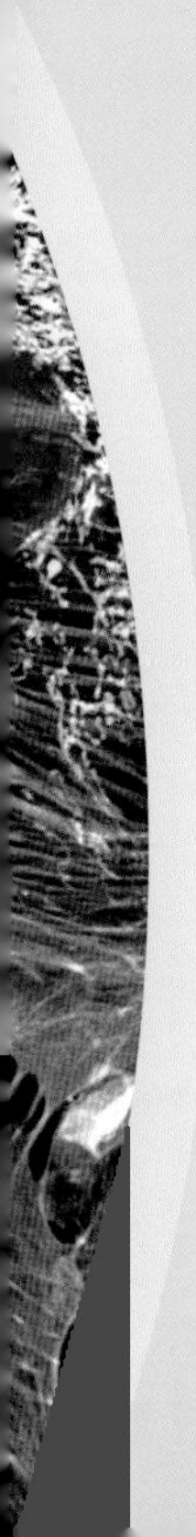

基本構造

人體由細胞組成，而每個細胞有一組獨特的指令，才組成現在的你。身體裏的每個器官各負責重要的工作，而血液就為各器官運送日常運作時所需的一切。

身體是由什麼構成的？

細胞就像生命的積木，是身體結構的最小單位。細胞有很多不同的種類，相同類型的細胞連結起來成為組織；各組織又會結連起來成為器官；而多個器官一起運作，會組成一個系統，例如呼吸系統。

組織

身體每個部位都由組織組合而成。有些組織會建成強韌的結構，例如骨頭；也有些會建成柔軟的結構，例如神經或肌肉。

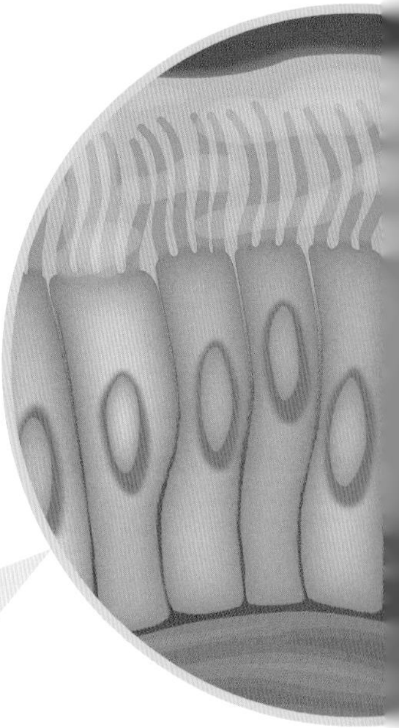

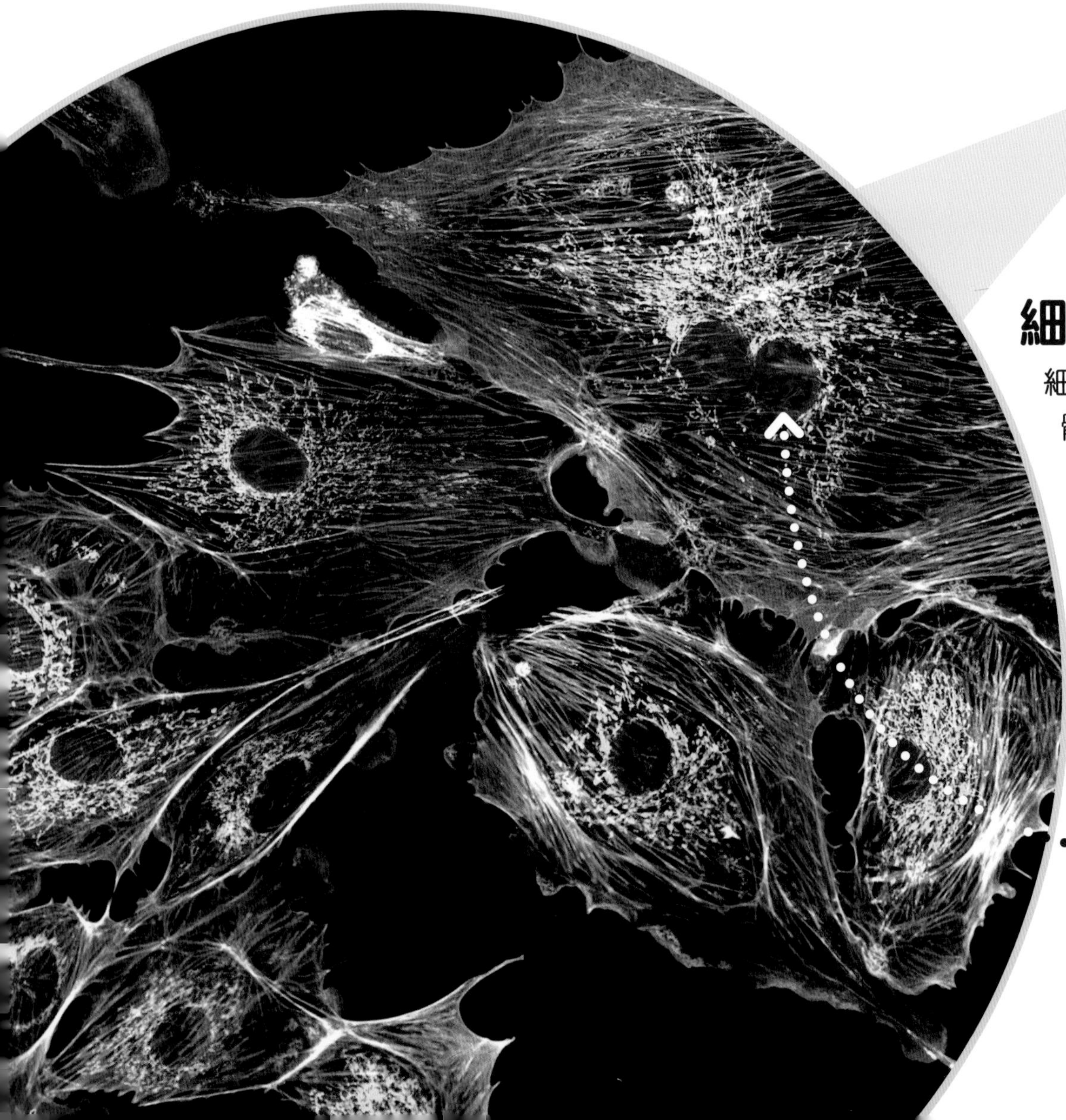

細胞

細胞裏有一組指令去構成身體，這組指令是由化合物組成的序列密碼，稱為DNA。DNA位於細胞的中心「細胞核」內。

這個細胞將要一分為二。它已自我複製，生出了另一個細胞核。

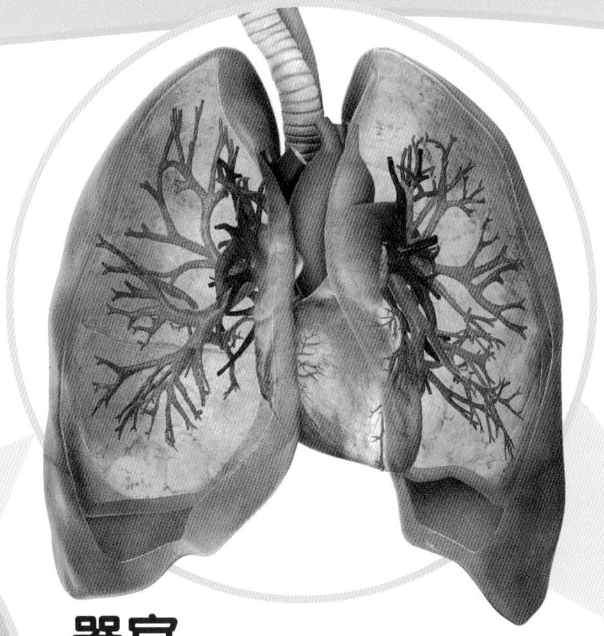

身體內大約有
40兆個細胞。
(1兆等於1萬億)

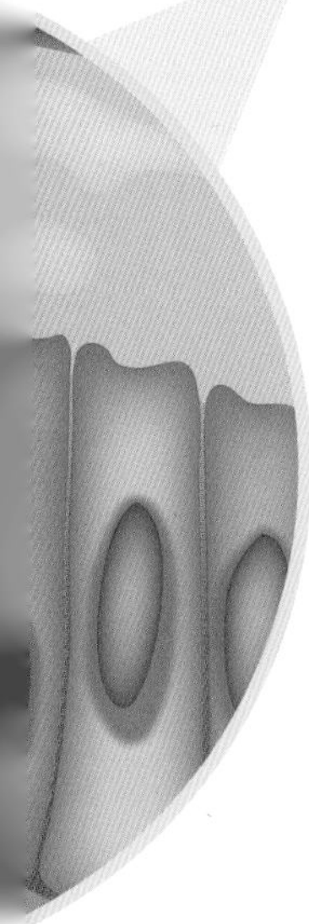

器官

器官是有特定功能的身體部位。例如，肺部負責從空氣中抽取氧氣，然後滲進血液；肺部也會排除血液的二氧化碳。

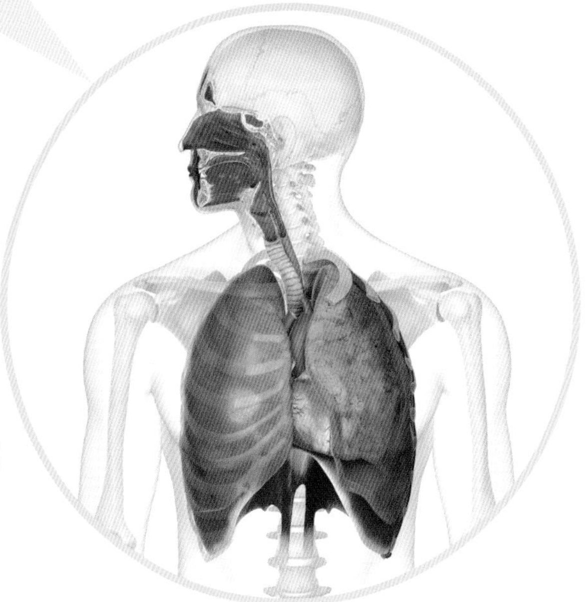

器官系統

一組器官一起運作，就組成一個系統。肺部是呼吸系統的其中一個器官，這系統各器官會一起幫助你呼吸。

細胞從何而來？

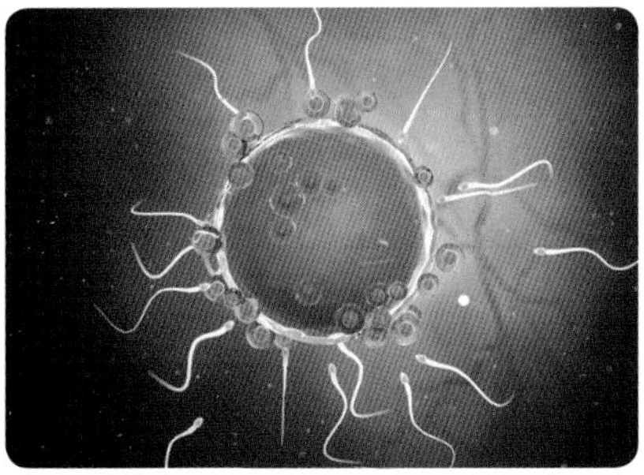

卵子

組成你身體細胞的指令有一半來自你媽媽的卵細胞。

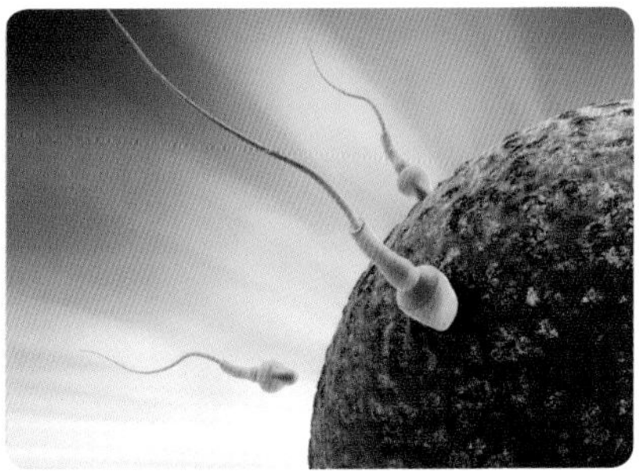

精子

細胞另一半的指令，來自你爸爸的精子細胞。

? 考考你

1 身體裏最小的結構稱為什麼？

2 細胞的中心叫做什麼？

3 組織會組合起來成為什麼？

請翻到第138頁查看答案。

最大的器官是什麼？

是皮膚啊！皮膚的總重量約為4公斤。身體的每個器官都有不同的形狀和大小，也有各自的工作，例如：心臟負責泵送血液，眼睛負責看東西，腦部負責控制你一切的活動。

繼皮膚之後，
身體第二重的器官
是肝臟。

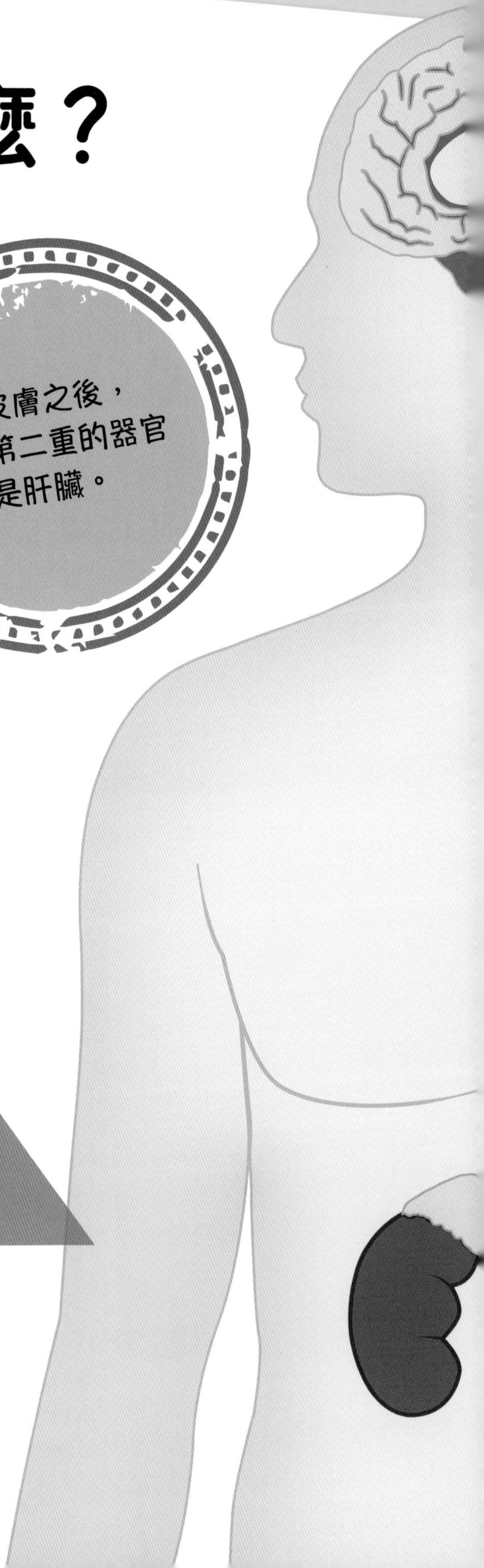

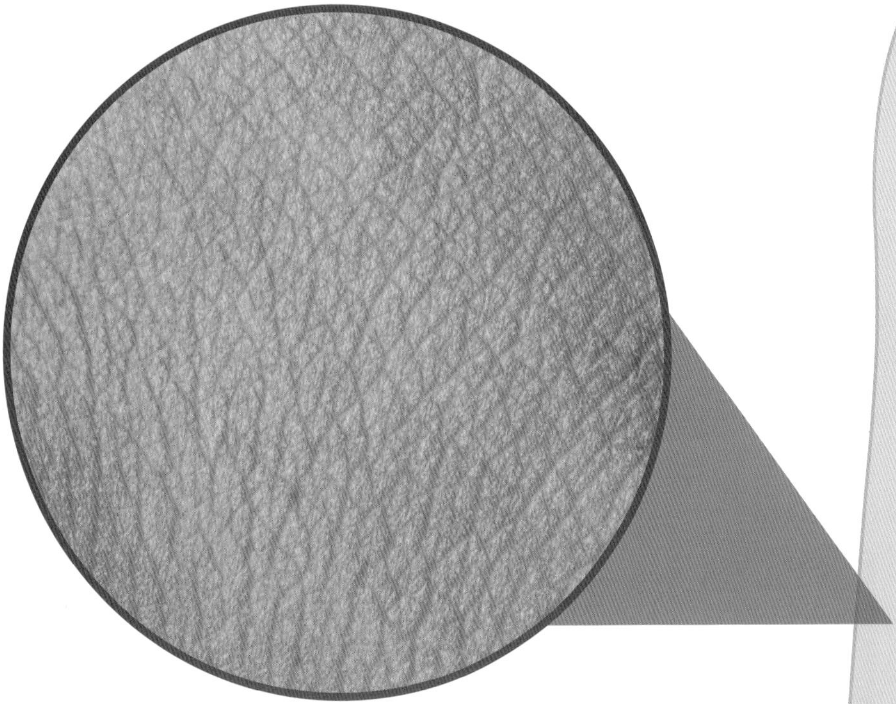

皮膚

皮膚會使你的體溫保持在健康水平，也能防止體內器官掉出來。皮膚也會保護你，能阻擋水分、病菌和太陽光線直接進入身體。

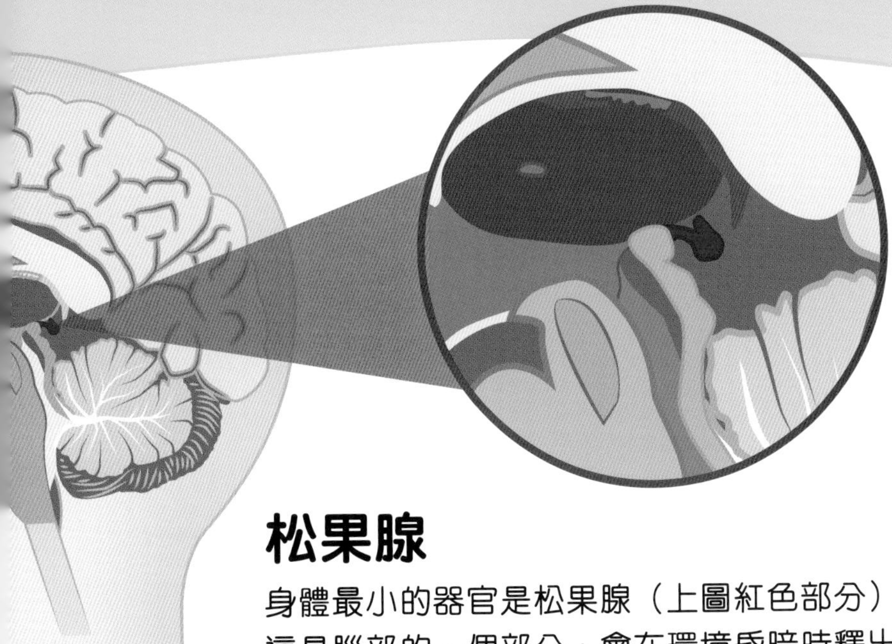

松果腺

身體最小的器官是松果腺（上圖紅色部分）。這是腦部的一個部分，會在環境昏暗時釋出一種稱為褪黑激素的荷爾蒙（或稱為化學信使）到血液，這能讓你的身體放鬆，容易入睡。

對或錯？

1 肺部是呼吸系統的一部分。

2 腦部是身體最大的器官。

3 你需要兩個腎臟才能生存。

請翻到第138頁查看答案。

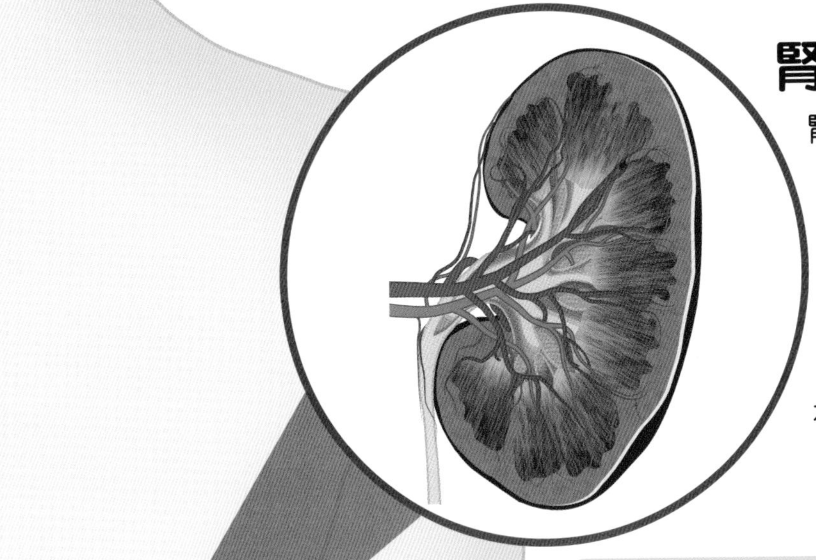

腎臟

腎臟會過濾血液，平衡身體的水分。它會過濾出血液中的廢物，然後將廢物透過尿液（俗稱小便）排出體外。身體有兩個腎，它們的工作相同，這就是說，即使我們只有一個腎也能生存！

還有哪些器官沒有了，你也能生存？

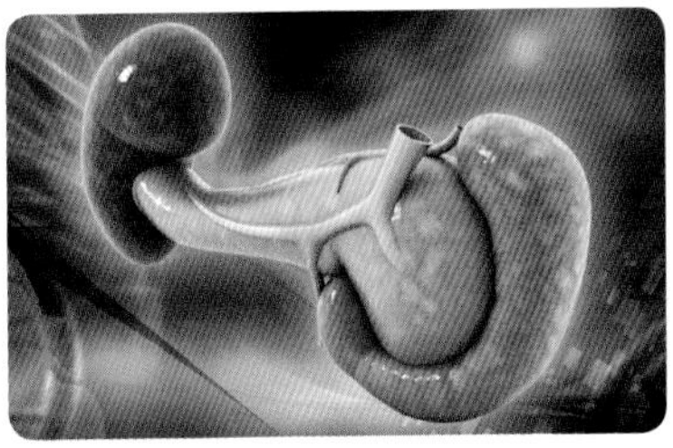

脾臟

如果割走了脾臟，肝臟也可以取代它的工作。脾負責回收老弱的紅血球，也儲存負責對抗疾病的白血球。

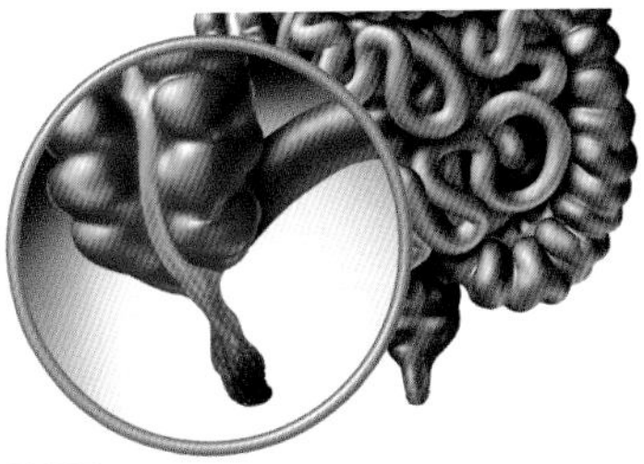

闌尾

如果闌尾發炎腫大，積聚了太多壞的細菌，便有可能要割掉。平時闌尾會儲存一些好的細菌，幫助消化。

有什麼比細胞還要小？

細胞是身體最小的生物單位。細胞內有些浮游的小機器，稱為細胞器。細胞器會在細胞內執行不同的工作，例如將食物轉化成能量。

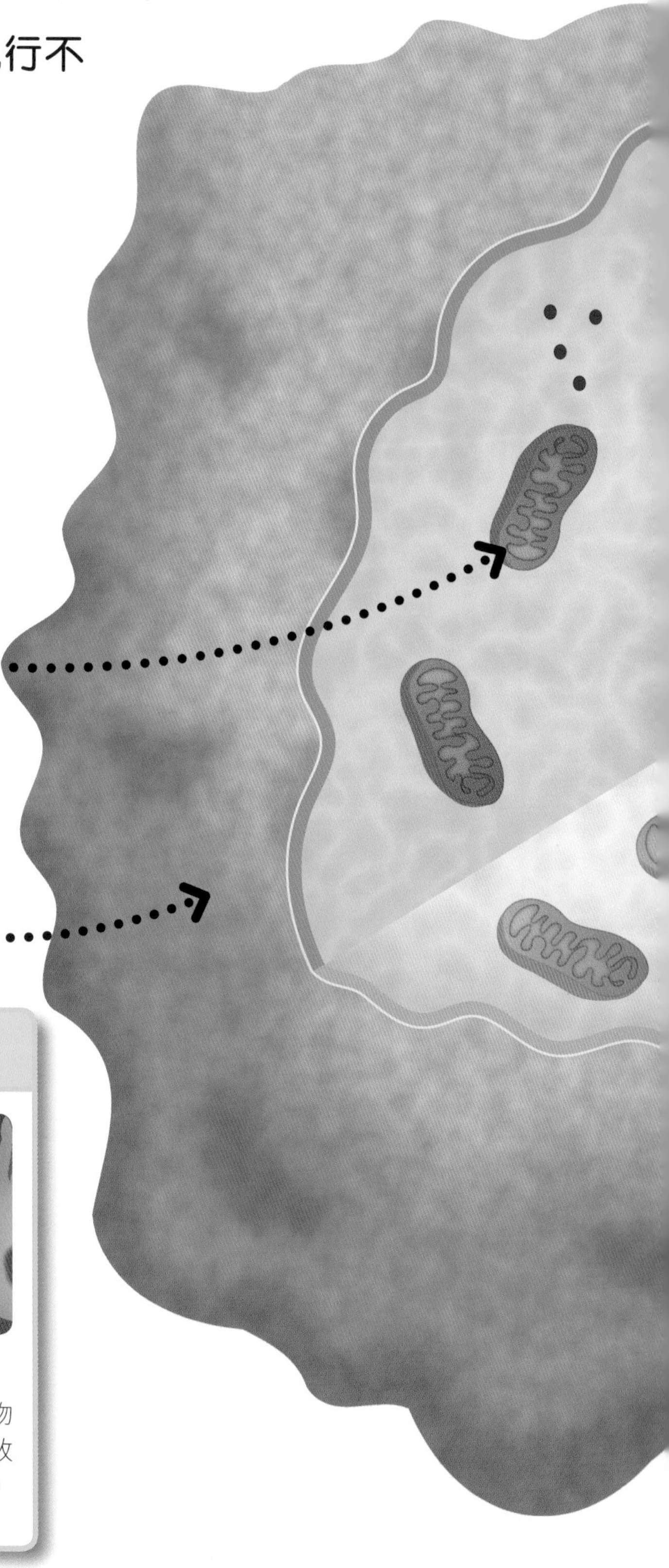

細胞器

器官負責在身體裏擔任重要工作，而在細胞裏，負責擔任重要工作的是細胞器。細胞器包括了細胞核和粒腺體等。

細胞膜

細胞膜是細胞的最外層，會視乎細胞當時的需要，而讓水和化學物進出細胞。

細胞有哪些形狀？

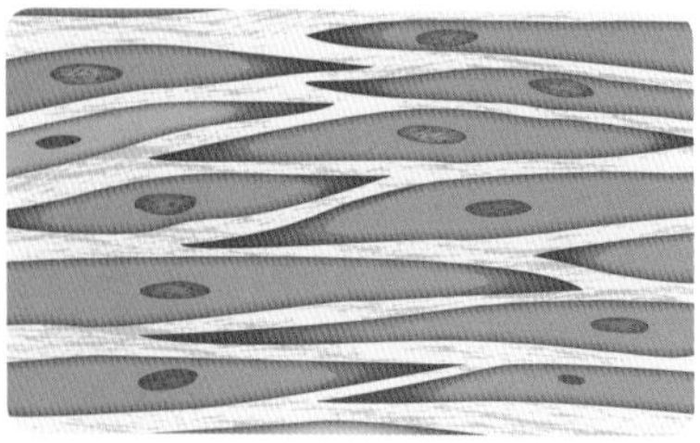

長管形

肌肉細胞是柔軟和長管形的。它們會收縮並互相滑動，使肌肉變短，令身體部位移動。

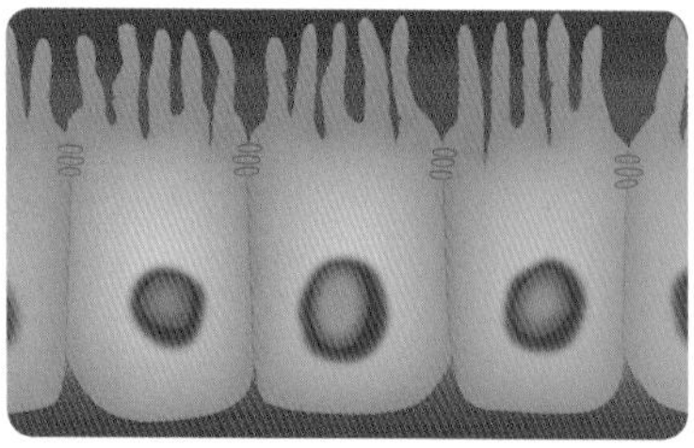

皺褶形

腸臟的細胞是皺褶形的。當食物經過消化系統，腸臟細胞會吸收其中的營養素，並傳送進血液。

細胞質

細胞器在啫喱狀的細胞質中浮游。這種液體使細胞的各部分可以流暢地運送物質，例如葡萄糖。

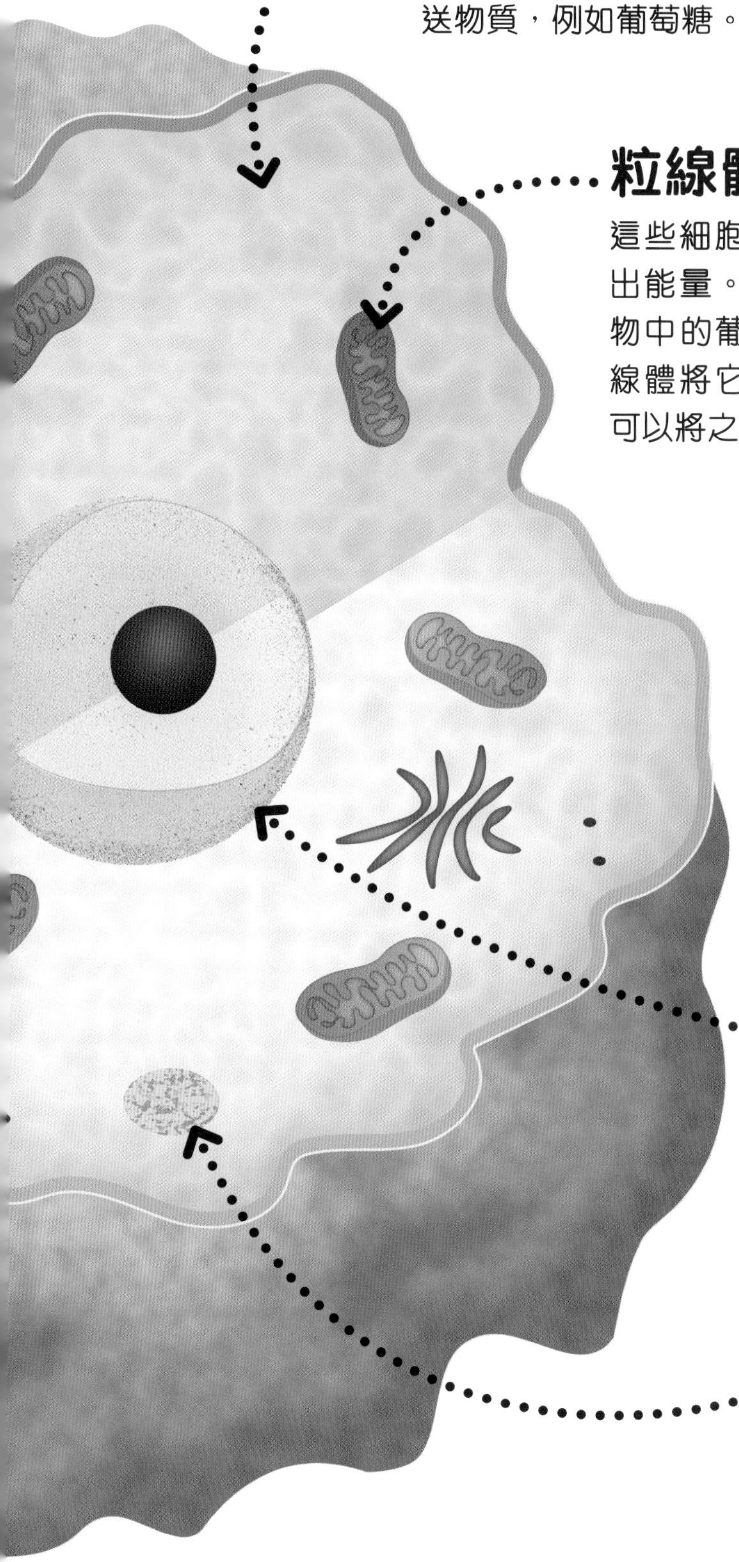

粒線體

這些細胞器會為細胞釋出能量。細胞會接收食物中的葡萄糖，然後粒線體將它分解，細胞就可以將之轉化為能量。

細胞核

細胞核是細胞的控制中心。這包含了身體的DNA和製造身體每種細胞的指令。

液胞

這些是用作儲存和運送食物和化學物的泡沫。液胞也能承載廢物，當液胞跟細胞膜結合，就會把廢物排出細胞。

? 考考你

哪一種細胞的形狀像個甜甜圈，並且會載着氧氣？

請翻到第138頁查看答案。

細胞的英文「cell」的意思是小房間，身體的細胞的確就像許多細小的房間！

為什麼血是紅色的？

血液呈紅色，因為它有一半是紅血球，而紅血球含有啡紅色的鐵質。血液還包括水分和其他種類的細胞，包括一些細胞質小塊稱為血小板。這些血液細胞都在血漿中浮游。

為什麼靜脈是藍色的？

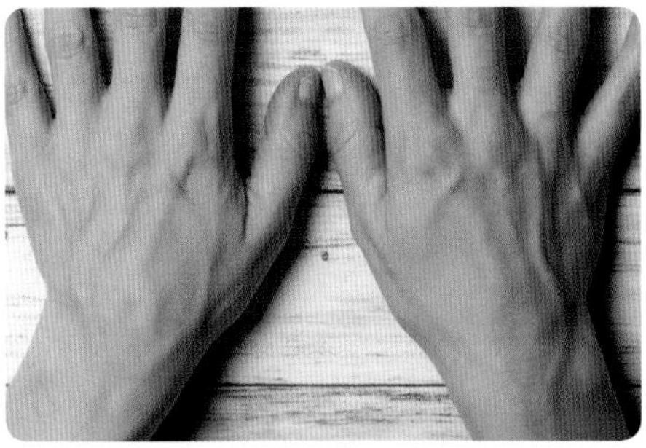

靜脈負責將血液運送回到心臟。這些血液的含氧量較低，所以是暗紅色的。這些暗紅色的血液在淺色的靜脈流動，加上皮膚的顏色，看上去就像藍色了。

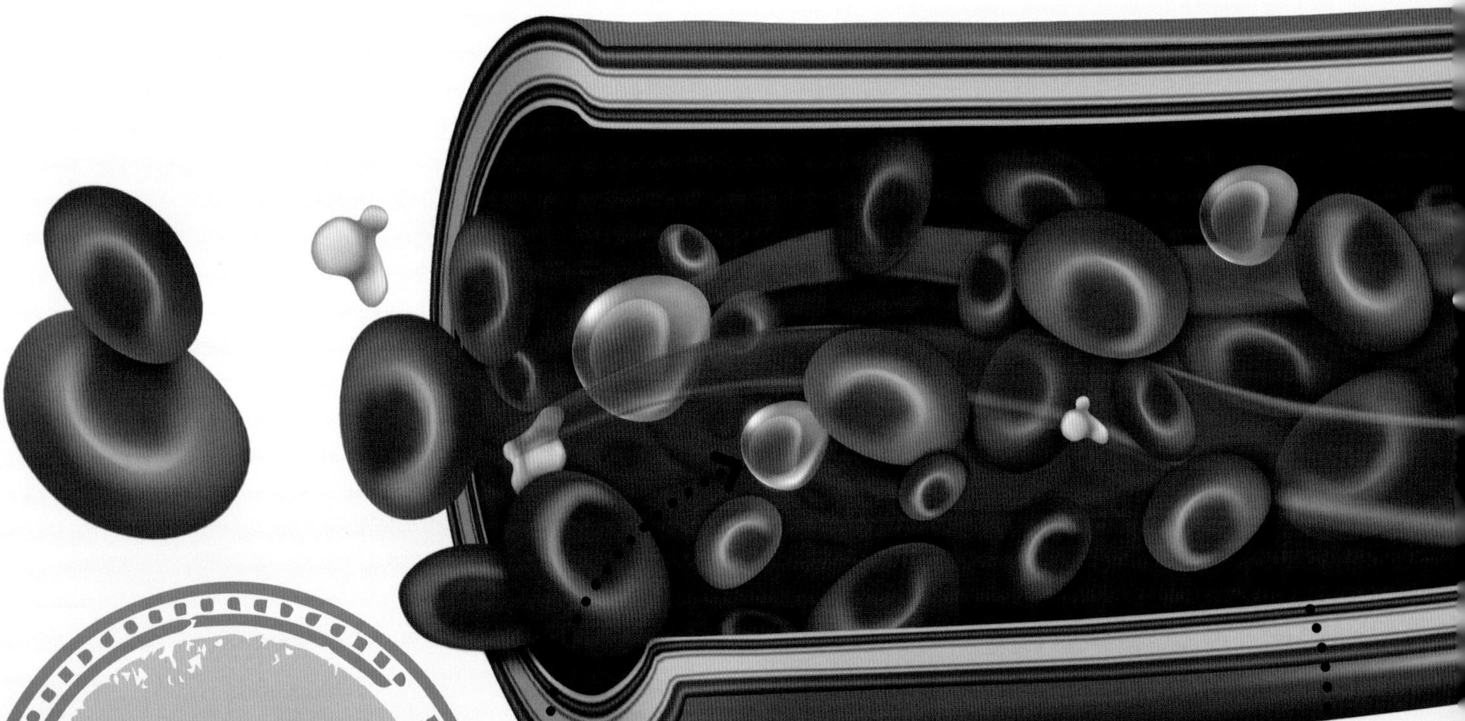

血液流過全身，大概需要20秒。

殺滅機器

白血球能清除病菌，包括吞沒病菌，或噴出化學物來殺滅它們。

血漿

血球（血細胞）在血漿浮游，血漿包含蛋白質、葡萄糖、鹽、荷爾蒙、維他命、礦物質，混着大量的水。

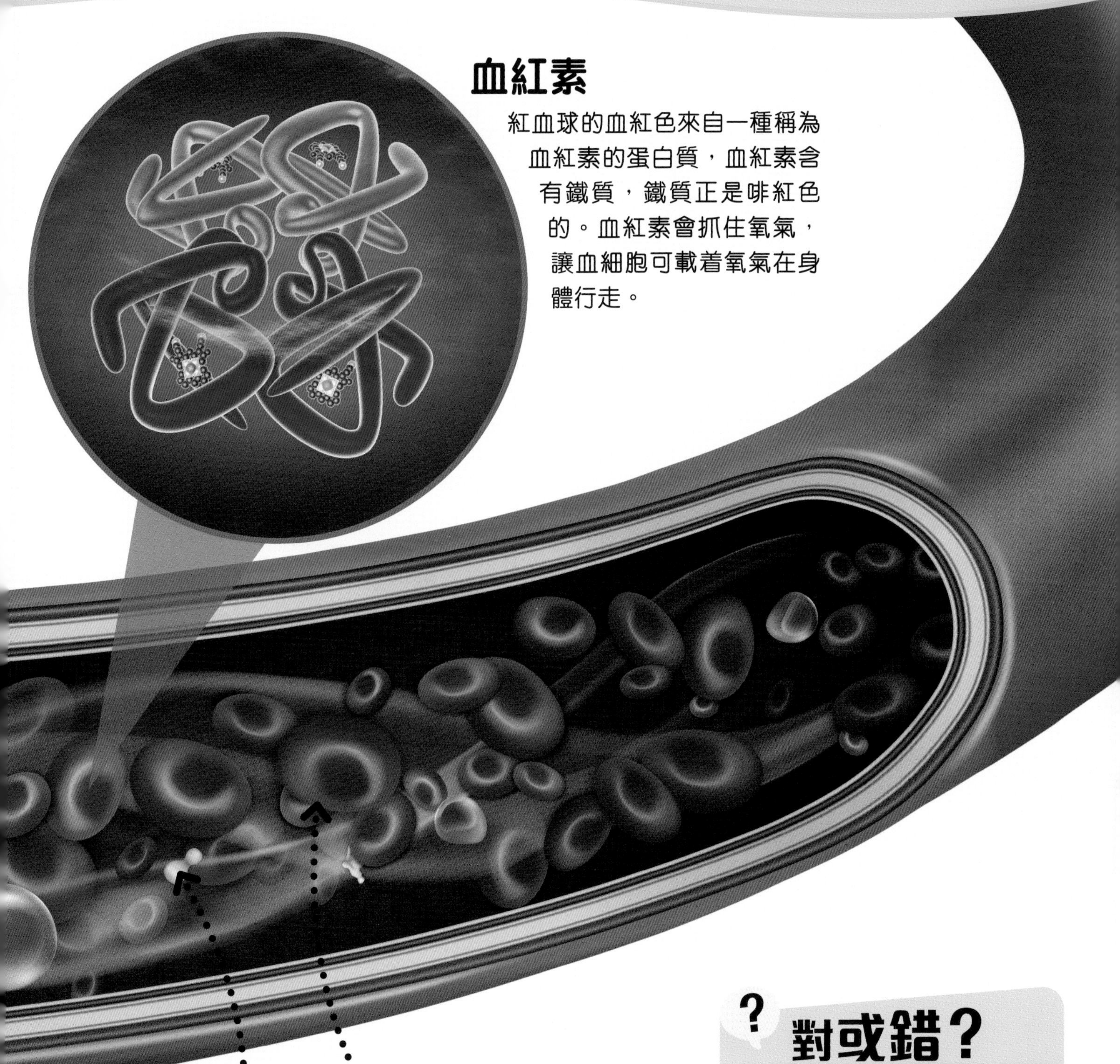

血紅素

紅血球的血紅色來自一種稱為血紅素的蛋白質，血紅素含有鐵質，鐵質正是啡紅色的。血紅素會抓住氧氣，讓血細胞可載着氧氣在身體行走。

修復團隊

血小板是一些細胞質小塊，當它們遇上傷口，就會黏在一起。它們會結痂，然後修復受傷的地方。

氣體運輸員

紅血球會載着氧氣，走到身體各處需要氧氣的地方。它們會在那裏放下氧氣，然後帶走二氧化碳這種廢物氣體。

？對或錯？

1 靜脈將血帶離心臟。

2 鐵質令血變成紅色。

3 紅血球負責對抗病菌。

請翻到第138頁查看答案。

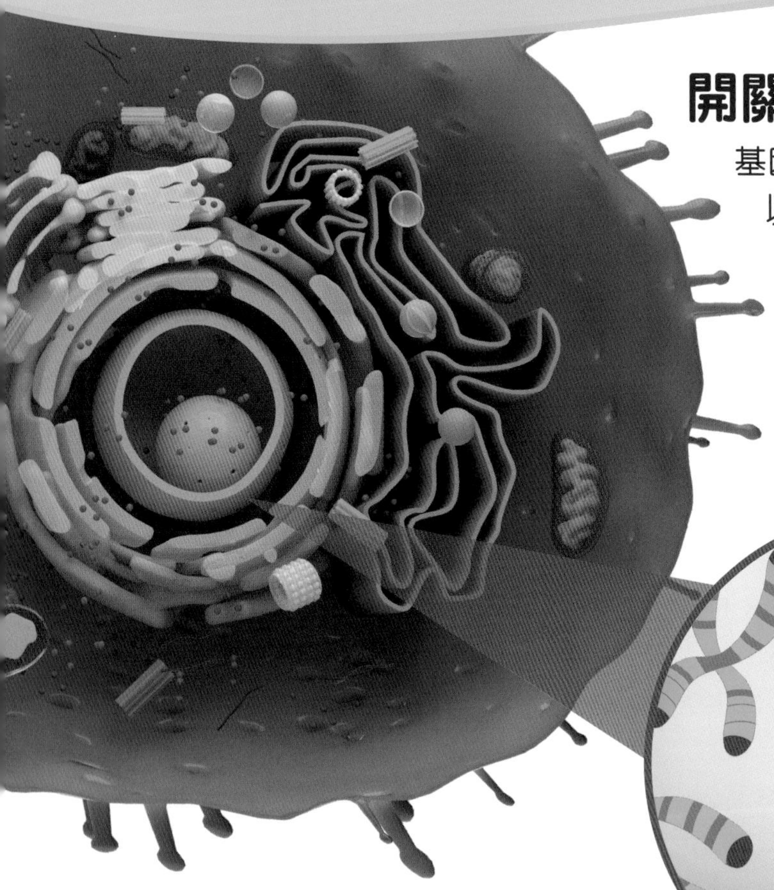

開關掣

基因有點像開關掣，可以開，也可以關。它負責決定細胞的身分，例如要成為骨頭的細胞，還是眼睫毛的細胞。

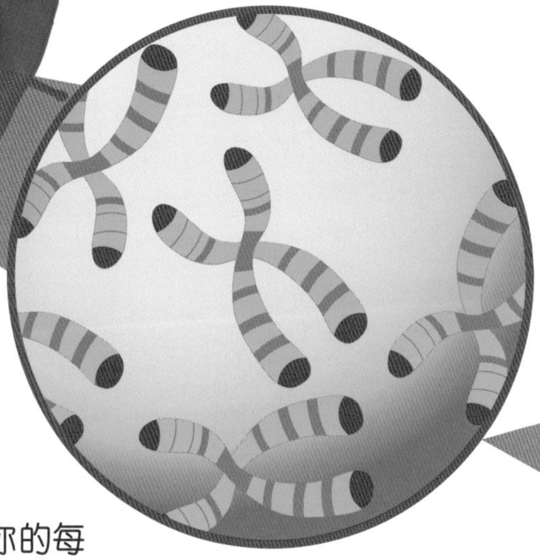

染色體

DNA會捲起來，形成一束束的染色體。每個染色體包含着數以百計，甚至千計的基因。

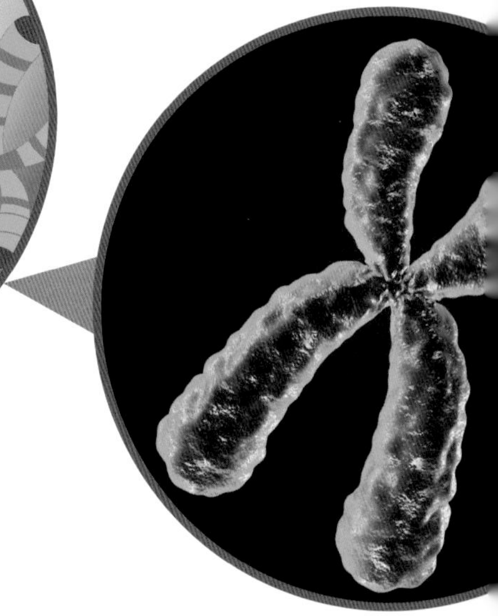

細胞核內

你身體內每個細胞都包含着你的每個基因。基因記載在一對對的染色體上，而染色體在細胞核，那裏就是細胞的中心。

DNA是什麼？

我們身體的外表和運作都是由基因所控制的。身體由許多細小的細胞組成，而細胞包含着各樣的指令，組成現在的你。這些指令的編碼藏在DNA的序列當中，稱為基因。DNA的全寫是「deoxyribonucleic acid」，中文是「脫氧核糖核酸」。

考考你

1 染色體位於細胞的哪個地方？

2 身體的細胞怎樣知道自己負責什麼工作？

3 DNA的形狀像一把扭轉的梯子，這個形狀稱為什麼？

請翻到第138頁查看答案。

基因

這些DNA片段包含着形成身體某個部分的編碼。我們有25,000個基因，掌控了我們身體的一切，包括臉型以至腳甲的數量。

DNA

這是一條化學物的長鏈，形狀是雙螺旋形的。DNA以四種化學物的編碼，組成身體的各部分。

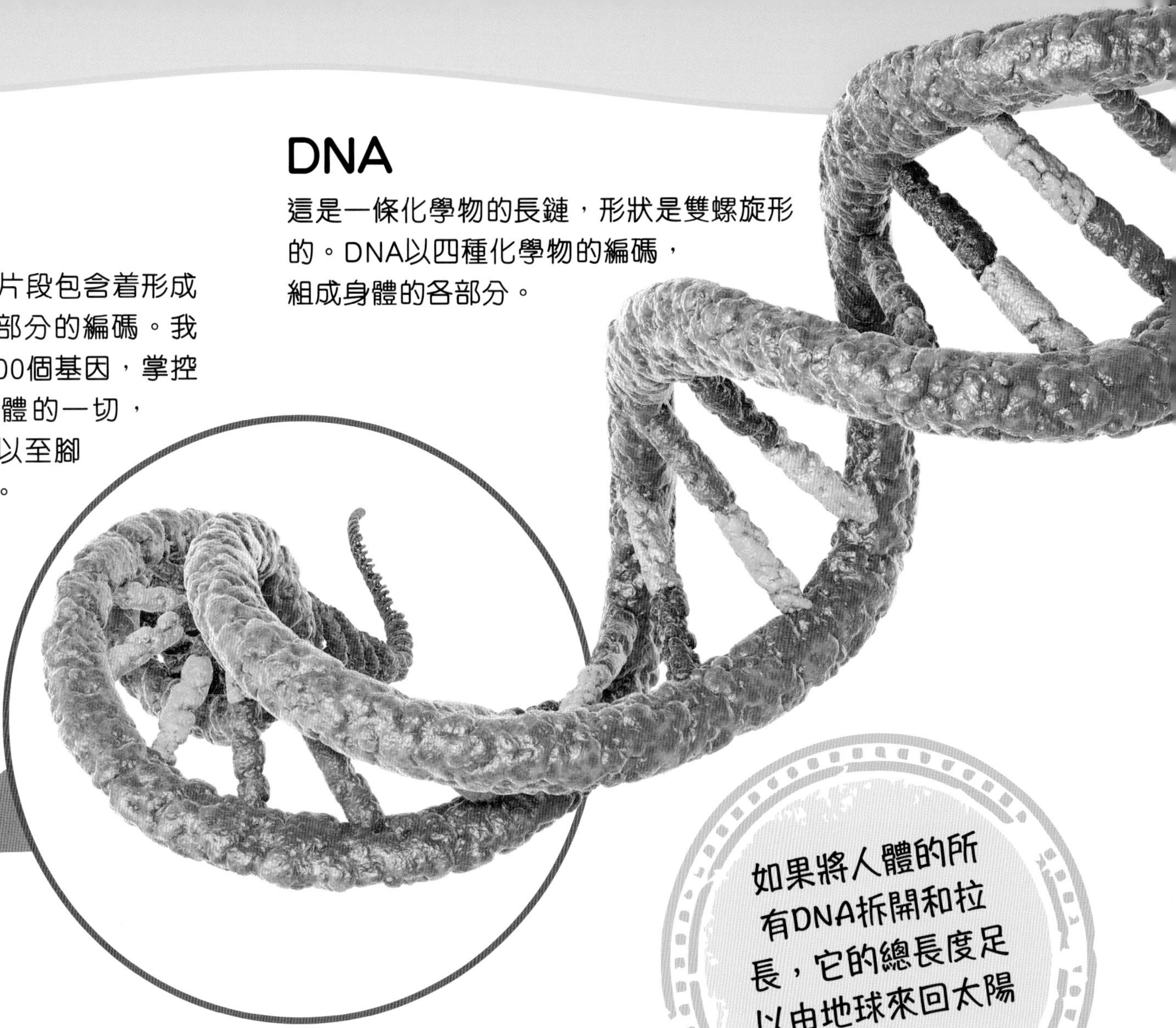

如果將人體的所有DNA拆開和拉長，它的總長度足以由地球來回太陽400次！

基因能控制我是誰嗎？

基因能控制很多東西，甚至是你的一些性格。然而，你的生活經驗和思想也會塑造你是誰。你選擇吃什麼和做哪些運動，也會影響你的體型。

一對染色體

染色體是一對對的，而身體一共有23對染色體。每對都包含來自你媽媽的一組基因，以及來自你爸爸的一組基因。

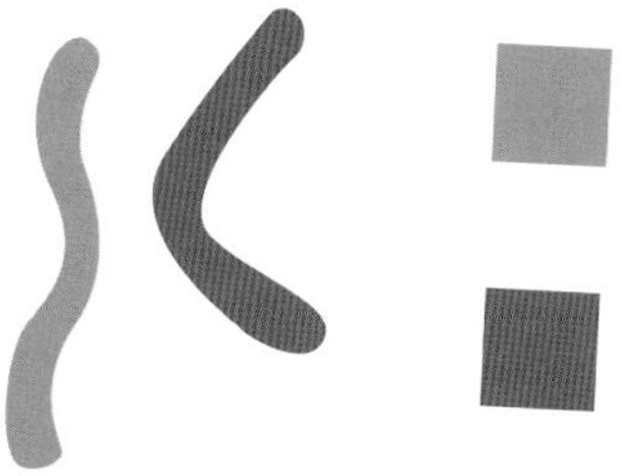

一對染色體

所有雙胞胎都是相同長相和性別嗎？

異卵雙生雙胞胎的基因是不同的。每個孩子都會得到來自父母的基因，但各自得到的基因並不完全一樣。這種雙胞胎會有相似和不相似的地方，就跟任何普通的兄弟姊妹那樣。

為什麼雙胞胎長得那麼相似？

同卵雙生的雙胞胎會有相同的基因，所以他們的外貌幾乎相同。身體的每一個細胞儲存了一套指令，令每個人都長得獨特。這些微細的指令一組組地編碼，就是DNA。同卵雙生的雙胞胎有同樣的DNA編碼序列。

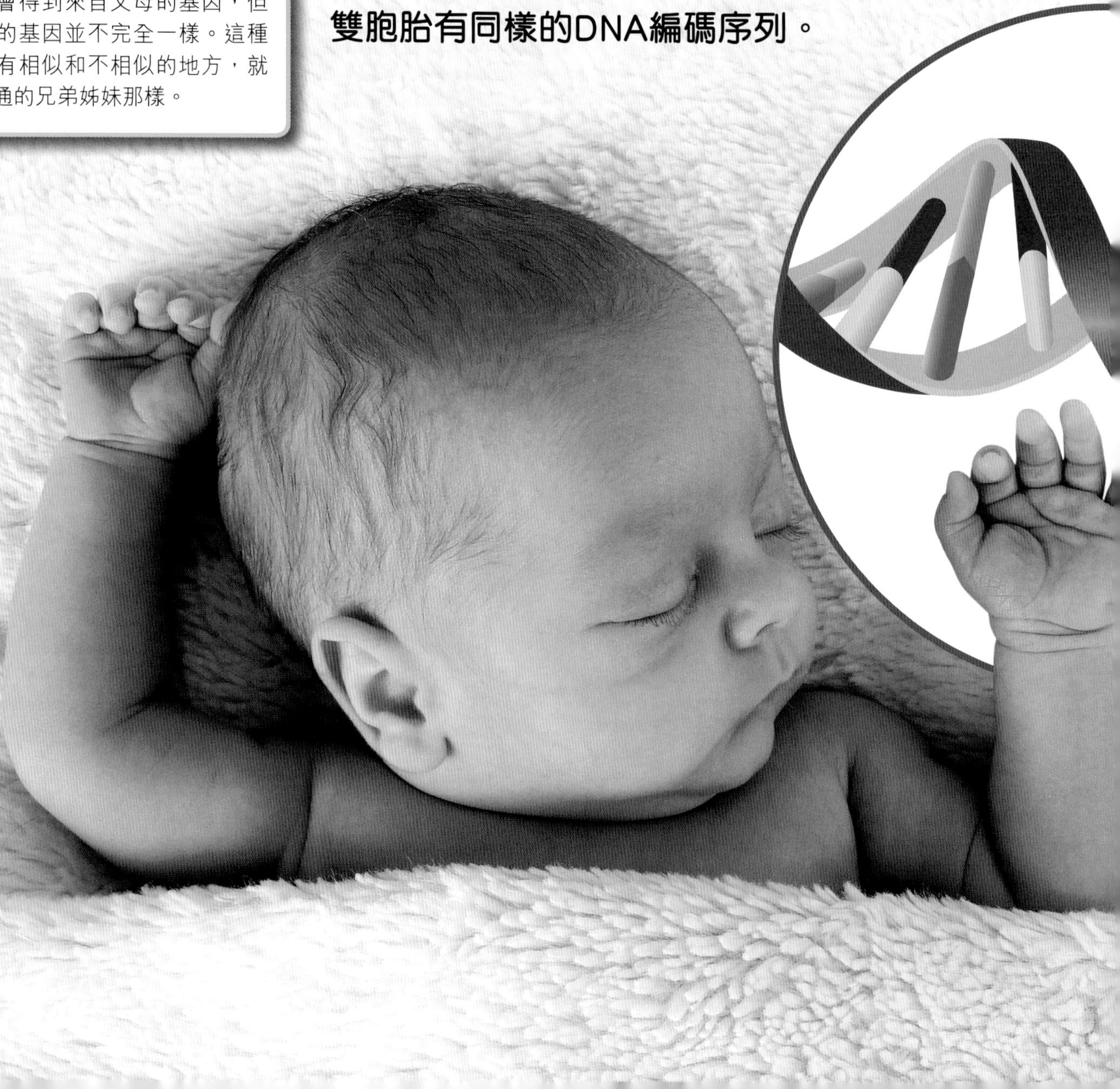

編碼序列

組成DNA編碼序列的四種化學物是腺嘌呤（代號A）、胸腺嘧啶（代號T）、鳥嘌呤（代號G）與胞嘧啶（代號C）。這些字母的排列藏着身體構造的指令，稱為基因。

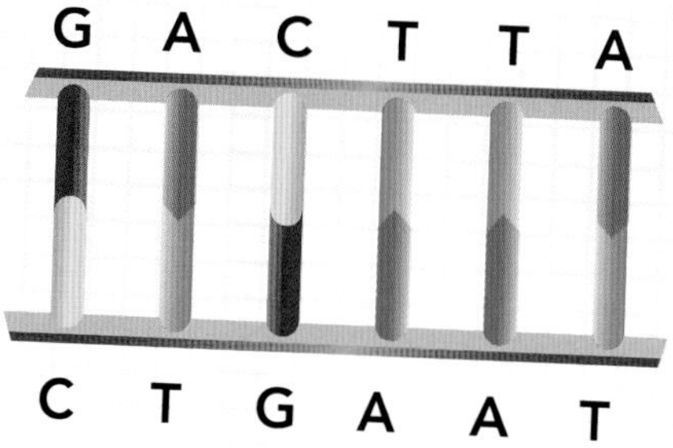

? 考考你

1 一個小小的細胞，怎樣能藏那麼長的DNA？

2 大部分的DNA負責做什麼？

3 你的DNA來自哪裏？

請翻到第138頁查看答案。

DNA

DNA很幼而且捲得很緊密，身體每個細胞包含的DNA足足有2米長。不過，我們只能知道其中的4厘米負責什麼，其餘的至今仍是個謎。

相異之處

雖然同卵雙生的雙胞胎有相同的基因，但他們亦可能因為後天的不同飲食習慣和運動量而有不同的身高。他們亦發展出有不同的性格。

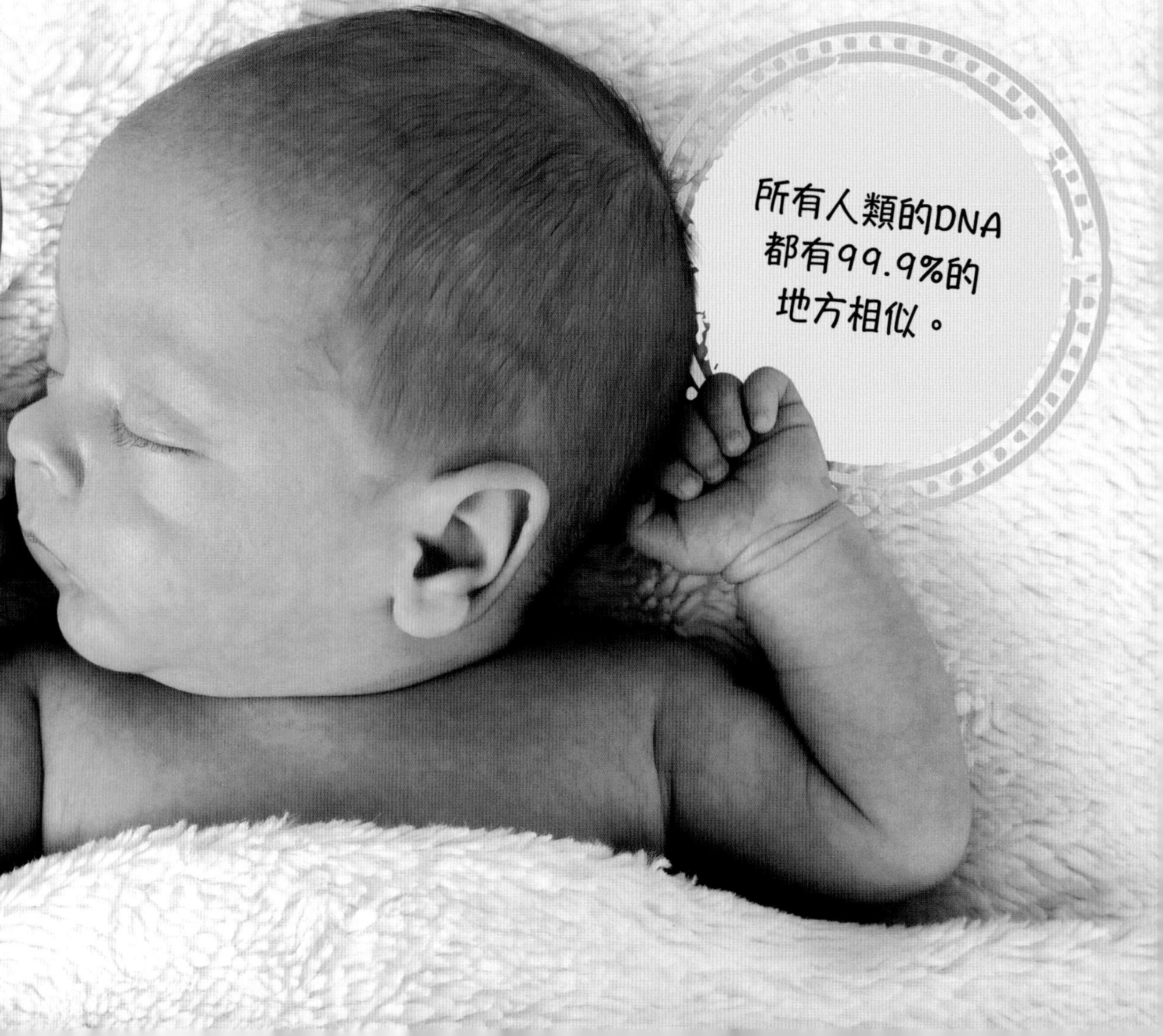

所有人類的DNA都有99.9%的地方相似。

為什麼我的鼻子不像媽媽的？

基因

你的DNA藏於一組組稱為基因的指令之內。你的基因決定了你的特徵，例如鼻子的形狀。

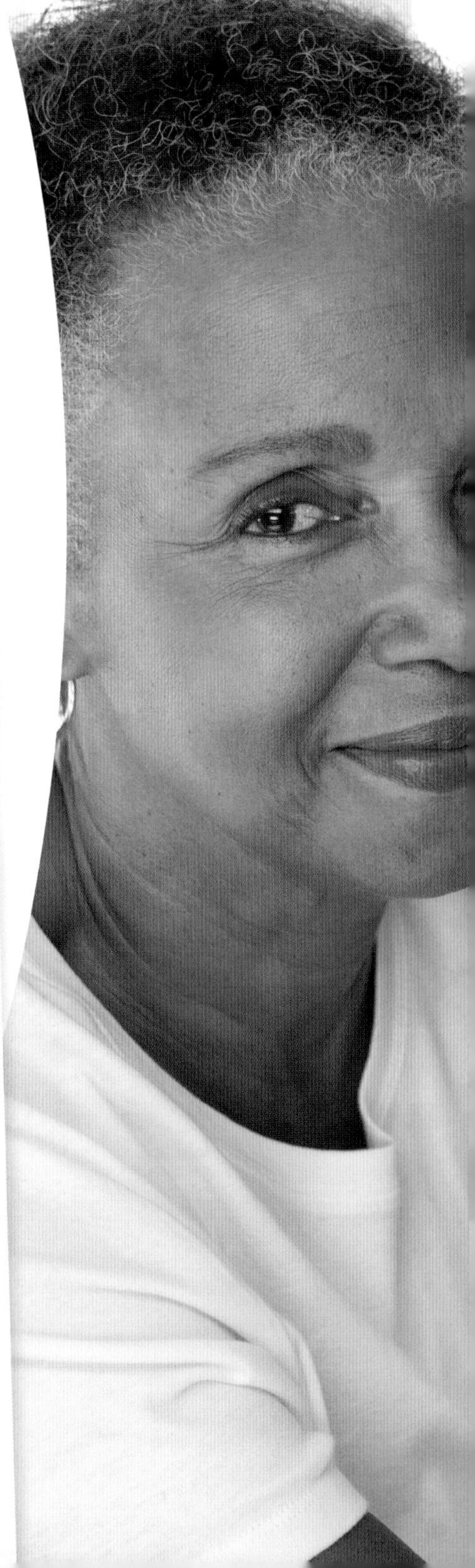

你鼻子的形狀視乎你父母遺傳給你的基因。大概十歲的時候，鼻子就成形不變了，但仍會慢慢生長。

基因家譜

以下這個例子說明你怎樣遺傳父母鼻子的形狀。

圖表索引：
這個例子中，有兩個基因變體，或稱等位基因。

N＝高鼻子　n＝塌鼻子

爸爸和媽媽會各自把他們其中一個等位基因，隨機遺傳給孩子。

N等位基因（高鼻子）是顯性，而n（塌鼻子）是隱性。這就是說，如果一個人同時有兩種等位基因，N有優勢而蓋過n——這個人就會有高鼻子。

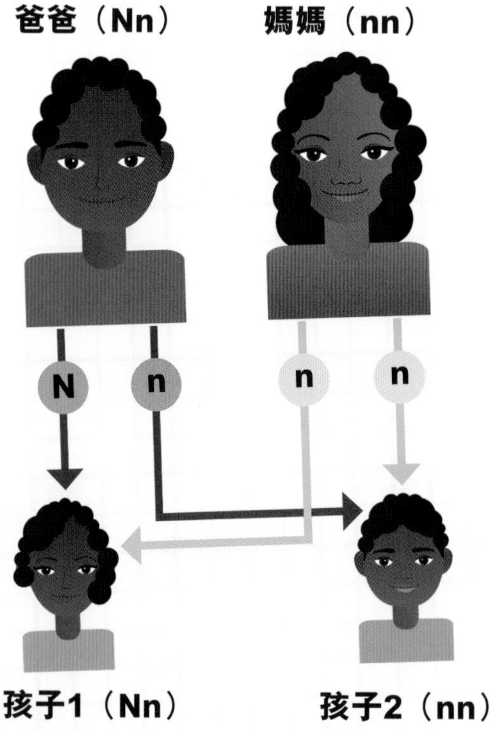

每個孩子都會遺傳並組合來自爸爸和媽媽的等位基因。

遺傳

你的每一個特徵，都分別遺傳自爸爸和媽媽的一套基因。有些基因是爸爸比較有優勢，有些基因則是媽媽較強，所以大部分人都會長得像父母的混合體。

哪些東西會影響我牙齒的顏色？

基因

基因決定了琺瑯質的厚薄，琺瑯質就是牙齒上一層堅硬的白色塗層。這個塗層下的牙齒是黃色的，牙齒黃的人，代表琺瑯質比較薄。

生活習慣

你的飲食習慣及刷牙習慣，都影響你的牙齒顏色和健壯程度。例如，喝太多橙汁的話會容易引致蛀牙，因為橙汁是酸性的。

? 考考你

1 你的基因來自哪裏？

2 哪個字可以形容父母帶給你的東西？

請翻到第138頁查看答案。

細菌是活的嗎？

是的！細菌是一些細小的單細胞有機體（生物）。細菌在我們的體內也有重要的作用。有些細菌會在消化系統中，幫助我們分解食物和製造重要的維他命；有一些細菌也會釋出毒素，令人生病，所以我們會稱這些細菌為病菌。

你口裏的細菌數目，比世上的人口還要多。

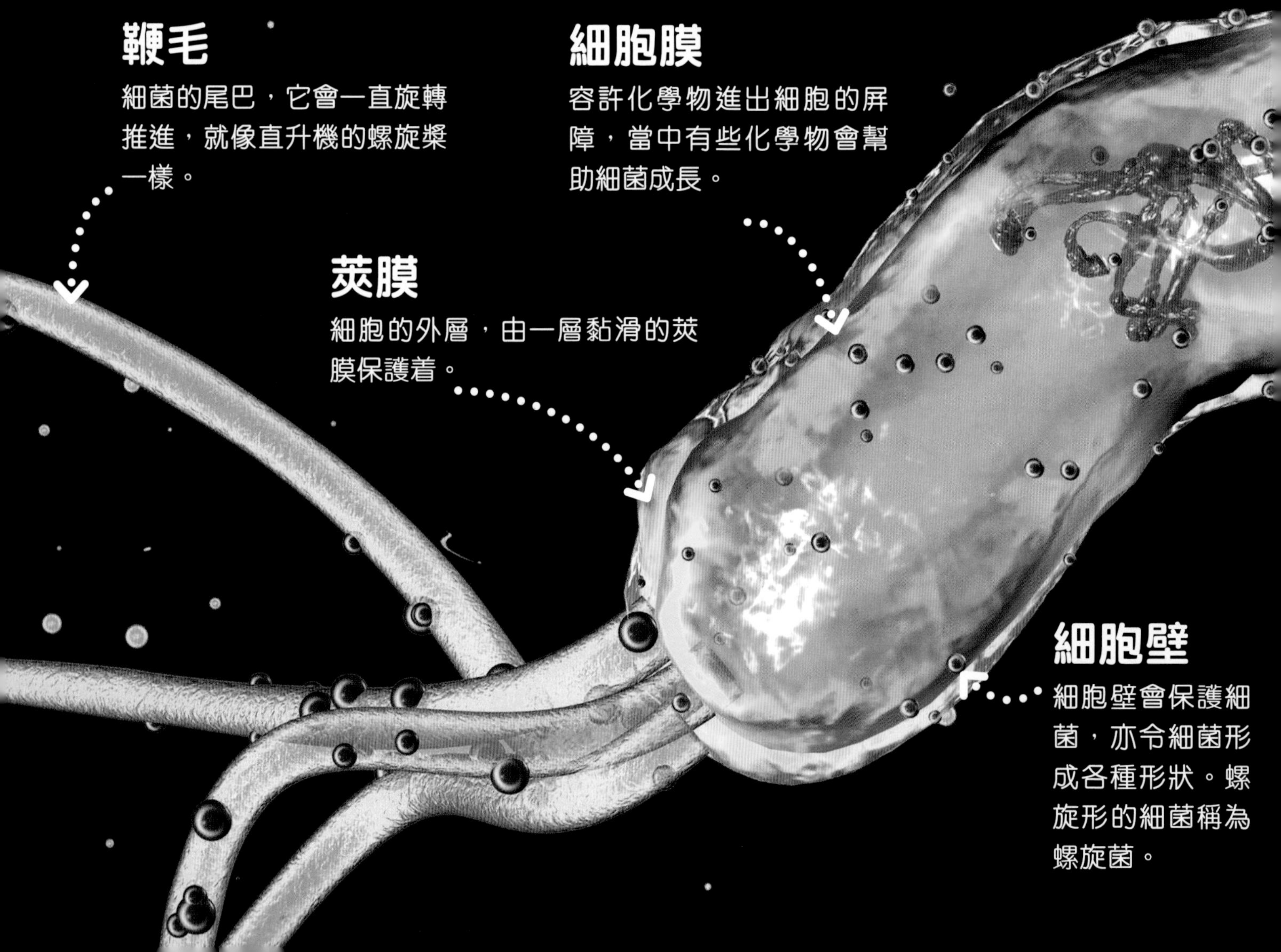

鞭毛
細菌的尾巴，它會一直旋轉推進，就像直升機的螺旋槳一樣。
細胞膜
容許化學物進出細胞的屏障，當中有些化學物會幫助細菌成長。
莢膜
細胞的外層，由一層黏滑的莢膜保護着。
細胞壁
細胞壁會保護細菌，亦令細菌形成各種形狀。螺旋形的細菌稱為螺旋菌。

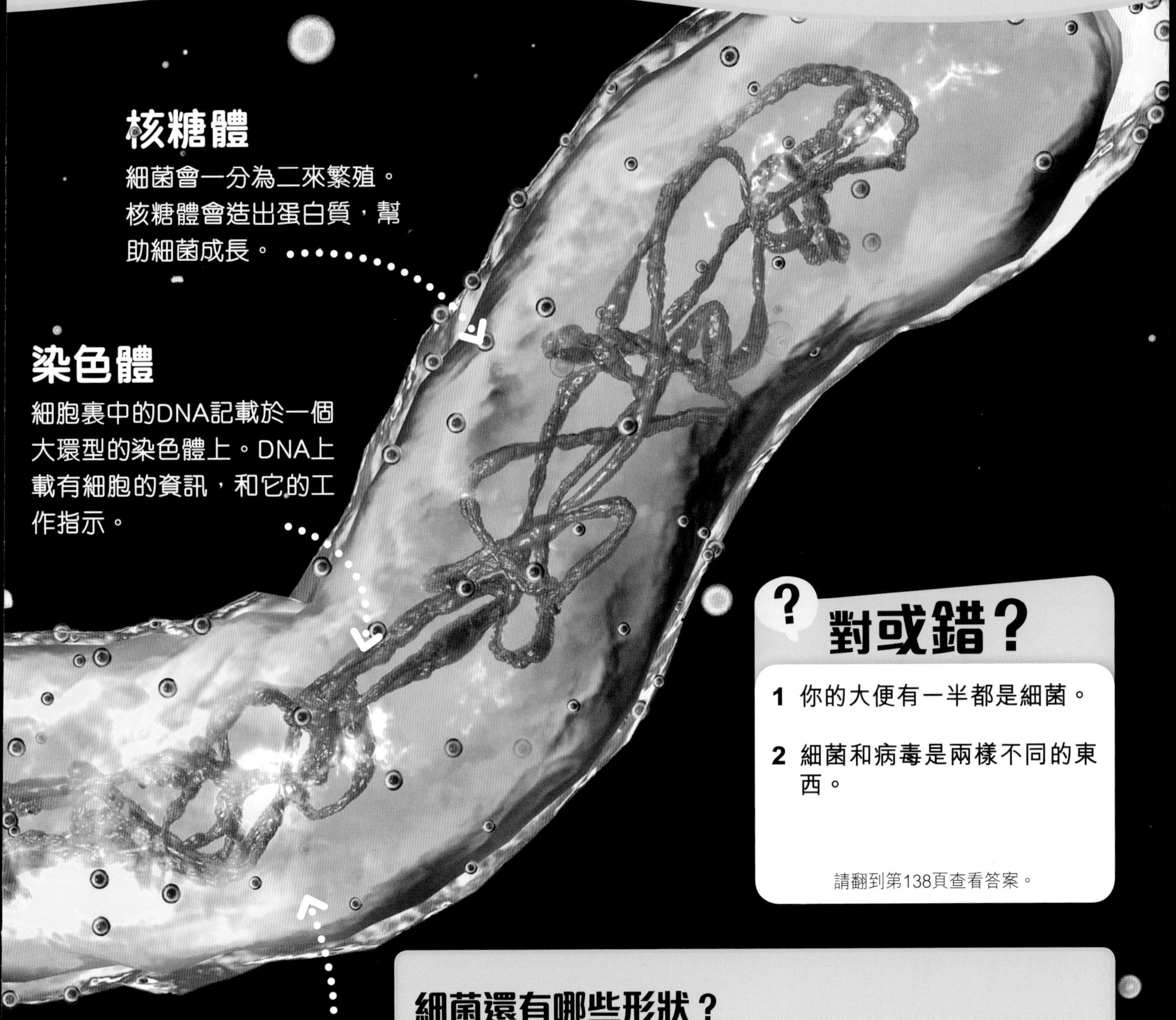

核糖體

細菌會一分為二來繁殖。核糖體會造出蛋白質，幫助細菌成長。

染色體

細胞裏中的DNA記載於一個大環型的染色體上。DNA上載有細胞的資訊，和它的工作指示。

細胞質

細胞裏的液體稱為細胞質。細胞質包含了各種物質，令細菌在你體內發揮作用。

對或錯？

1 你的大便有一半都是細菌。

2 細菌和病毒是兩樣不同的東西。

請翻到第138頁查看答案。

細菌還有哪些形狀？

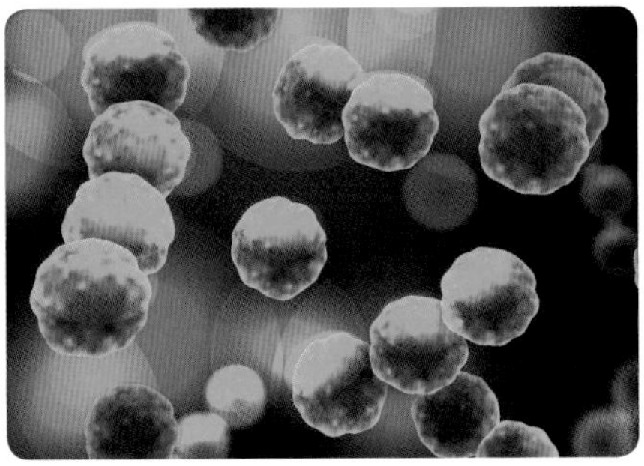

球菌

一些球形或圓形的細菌，稱為球菌。

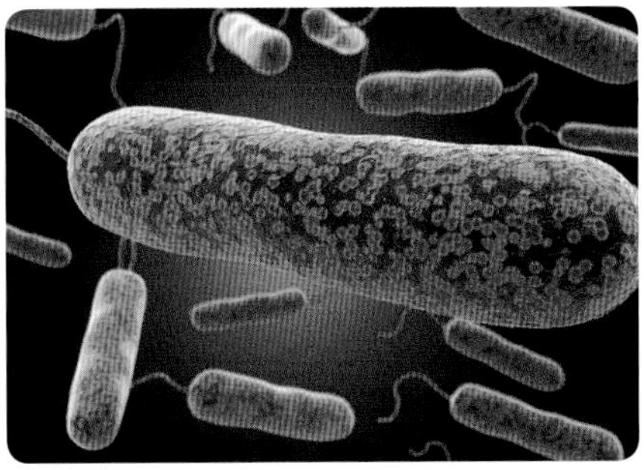

桿菌

一些呈桿形的細菌，稱為桿菌。

荷爾蒙是什麼？

荷爾蒙又稱激素，是在血液運行的化學信號。身體許多器官，包括腺體，都會分泌荷爾蒙，而不同的荷爾蒙也負責不同的工作。荷爾蒙會調節和控制很多事情，例如你的能量水平、情緒和成長。比起神經的電子信號，荷爾蒙的反應比較慢，但效用相對較持久。

荷爾蒙是怎樣工作的？

你的腦部會監察着你的身體，如果有什麼部分需要調整，它便會指示身體分泌相應的荷爾蒙。例如，當環境轉暗，腦部便會吩咐松果腺分泌褪黑激素，令身體放鬆。

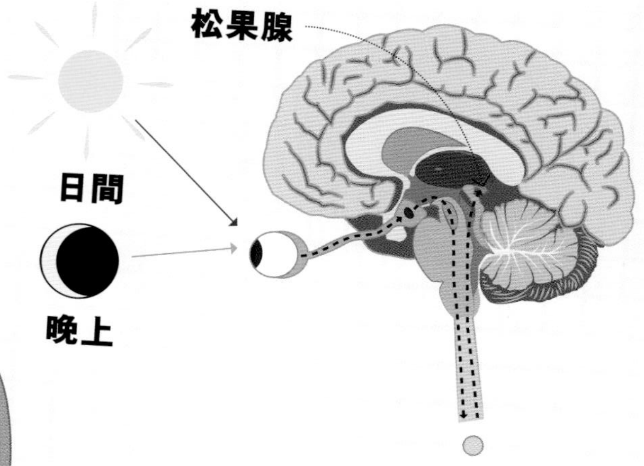

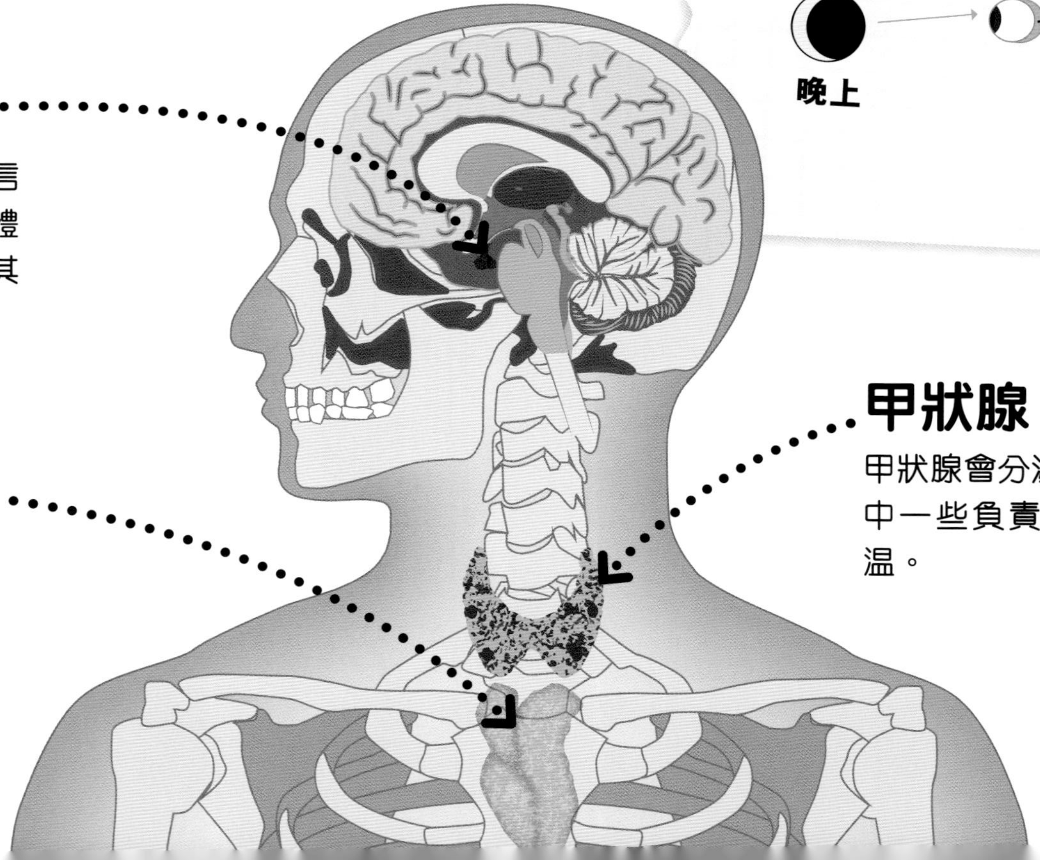

腦下垂體

這個腺體會釋放出九種不同的化學信號，其中一種幫助你成長。腦下垂體所分泌的荷爾蒙，會負責控制許多其他的腺體。

胸腺

胸腺分泌的荷爾蒙會吩咐身體製造白血球來對抗疾病。胸腺位於胸骨後面，小孩子的胸腺相對大一些，胸腺會隨着年齡增加而縮小。

甲狀腺

甲狀腺會分泌許多的荷爾蒙，其中一些負責控制你的體重和體溫。

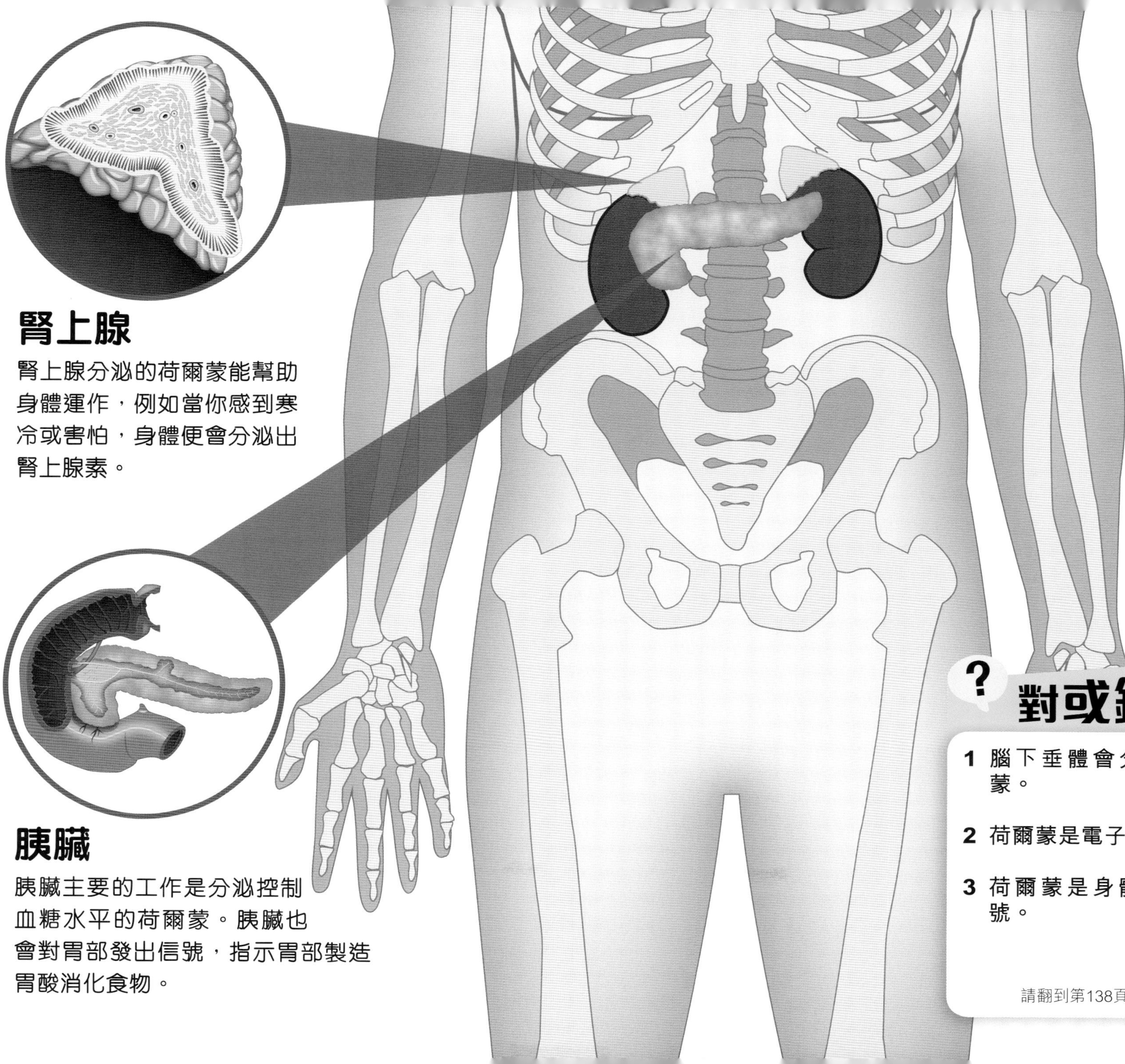

腎上腺

腎上腺分泌的荷爾蒙能幫助身體運作，例如當你感到寒冷或害怕，身體便會分泌出腎上腺素。

胰臟

胰臟主要的工作是分泌控制血糖水平的荷爾蒙。胰臟也會對胃部發出信號，指示胃部製造胃酸消化食物。

對或錯？

1 腦下垂體會分泌九種荷爾蒙。

2 荷爾蒙是電子信號。

3 荷爾蒙是身體裏最快的信號。

請翻到第138頁查看答案。

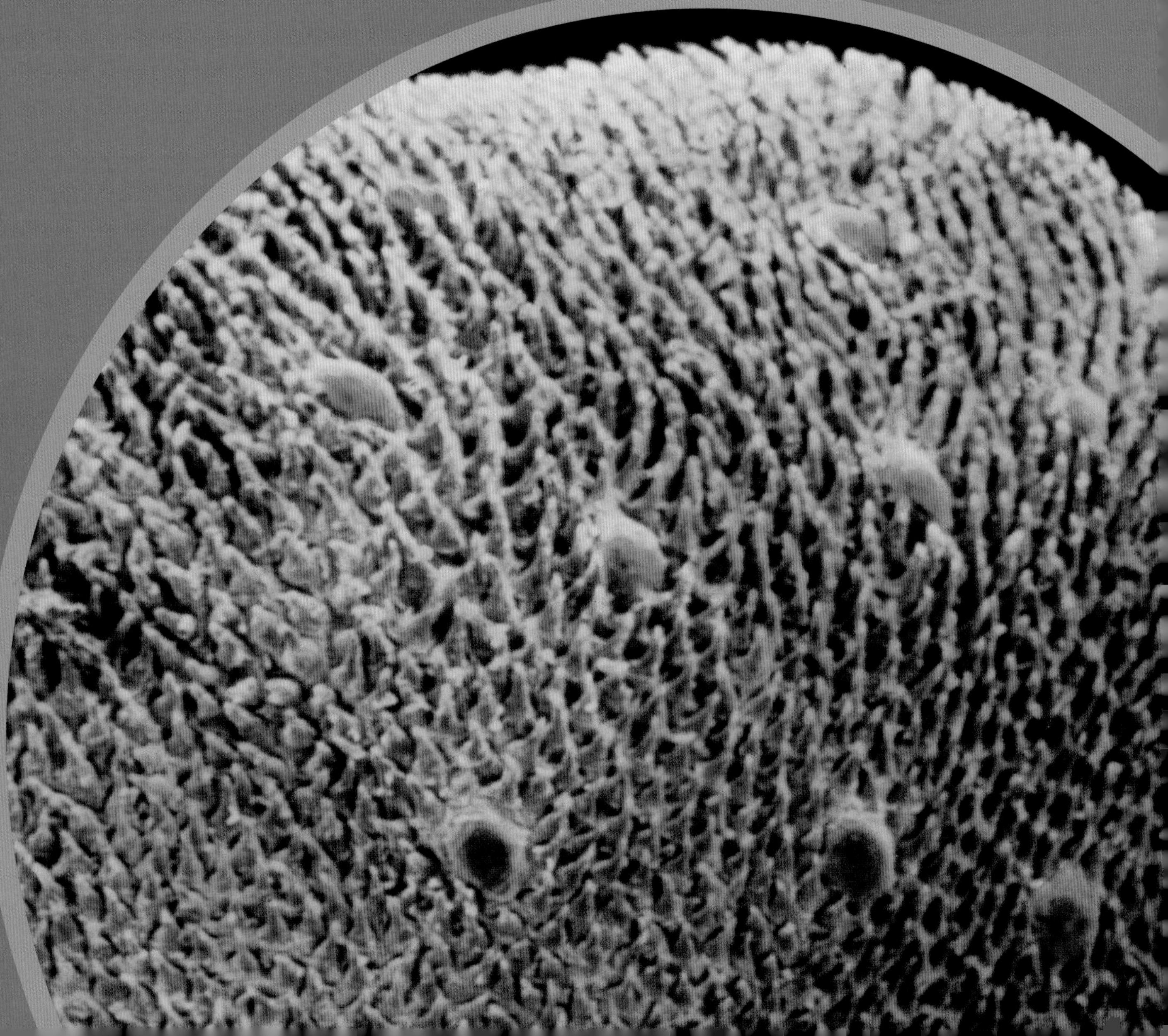

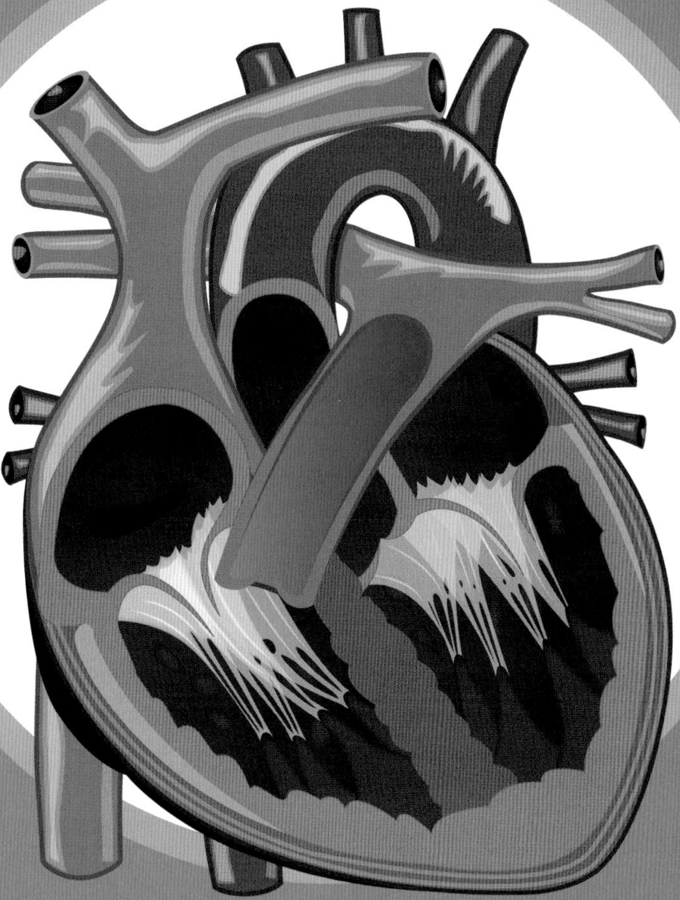

認識器官

身體的每個部分都有它重要的工作，它們分工合作，讓你的身體持續運作。骨頭會製造血細胞，脊柱靈活的關節使你可以彎腰，而肺部則負責吸入空氣助你呼吸。

骨頭是由什麼構成的？

骨頭讓你的身體有力量，也組成身體的結構。骨頭這個器官有血液供應、有神經和多層的組織。它的外層堅硬，但裏面有一種啫喱狀的物質，稱為骨髓。下圖是大腿骨，又稱股骨，是身體裏最大的骨頭。

骨髓每秒鐘大約可以製造200萬個血球！

密質骨

骨的外層既堅硬亦沉重。它由緊密排列的骨元組成，骨元是一些強韌的骨骼組織。

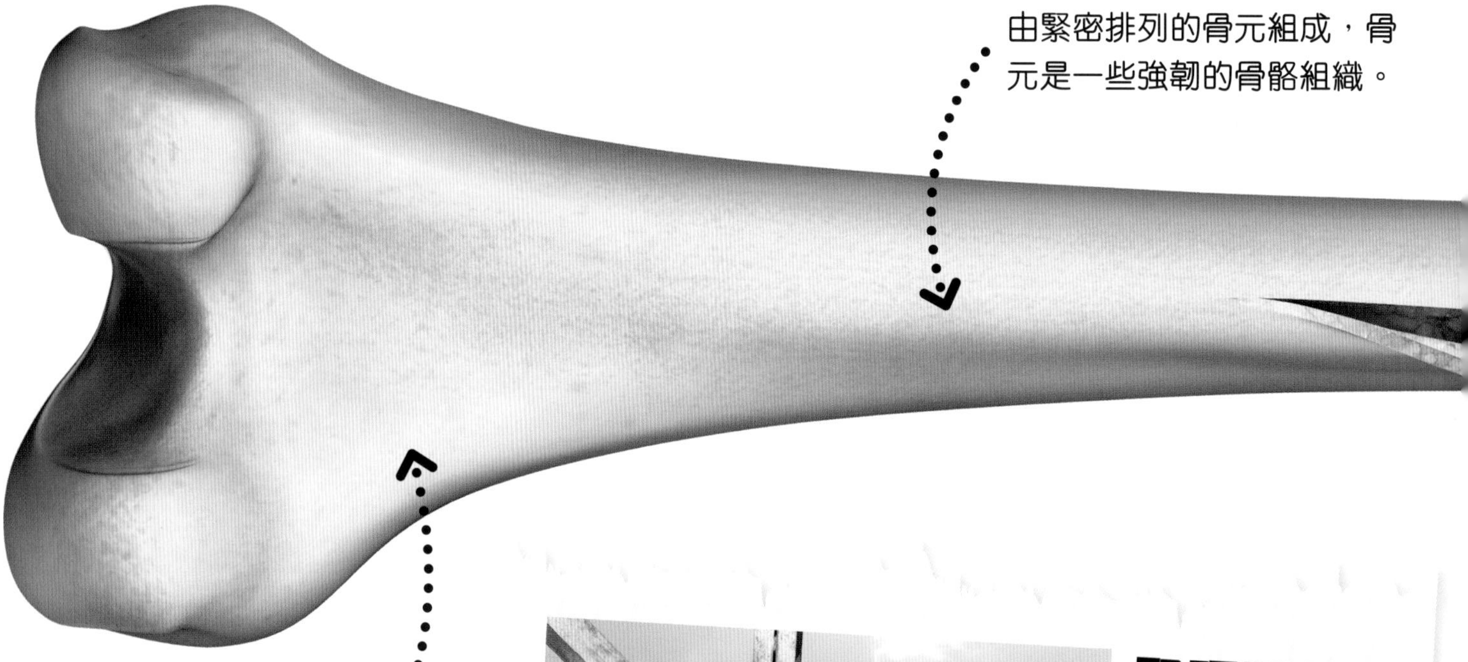

骨膜

骨膜是一層順滑的外層，包裹着骨頭。它會保護骨頭，也會將骨頭與旁邊的肌肉連起來。

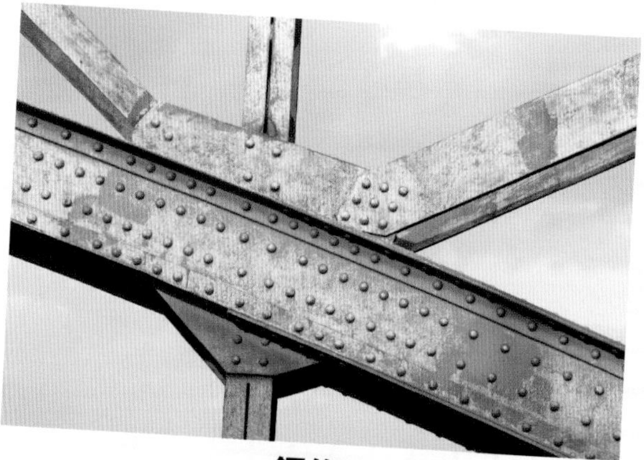

鋼條

堅硬而輕盈

人類骨骼的重量是鋼條的六分之一，但堅硬程度卻跟鋼條一樣。

身體內有多少塊骨頭？

嬰兒出生的時候約有300塊骨頭，這些都是軟骨，略帶彈性。嬰兒成長時，這些軟骨會融合起來，變得堅韌。例如，嬰兒的頭顱骨原本是幾塊分開的，但隨着嬰兒成長，這些骨頭會聚合起來。到大約18歲，一個成年人只有206塊骨頭。

這是嬰兒其中一塊頭顱骨。

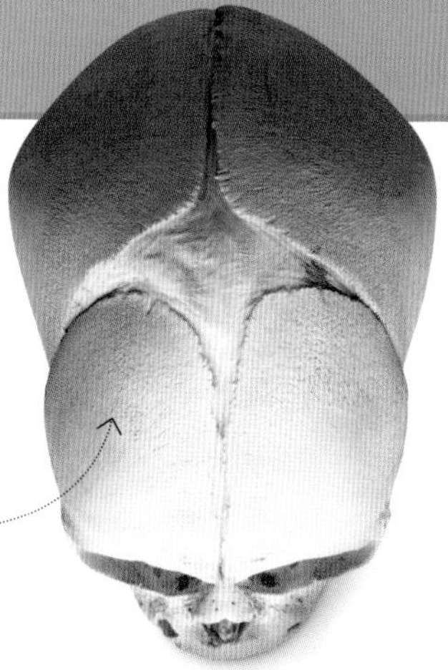

考考你

1 黃骨髓負責儲存什麼？

2 為什麼骨頭能如此堅韌？

3 嬰兒的骨骼主要由什麼組成？

請翻到第138頁查看答案。

骨髓

骨髓有兩種。紅骨髓會製造血球，黃骨髓則儲存脂肪，脂肪能為你提供能量。

海綿骨

密質骨下有一層很輕但很堅韌的海綿骨。海綿骨裏面是骨髓，骨裏的小孔會載着血管和神經。

股骨頭

股骨頭是圓的，能套進髖骨窩，形成髖關節。股骨頭既有密質骨，亦有鬆質骨。

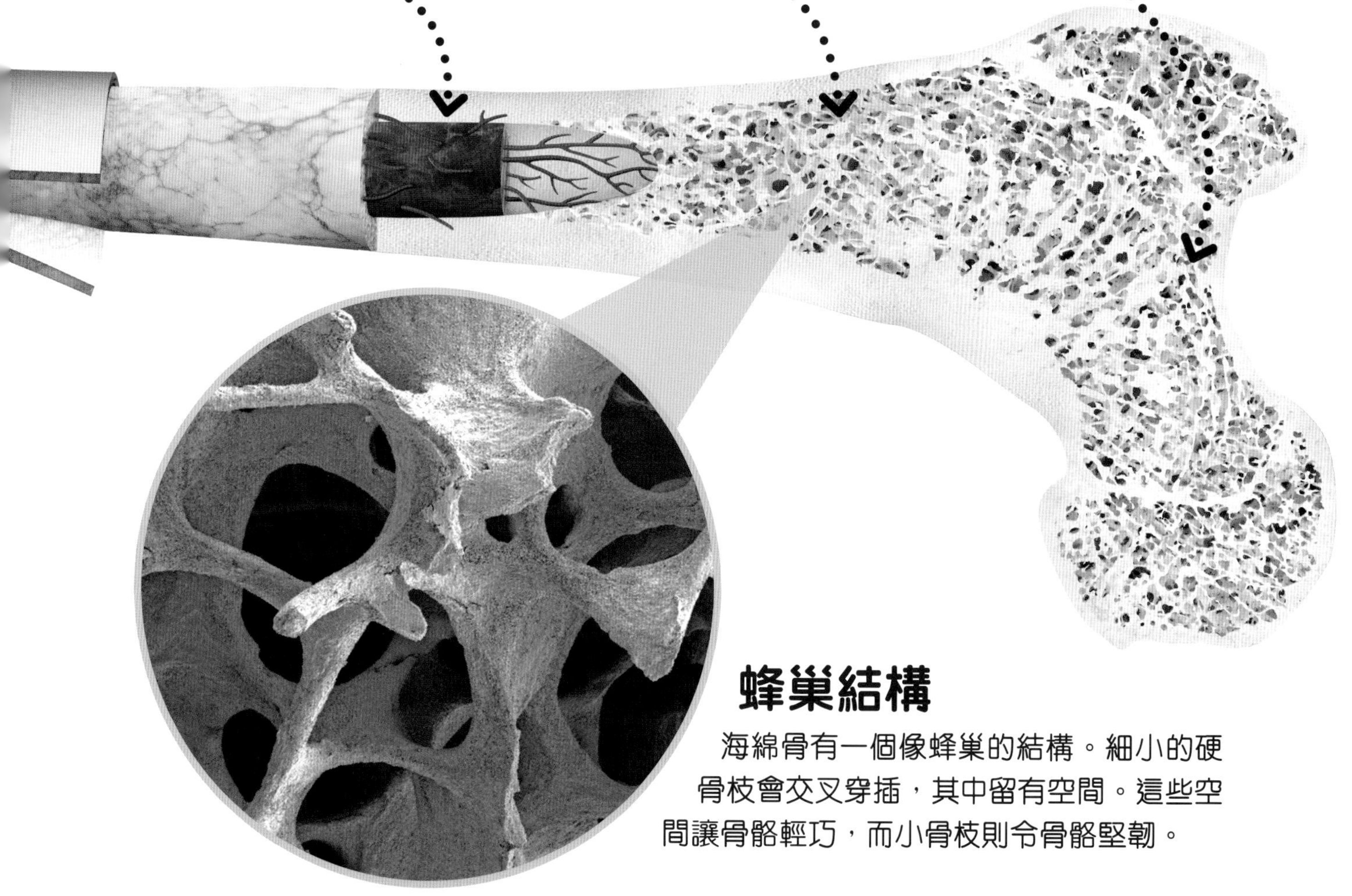

蜂巢結構

海綿骨有一個像蜂巢的結構。細小的硬骨枝會交叉穿插，其中留有空間。這些空間讓骨骼輕巧，而小骨枝則令骨骼堅韌。

單單是站起來這個動作，你就要運用300塊不同的肌肉了！

考考你

1 三種主要肌肉之中，哪一種負責骨頭的活動？

2 彎曲手臂要用哪些肌肉收縮？

請翻到第138頁查看答案。

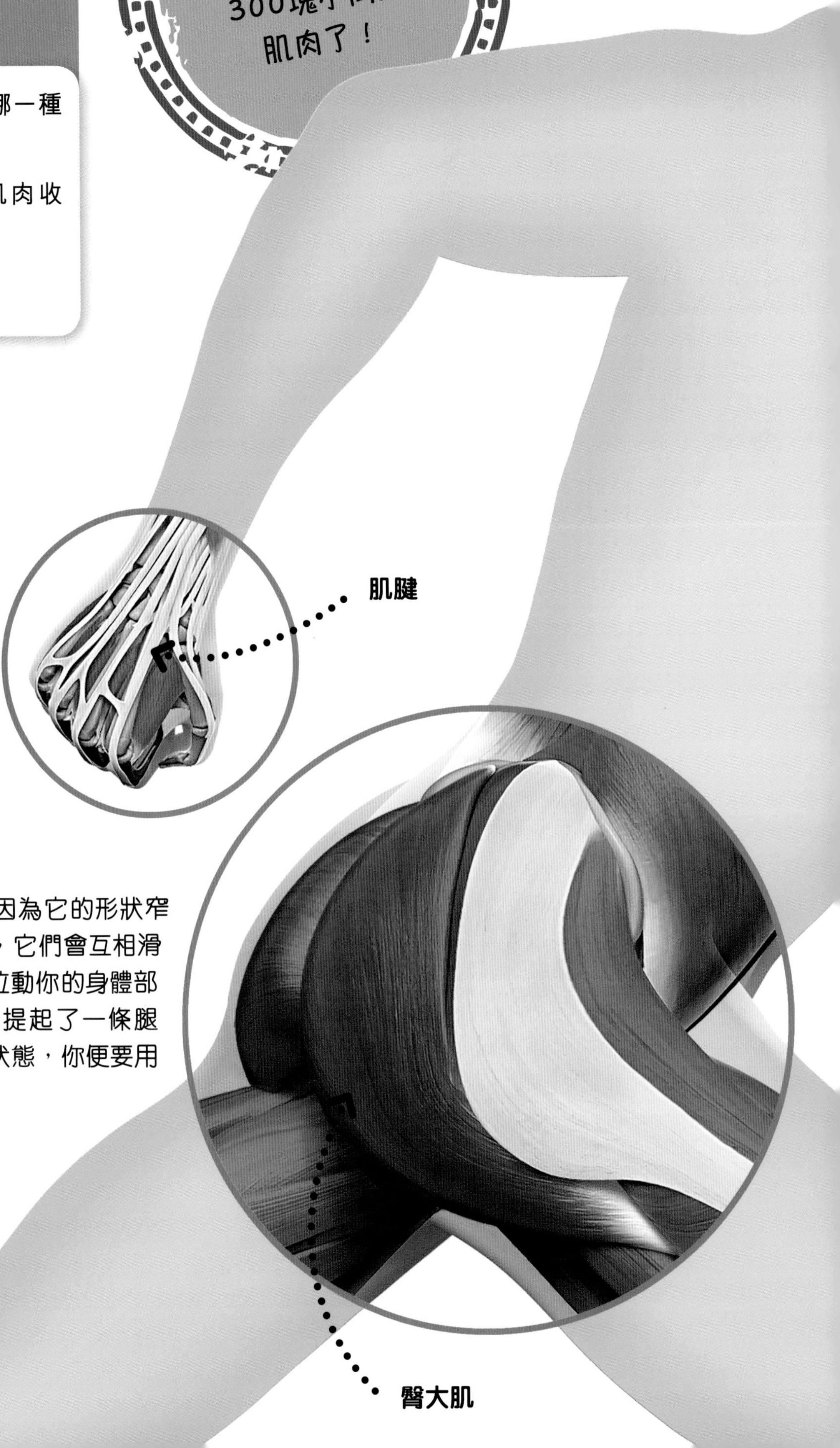

肌腱

肌肉和骨頭由肌腱來連接着。肌腱有粗有幼，有扁有圓。肌腱也能連接肌肉和一些會活動的部分，例如眼球！

肌細胞

肌細胞也稱為肌纖維，因為它的形狀窄窄長長。當肌細胞收縮，它們會互相滑動，令肌肉變短，因而拉動你的身體部分做成各種形態。當你提起了一條腿後，如果要回到垂直的狀態，你便要用臀大肌把腿拉回來。

肌肉怎樣令身體活動？

骨骼肌會分組來拉動骨頭。當你要彎曲手臂，二頭肌的肌肉會收縮，拉動下臂骨提起，這時的三頭肌是放鬆的。當要伸直手臂，三頭肌會收縮，二頭肌則放鬆。

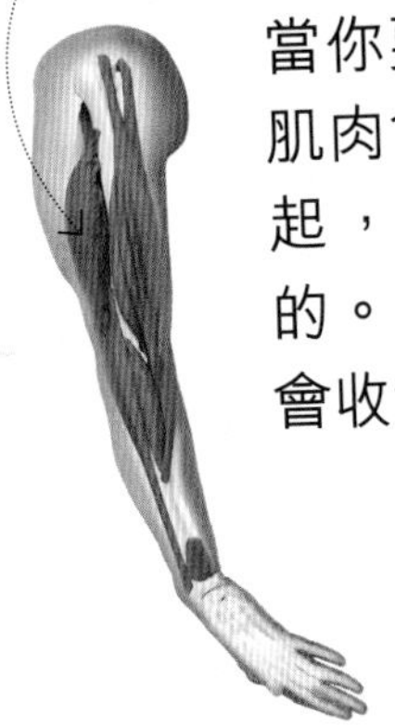

伸直的手臂

彎曲的手臂

骨骼肌

骨骼肌是其中一種肌肉。大部分的骨骼肌都由肌腱連接着骨頭，這種肌肉會幫助你活動身體，形成不同體態。

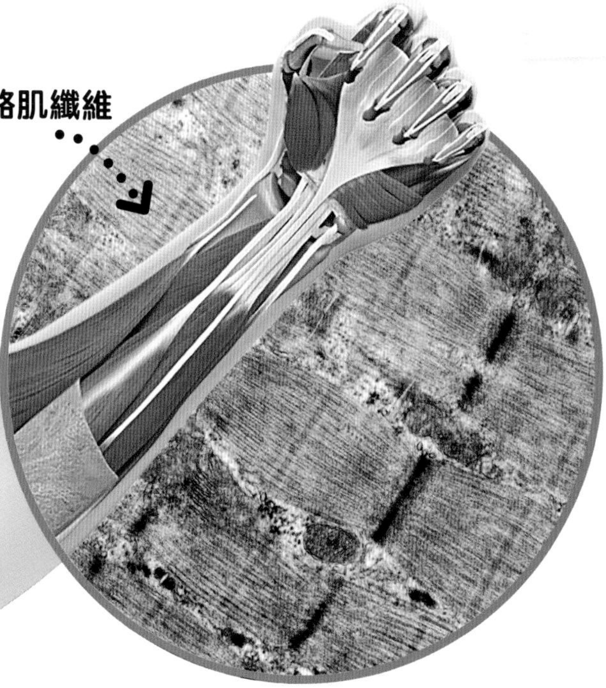

還有哪些類型的肌肉？

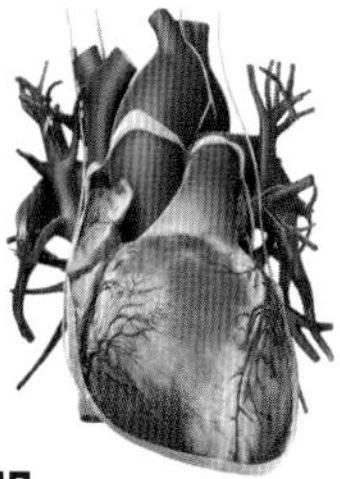

心肌

心臟由心肌組成，它令心臟跳動，泵送血液。它是不會停下來的。

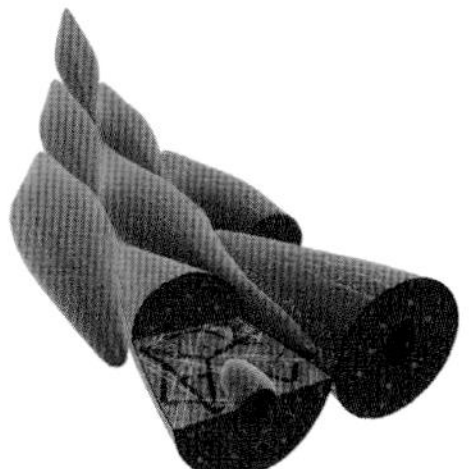

平滑肌

位於一些中空的器官內，例如膀胱。它收縮時，就會擠壓整個器官。

最大的肌肉是哪一塊？

臀大肌是身體最大塊的肌肉。這塊肌肉位於臀部，跑步、跳躍、攀爬的動作都靠它。肌肉會一組一組的合作，令身體不同的部位能夠活動。肌肉活動是由腦部傳送出電子信號來控制的。

腦部與頭骨之間有些什麼？

腦部與頭顱骨之間有一種透明的液體在流動，而且有三層的扁平組織，稱為腦脊膜。有一層包裹着大腦，另一層附在頭顱骨內，第三層則夾在這兩層之間。

緩衝液體

包圍腦部的其中一種液體是腦脊髓液，這讓腦部能浮在其中。如果你的頭部被撞擊，腦脊髓液能成為緩衝，減輕震動。它也會為腦部提供養分。

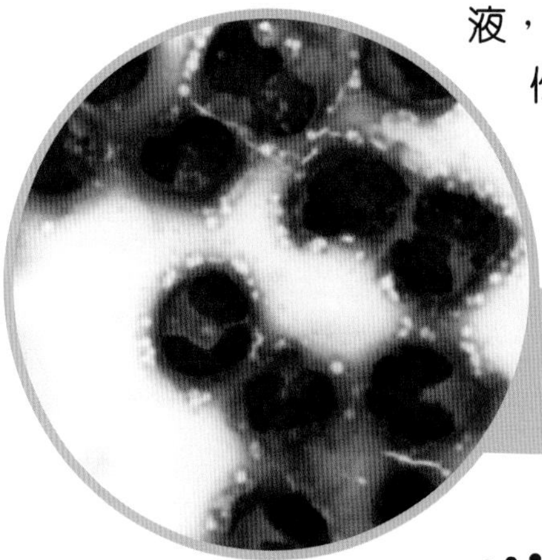

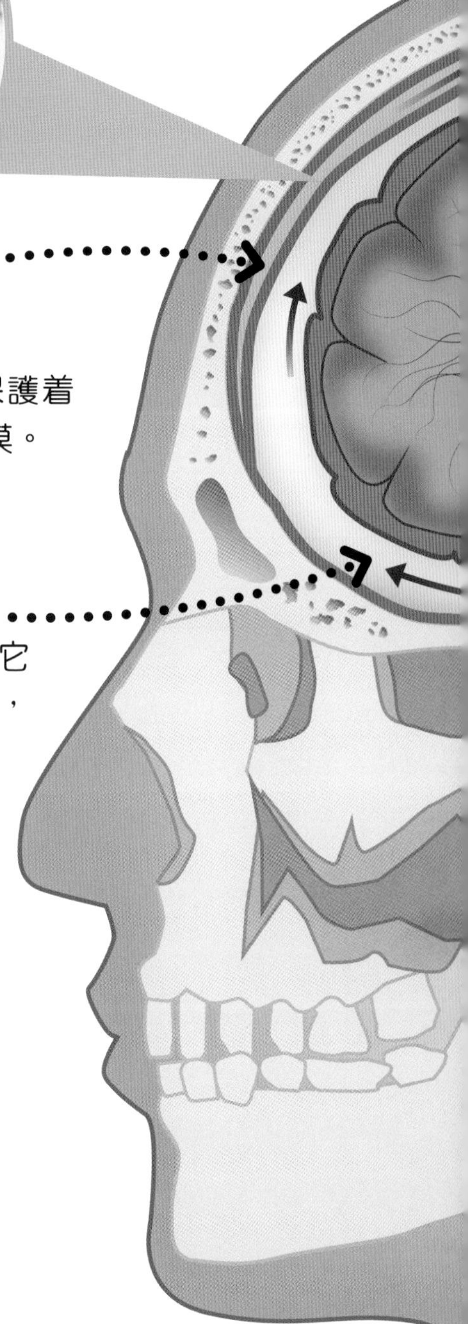

腦脊膜

這三層的薄膜組織包圍和保護着你的腦部。它們統稱為腦脊膜。

流動的液體

腦脊髓液在腦部四周流動，它會按着圖中箭咀的方向流動，走遍腦部和脊髓。

怎樣能保持腦部健康？

食物和水

健康的飲食能為腦部提供養分。腦外的液體需要水分，而這些液體會傳送養分到腦部並帶走廢物。

血管

血管將血液傳送到腦部。這些血管跟身體其他地方的血管不同，因為這裏的血管不會讓病毒或病菌進到腦部。腦室的細胞就會負責過濾血液。

腦部每天會產生半公升的腦脊髓液！

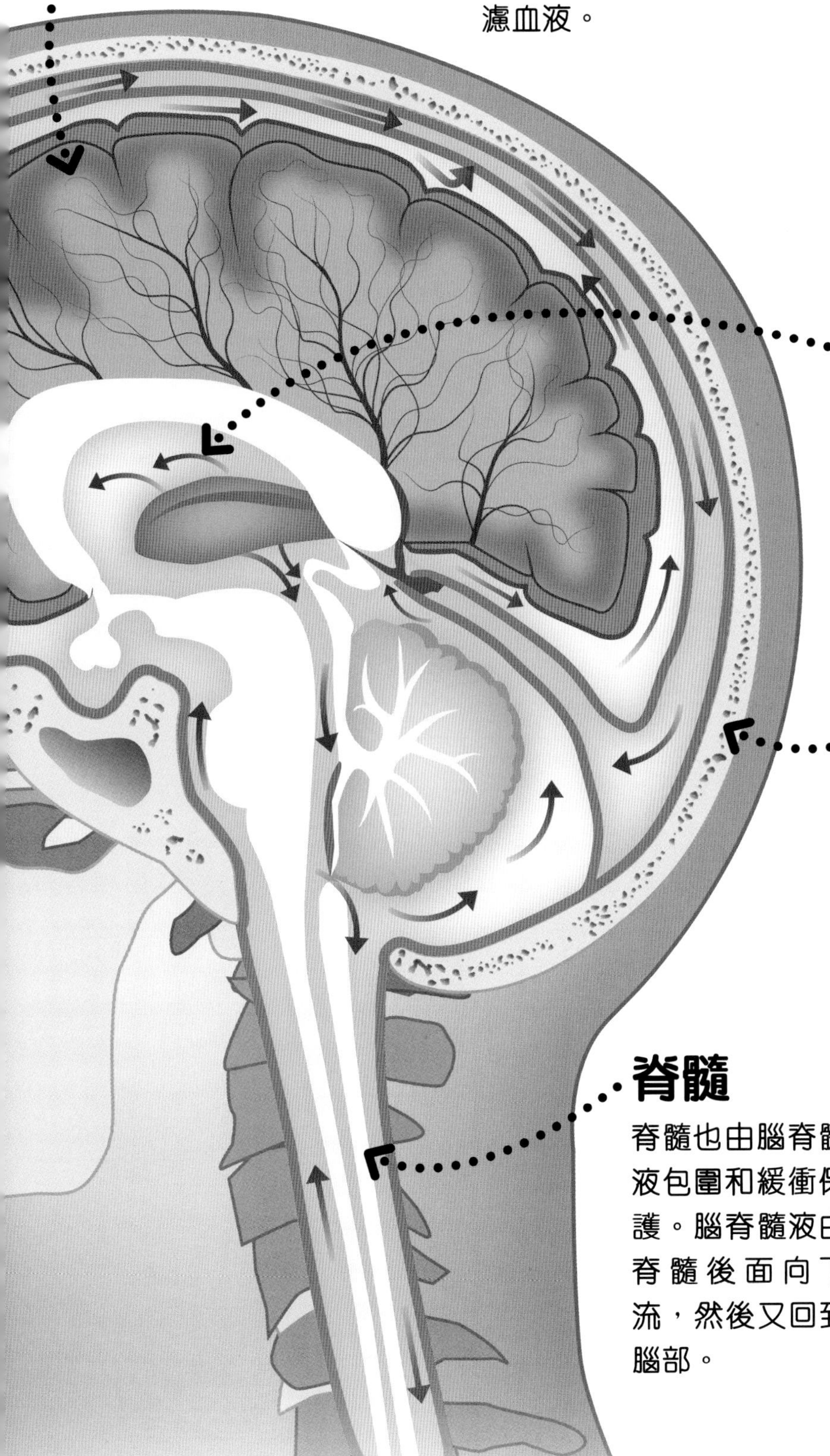

製造液體

腦腔中有一個位置稱為腦室，布滿許多能產生腦脊髓液的細胞。腦脊髓液會在腦部和脊髓流動，它含有白血球、葡萄糖和蛋白質，能幫助腦部運作。

頭顱骨

頭顱骨能保護你的腦部。它由幾塊骨骼組成，裹面包着腦部和頭部內的其他器官，例如眼睛。

脊髓

脊髓也由腦脊髓液包圍和緩衝保護。腦脊髓液由脊髓後面向下流，然後又回到腦部。

? 考考你

1 腦部和頭顱骨之間有多少層腦膜？

2 圍繞着腦部的液體有什麼作用？

3 除了腦部，你還能在哪裏找到腦脊髓液？

請翻到第138頁查看答案。

心臟裏是怎樣的？

心臟裏有四個區間，稱為腔室。四個腔室包括兩個心房和兩個心室。腔室的肌肉壁會放鬆和收縮，將血液泵到下一個腔室，或泵到肺部和身體各處。

大動脈是身體最大的動脈。它的樣子好像一條軟管！

上腔靜脈

這靜脈把頭部和上半身的血液送回右心房。

心房

血液會流進兩個較小的腔室——左心房和右心房。

心瓣

心瓣是心臟的門，只會向一個方向打開，所以血液只可以向一個方向流動。心跳聲其實來自心瓣合上的聲音。

心壁

心壁細胞會發出電子信號，令其肌肉收縮，將血液推進心臟。

下腔靜脈

這是身體最大的靜脈，下半身的血液會流到右心房。

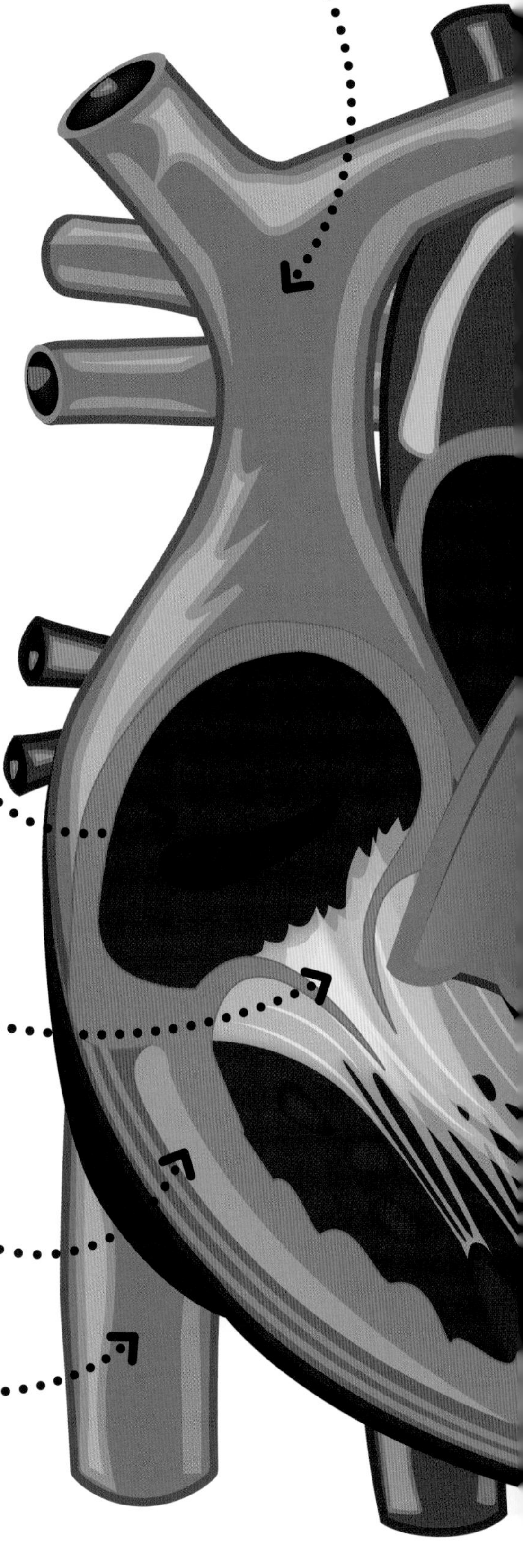

? 考考你

1 心跳聲來自哪裏？

2 血液會從肺部收集了什麼？

3 哪些血管會將血液帶離心臟？

請翻到第138頁查看答案。

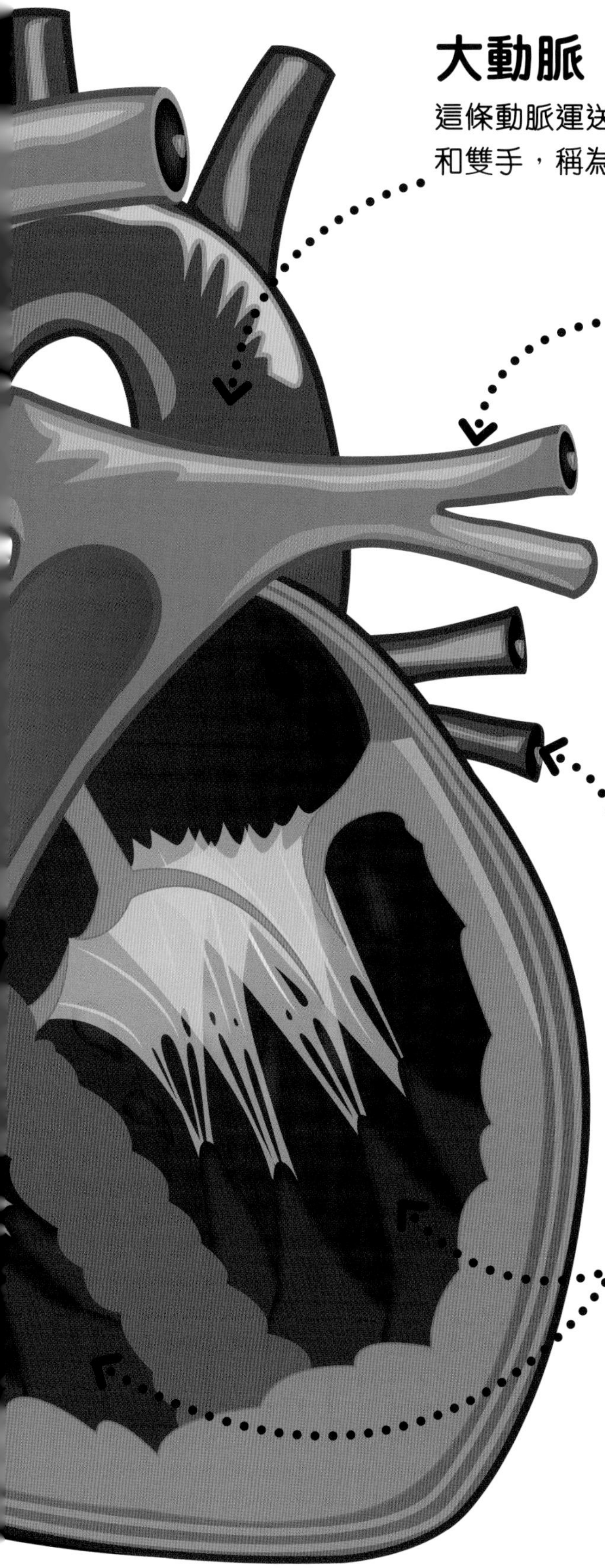

大動脈

這條動脈運送血液到頭部、腦部和雙手，稱為大動脈。

肺動脈

大部分的動脈都會載着「含氧血」，但肺動脈運載的是「缺氧血」，這些血液進入肺部後就會收集氧氣。

肺靜脈

「含氧血」會從肺部經左右兩邊的肺靜脈送回心臟。

心室

心臟持續跳動，就會一直將血液推進和推出心室。

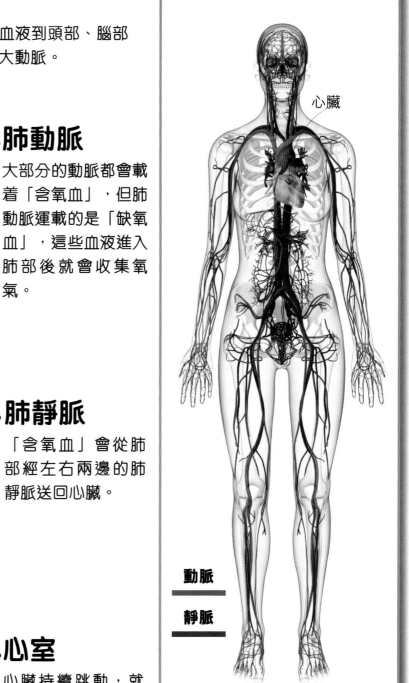

血液是怎樣在體內運行的？

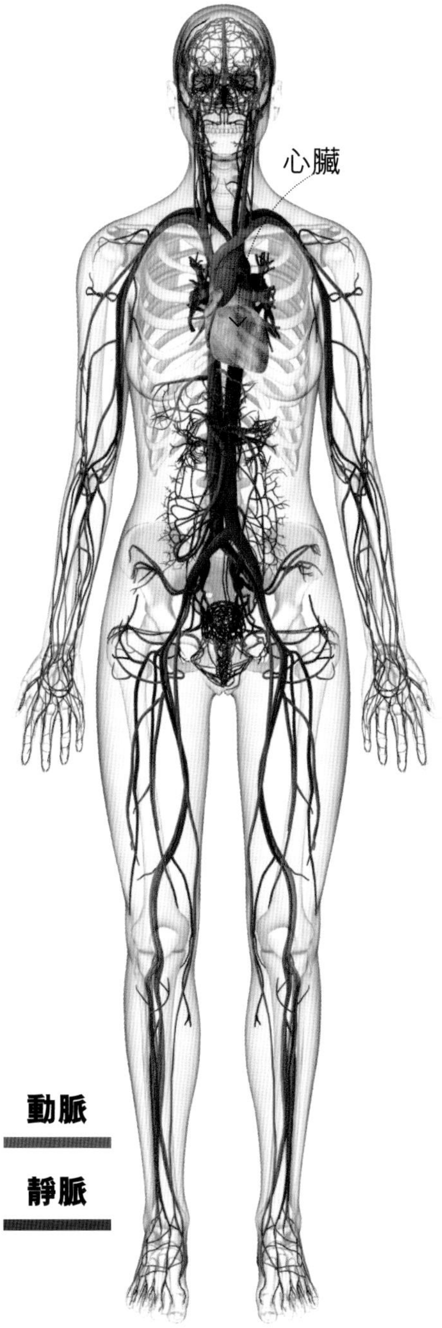

血管

血液會在管道系統裏運行，這些管道稱為血管。動脈會將血液帶離心臟，而靜脈會將血液帶進心臟。

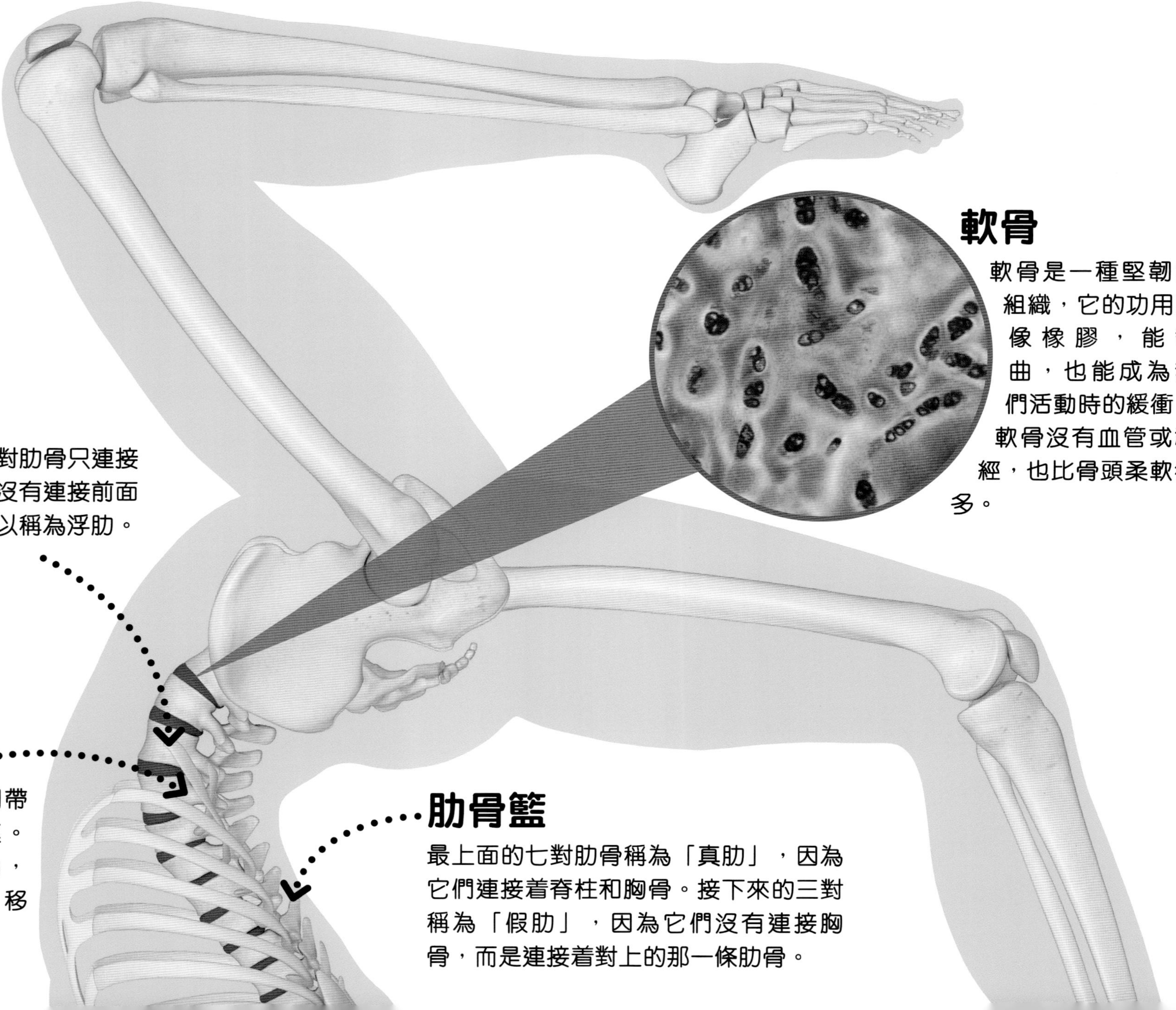

軟骨

軟骨是一種堅韌的組織，它的功用就像橡膠，能彎曲，也能成為我們活動時的緩衝。軟骨沒有血管或神經，也比骨頭柔軟得多。

浮肋

最底下的兩對肋骨只連接着脊柱，而沒有連接前面的胸骨。所以稱為浮肋。

脊柱

肋骨透過韌帶與脊柱相連。脊柱若彎曲，肋骨也會移動。

肋骨籃

最上面的七對肋骨稱為「真肋」，因為它們連接着脊柱和胸骨。接下來的三對稱為「假肋」，因為它們沒有連接胸骨，而是連接着對上的那一條肋骨。

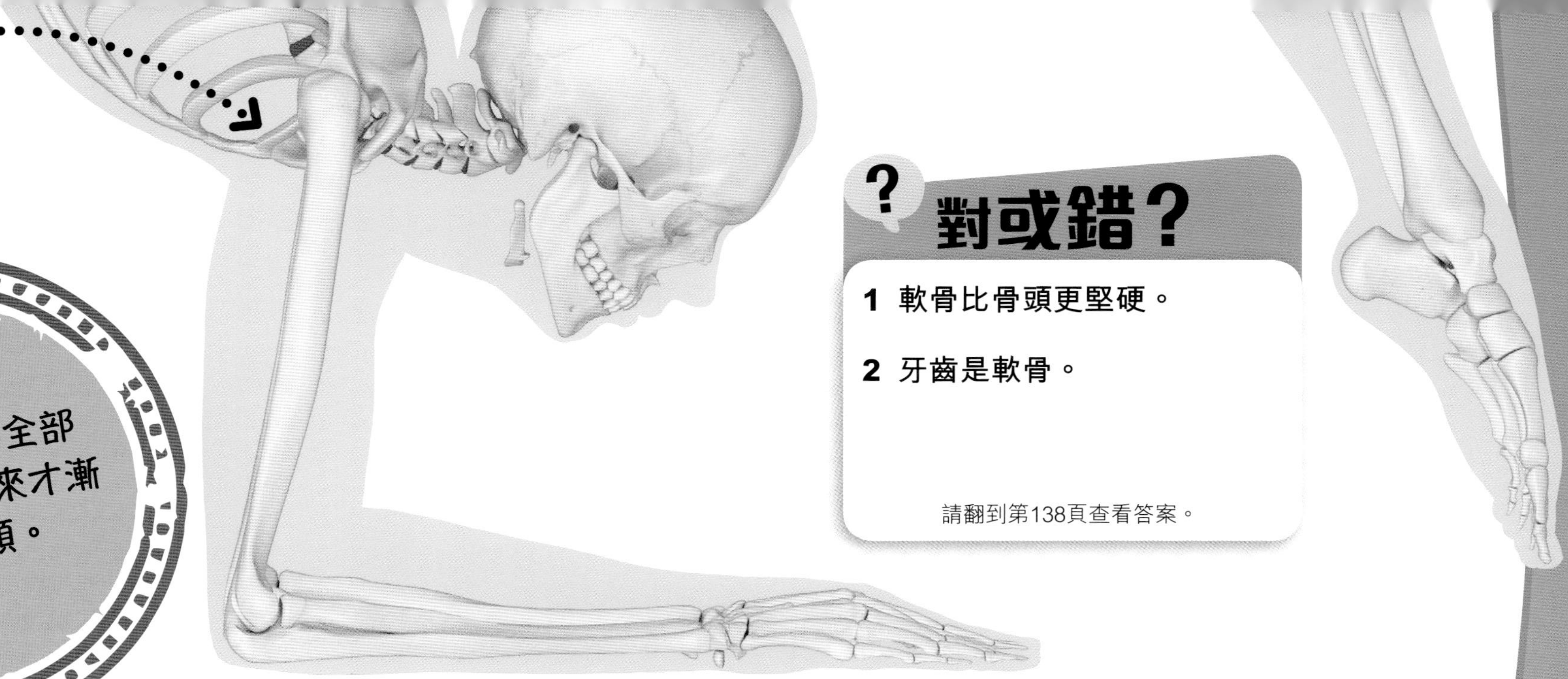

胸骨

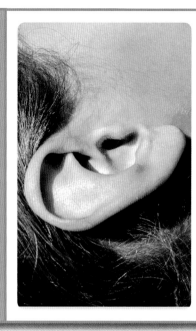

最上面的十對肋骨（真肋和假肋）與胸骨以軟骨相連。

人的骨骼原本全部都是軟骨，後來才漸漸變成骨頭。

? 對或錯？

1 軟骨比骨頭更堅硬。

2 牙齒是軟骨。

請翻到第138頁查看答案。

肋骨是可彎曲的嗎？

不。你的肋骨是不能彎曲的，不過它們連接着一些很堅韌、柔軟度很高的軟骨，這樣，你的胸腔（俗稱肋骨籃）便可以向上和向外擴展，在呼吸時幫助肺部擴張充氣。肋骨籃由12對骨頭組成，它就像一個籃，保護着心臟和肺部。

身體還有哪裏有可彎曲的軟骨？

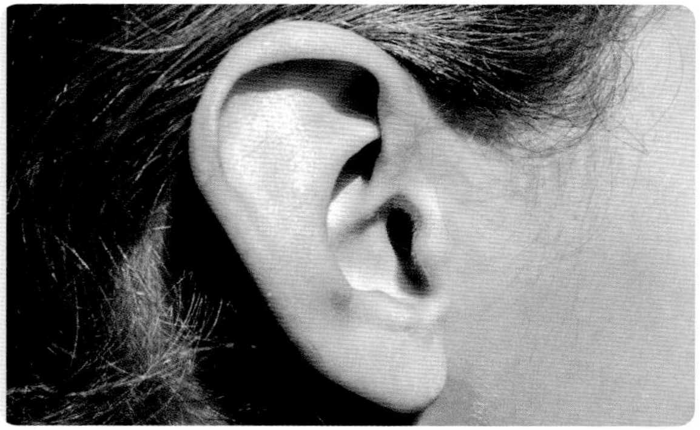

你的外耳廓和鼻子都是軟骨。耳朵和鼻子都有固定的形狀，但你也可以扭動和弄彎它們。

脊柱是怎樣連接起來的？

脊柱是由一圈一圈的骨頭組成，這些骨頭稱為脊椎骨。脊椎骨由一種彈性組織（韌帶）連接着，脊椎骨之間也有一種像軟墊的物質，稱為椎間盤。椎間盤是軟骨，是一種堅韌但可彎曲的組織。

四個部分

脊柱由四個部分組成。頸的部分是頸椎，能支撐頭部。下一部分是胸椎，它與肋骨籃接連。接着是腰椎，這承受你大部分的體重。最底部分是骶骨和尾骨。

脊髓

脊髓位於脊椎骨所形成的一條隧道。脊髓以神經將腦部與全身其他部位接連。神經帶有電子信號，它會透過脊椎骨的空隙，在脊髓進進出出。

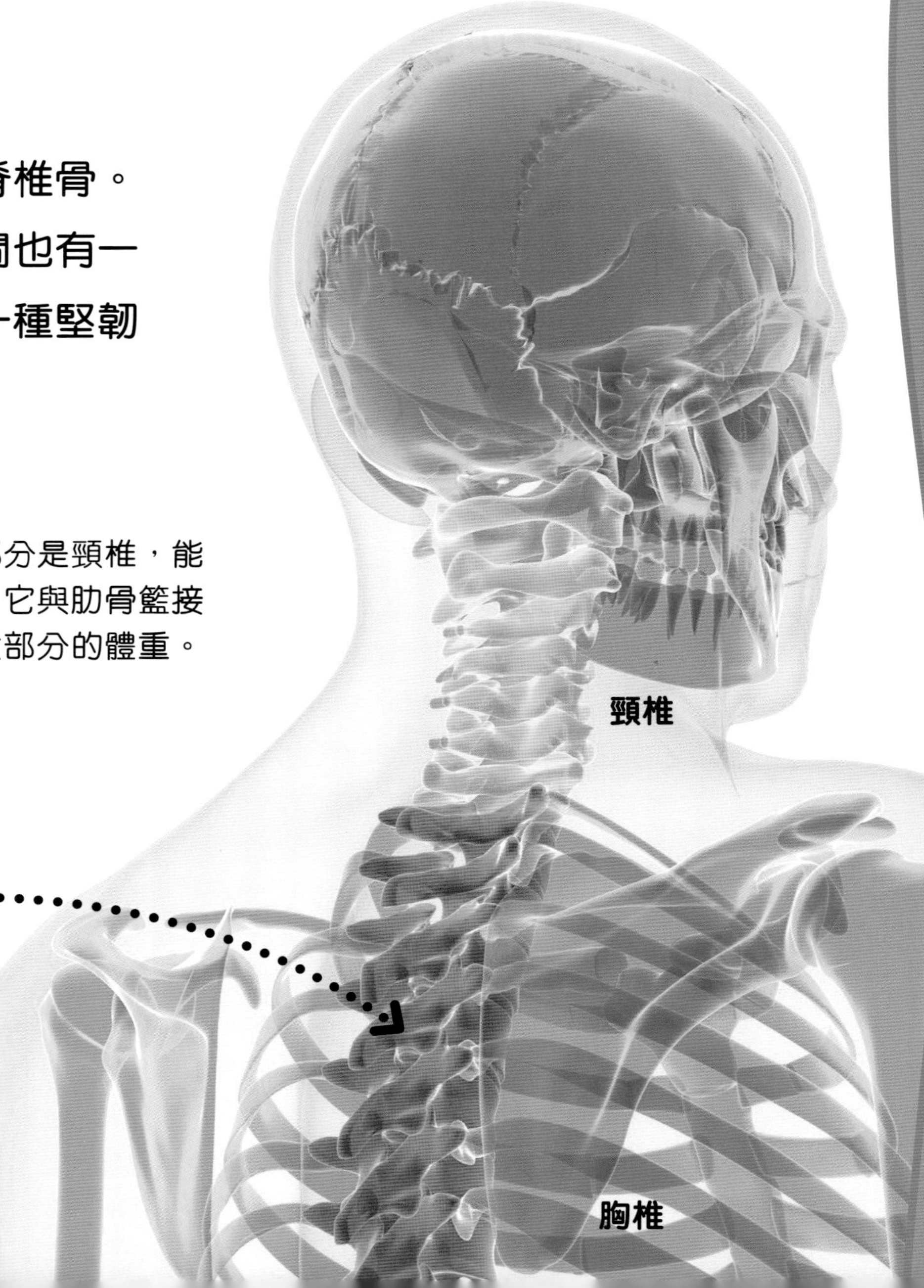

脊髓有多粗？

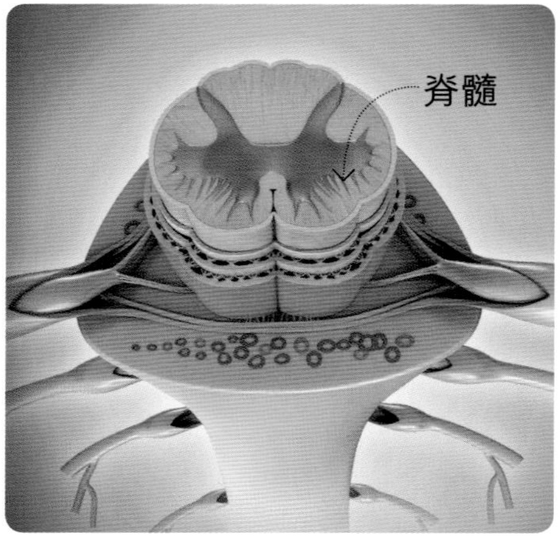

脊髓大約等如你一隻手指那樣粗，而且剛好緊貼着脊柱內的脊椎骨。脊髓有數以十億計的神經，也有層層的薄膜和液體保護着它們。

脊髓神經

有些電子信號永遠不會到達腦部，只會傳到脊髓。這些信號通過脊髓神經進到脊髓，而脊髓神經只會傳輸信號往來身體某些部位。

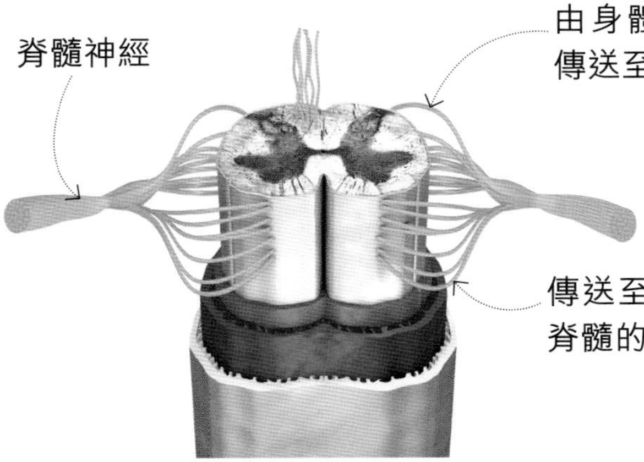

脊髓神經
由身體發出的信號會傳送至脊髓的背面。
傳送至身體的信號會由脊髓的前面發出。

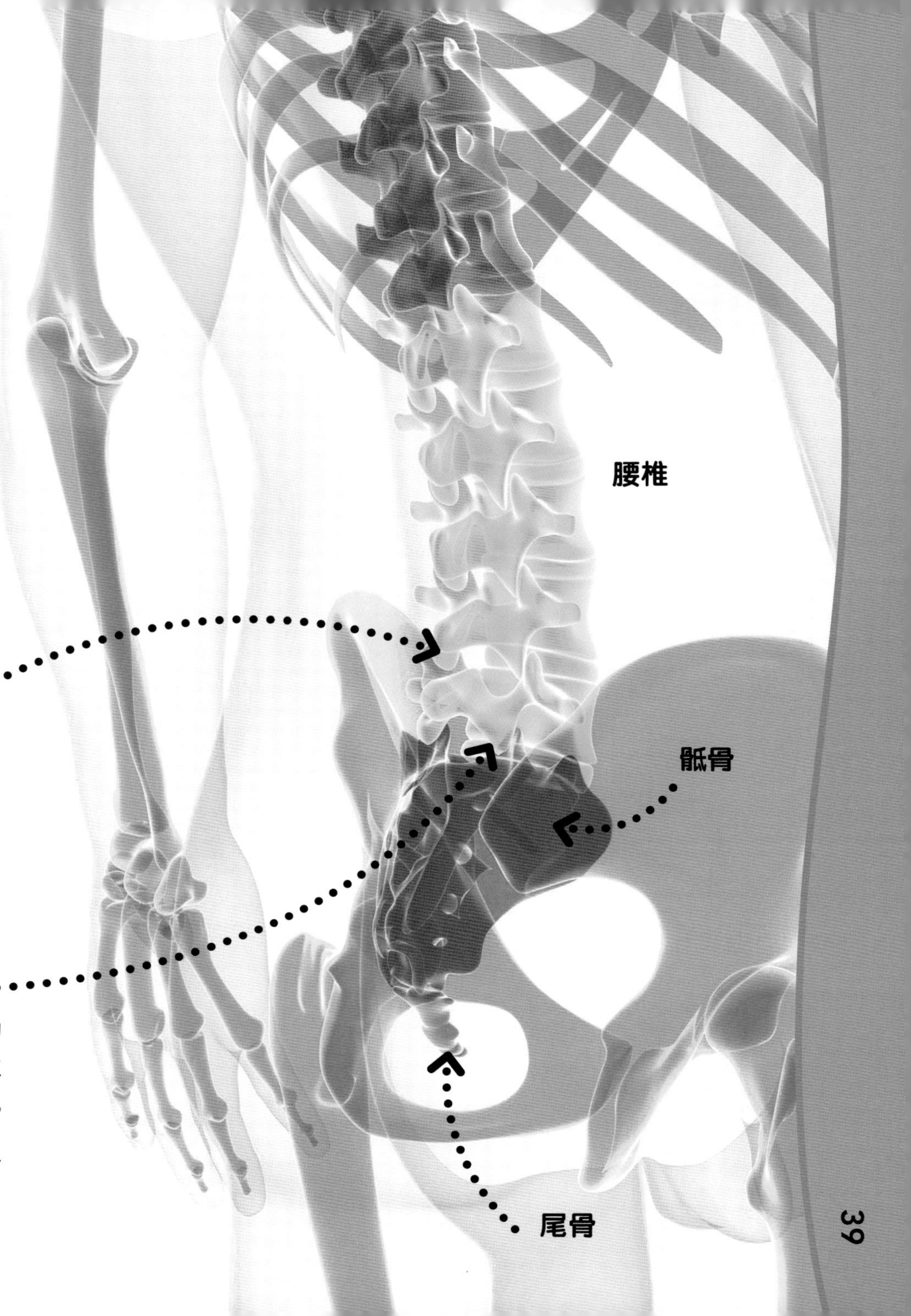

腰椎
骶骨
尾骨

有彈性的關節

你能彎腰，是因為脊椎骨之間的關節。韌帶會將一切固定，而椎間盤在每節脊椎骨之間起了軟墊作用。

? 考考你

1 脊柱中，每節脊椎骨之間有些什麼？

2 脊髓有什麼保護着？

請翻到第138頁查看答案。

脊椎骨

你的身體活動時，大部分的脊椎骨都會同時移動。不過，脊柱最底的十節脊椎骨是無法移動的，包括那條像尾巴的尾骨。

植物呼吸作用

植物也是生物，都需要能量才能生存。植物吸入氧氣後，透過呼吸作用分解葡萄糖，來得到能量。植物也會透過光合作用，自行製造食物。

氣孔

植物的葉子、莖、根和花上，有一些很小的洞，稱為氣孔。氣孔打開時，呼吸作用和光合作用所需要吸入和釋出的氣體，都會透過這裏進出。

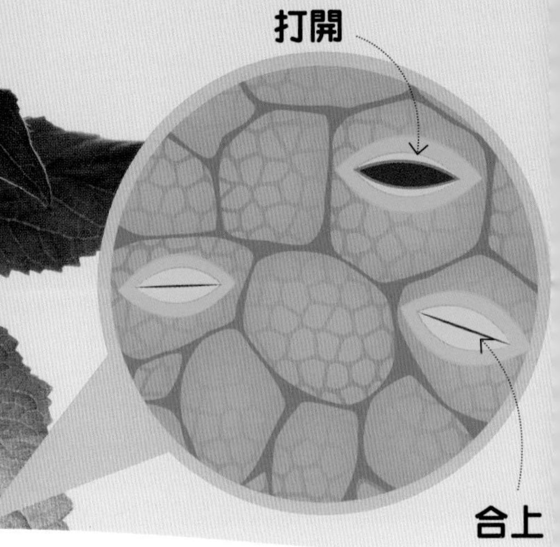

光合作用

植物利用陽光，加上空氣中的二氧化碳，就能製造葡萄糖。植物只能在日間有陽光的時候進行光合作用，它們也需要從泥土吸收水分。透過光合作用，植物會釋出氧氣——這正是你所需的氣體。

為什麼我們需要植物來呼吸？

當你呼吸的時候，你會吸取氧氣，排出二氧化碳。植物會透過光合作用，產生你所需的氧氣。而植物和動物都會透過呼吸作用，以氧氣來產生能量。

你每天呼吸大約20,000次。

人類呼吸作用

人類的呼吸作用跟植物的很相似。不過人類是將氧氣吸入肺部，而且不能透過陽光自己製造葡萄糖。那些糖分是要透過食物吸收，混合氧氣後，能為我們的身體提供能量。

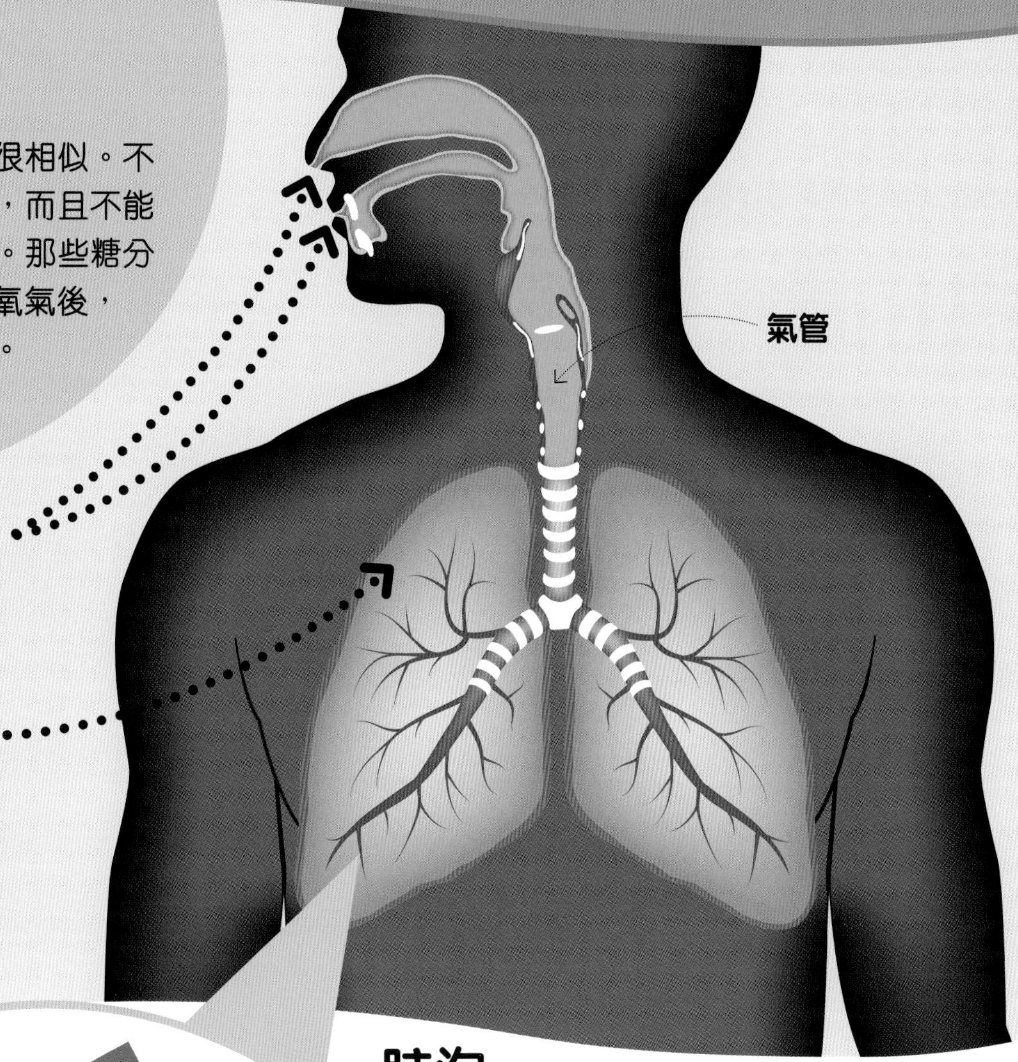

鼻和口

我們透過鼻和口這兩個洞口，來吸氣和呼氣。

肺部

肺部會擴張和收縮，令我們能吸入和呼出氣體。空氣會從氣管進到肺部，最後進入一些叫肺泡的氣囊。

肺泡

當你吸入空氣，氧氣會進到肺部的肺泡，血液會將這些氧氣傳送至身體各處。二氧化碳會透過血液回到肺泡，在你呼氣的時候排出體外。

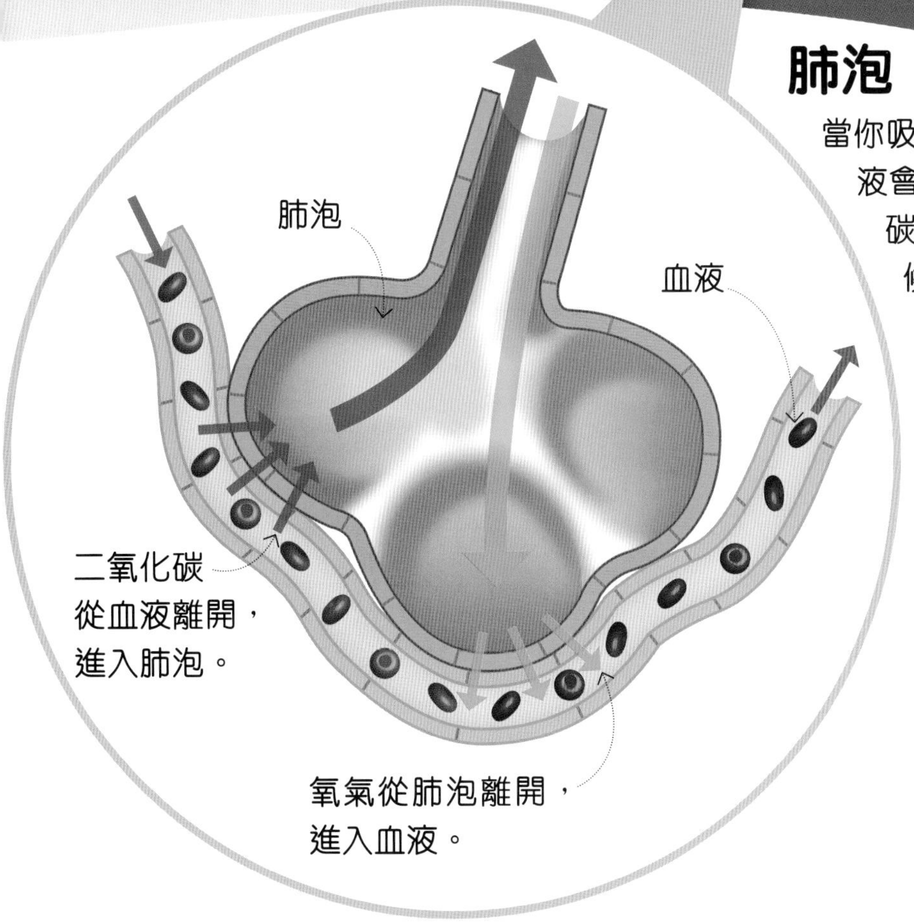

肺泡
血液
二氧化碳從血液離開，進入肺泡。
氧氣從肺泡離開，進入血液。

? 對或錯？

1 植物進行光合作用期間，吸入氧氣，釋出二氧化碳。

2 肺泡位於小腸。

3 人類呼吸是為了吸入氧氣和排出二氧化碳。

請翻到第138頁查看答案。

腦部怎樣控制我的情緒？

下丘腦也負責調節體温。

腦部有四個控制情緒的主要部分，它們會分工合作，讓你的大腦知道正在發生什麼事，形成不同情緒。你的情緒會幫助你回應不同的處境。

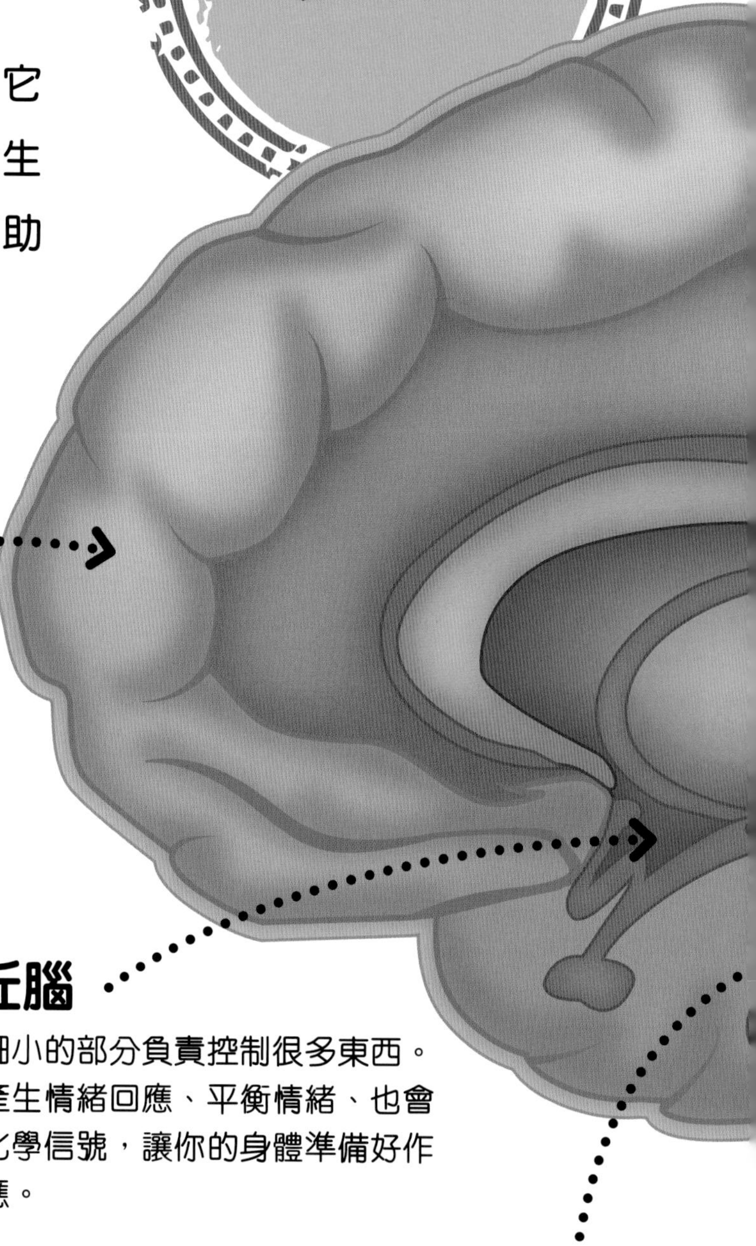

前額葉皮質

前額葉皮質位於大腦的前部，是負責思考、解難和學習的地方。這會判斷你身邊所發生的是什麼事，令你可以進一步計劃反應。

下丘腦

這個細小的部分負責控制很多東西。它會產生情緒回應、平衡情緒、也會釋出化學信號，讓你的身體準備好作出反應。

杏仁核

杏仁核能讓你感受到危險的信號，產生恐懼和憤怒的情緒。這些情緒很重要，因為你能知道自己身陷險境；但有時情況沒那麼糟，你也會感受到這些情緒。

反射動作是什麼？

有些動作例如眨眼，是身體用來保護你而自動作出的回應，這些就是反射動作。信號會直接送到腦部，又回傳至肌肉，是你也不自覺的！

個人反應

你面對不同事情所產生的情緒，也關乎你的記憶和對事情的態度。例如，你看見小狗可能會感到快樂，但有些人卻可能會感到害怕。

控制身體

左腦負責控制身體的右邊，而右腦負責控制身體的左邊。腦部不同的位置負責控制身體不同部位的動作。

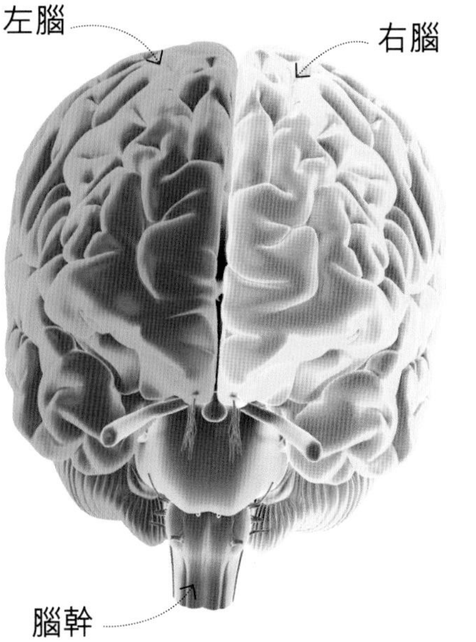

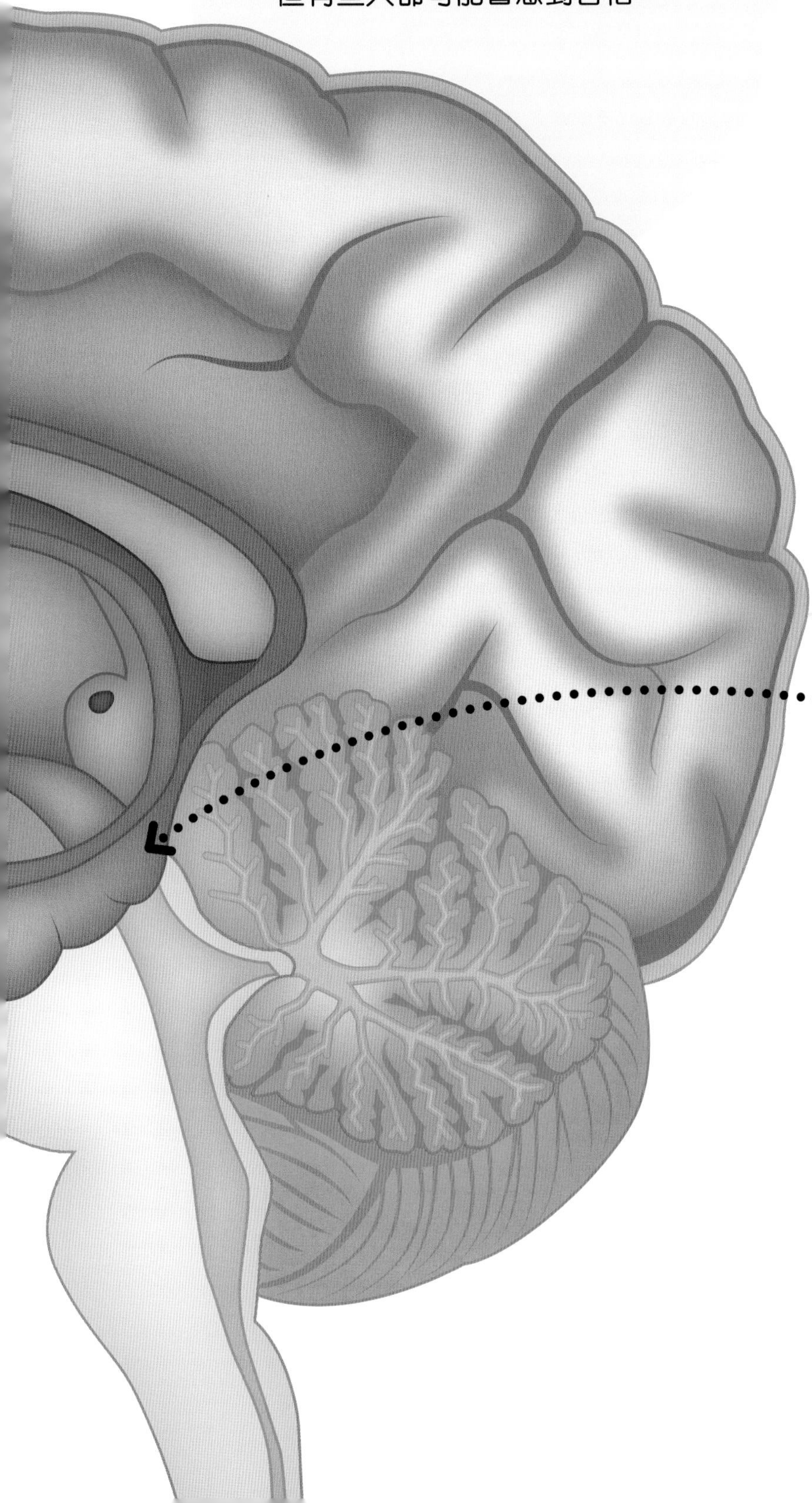

海馬體

這個地方幫助你有需要時找回記憶。你的記憶是情緒反應的重要關鍵。

考考你

1 腦部哪個部分負責記憶？

2 腦部有多少個部分一起合作管理你的情緒？

請翻到第138頁查看答案。

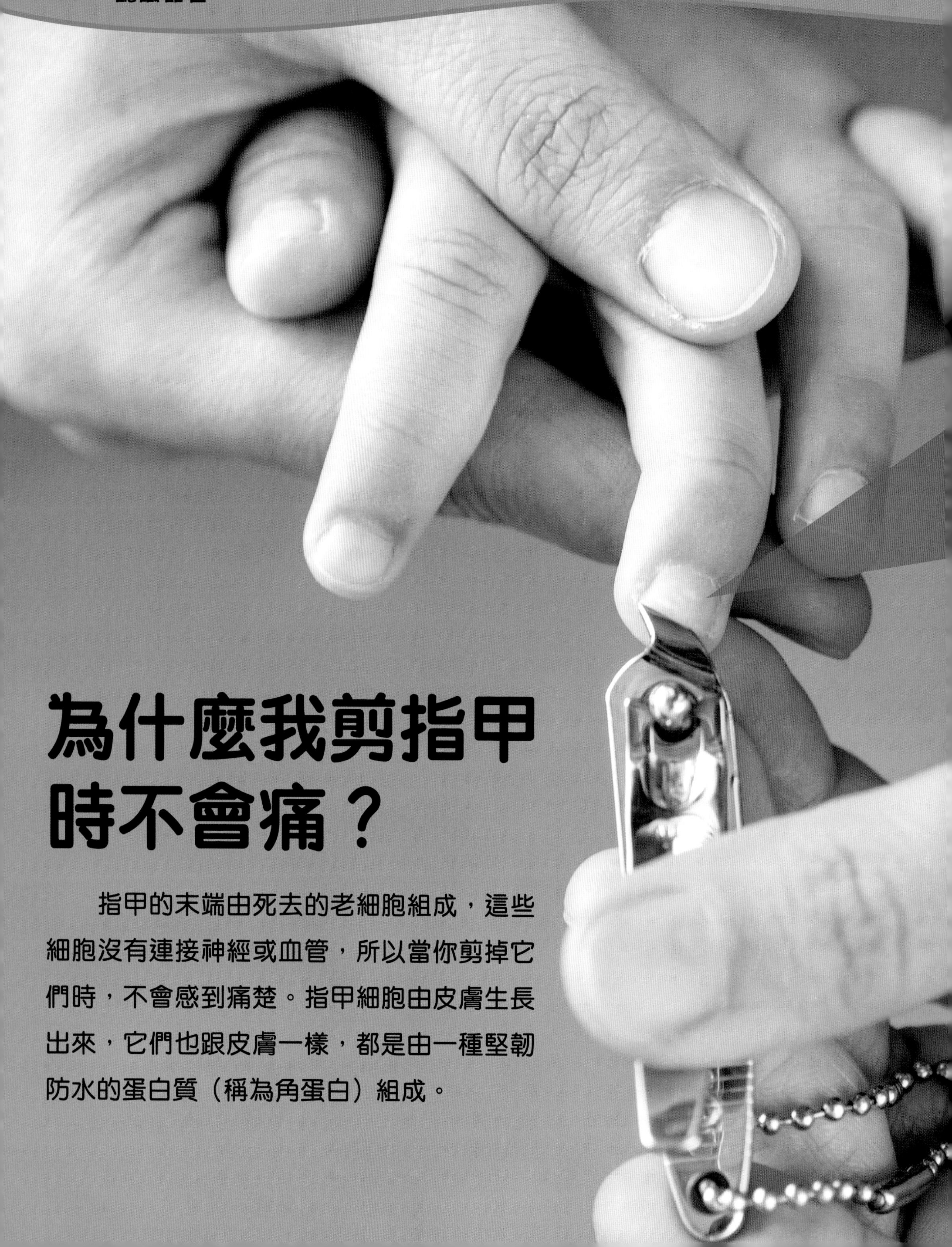

為什麼我剪指甲時不會痛？

指甲的末端由死去的老細胞組成，這些細胞沒有連接神經或血管，所以當你剪掉它們時，不會感到痛楚。指甲細胞由皮膚生長出來，它們也跟皮膚一樣，都是由一種堅韌防水的蛋白質（稱為角蛋白）組成。

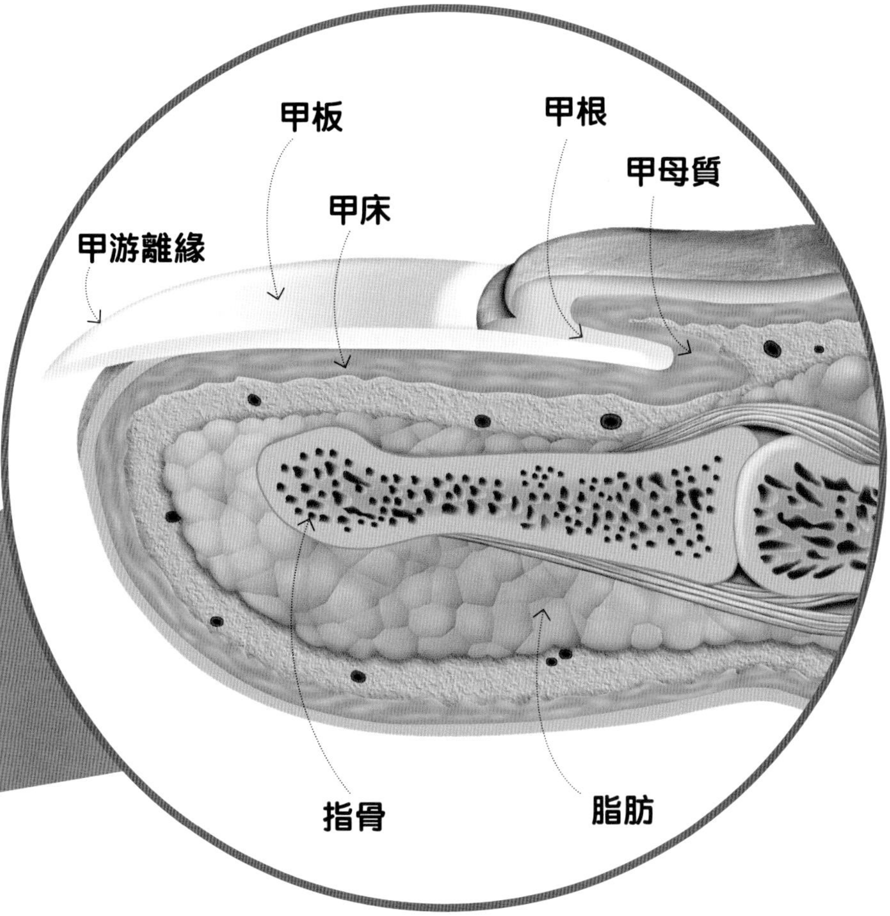

指甲部位

指甲分為甲根、甲板和甲游離緣。甲根後方有一個地方稱為甲母質，是新的細胞生長的地方。老的細胞會被推前至甲床，甲床是由皮膚組成的。隨着指甲生長，老的細胞就會被壓平和死去。

角蛋白

指甲是由壓平的死細胞形成的，它充滿角蛋白。隨着指甲生長，這些細胞會形成薄薄的板塊，並一層層地堆疊在一起。因此，指甲才會很堅硬和強韌。

角蛋白細胞

還有哪裏有角蛋白？

頭髮

頭髮像指甲一樣，都是由皮膚裏長出來的。髮根和毛囊的活細胞有許多角蛋白，將頭髮推出來。隨着頭髮生長，這些細胞就會死亡，而髮根會有新的細胞長出。

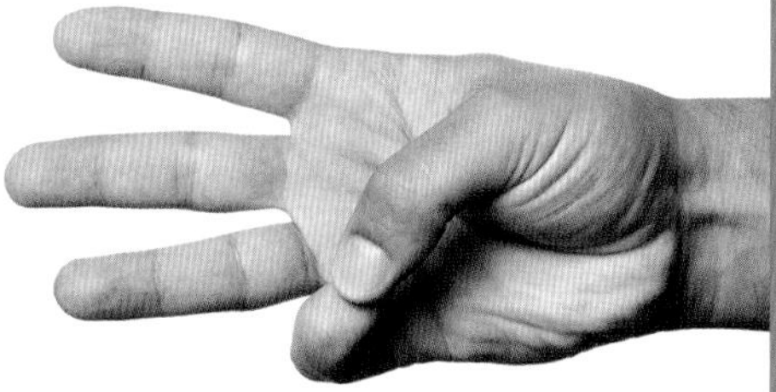

皮膚

皮膚細胞也是一層層地黏着的。最頂層的是充滿角蛋白的扁平死細胞。當底層持續生出新的細胞，頂層的死細胞就會隨皮膚掉落。

考考你

1 指甲是由什麼造成的？

2 甲根後的部分稱為什麼？

3 你的指甲在夏天還是冬天的時候，長得比較快？

請翻到第138頁查看答案。

為什麼牙齒有不同形狀？

你有三種不同的牙齒，各有不同的形狀，幫助你吃不同的食物。當你六個月大的時候，會長出乳齒；到了六歲，恆齒就會長出來，把乳齒推走。一個成年人共有32隻恆齒。

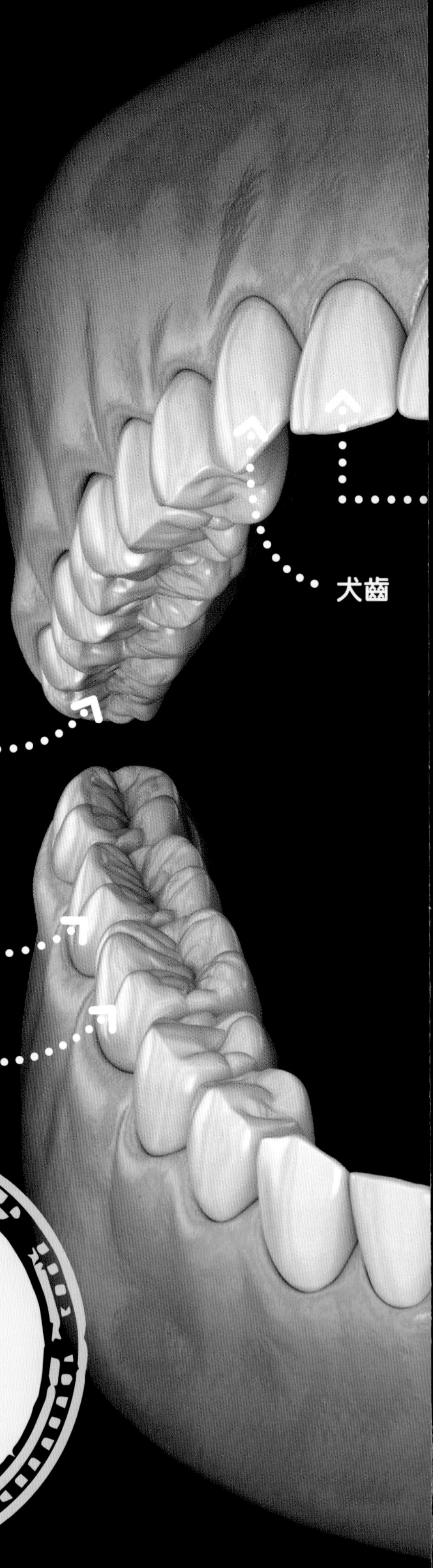

大臼齒和小臼齒

成年人有8隻小臼齒和12隻大臼齒，位於上顎和下顎的後方。它們負責將食物壓碎和研磨，方便吞嚥。

犬齒

你有4隻犬齒，上下顎各2隻，位於門齒的兩邊。犬齒的形狀是尖的，方便刺穿和撕開食物。

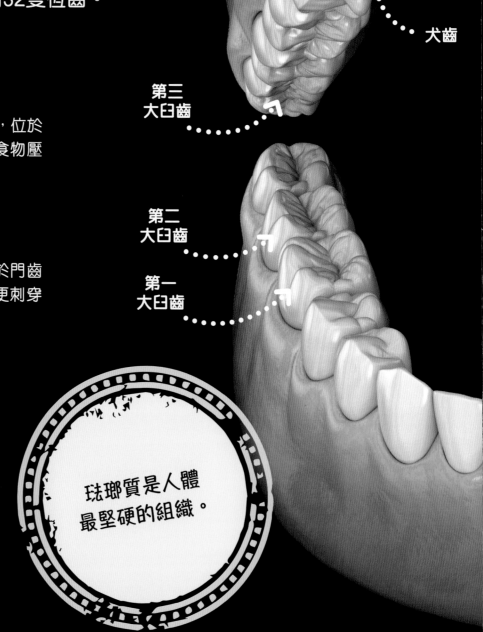

對或錯？

1 大臼齒的牙根最闊。

2 琺瑯質令牙齒看起來比較白。

3 人一出生就有32顆牙齒。

請翻到第138頁查看答案。

琺瑯質是人體最堅硬的組織。

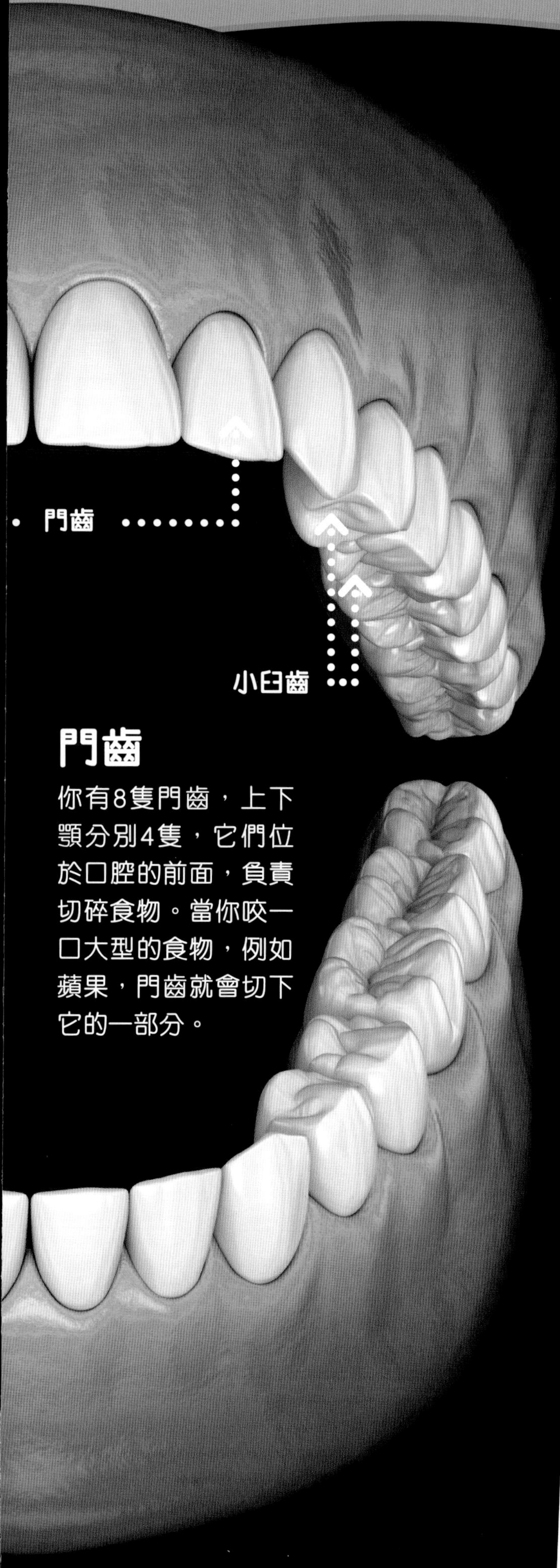

門齒

你有8隻門齒，上下顎分別4隻，它們位於口腔的前面，負責切碎食物。當你咬一口大型的食物，例如蘋果，門齒就會切下它的一部分。

牙齒裏有些什麼？

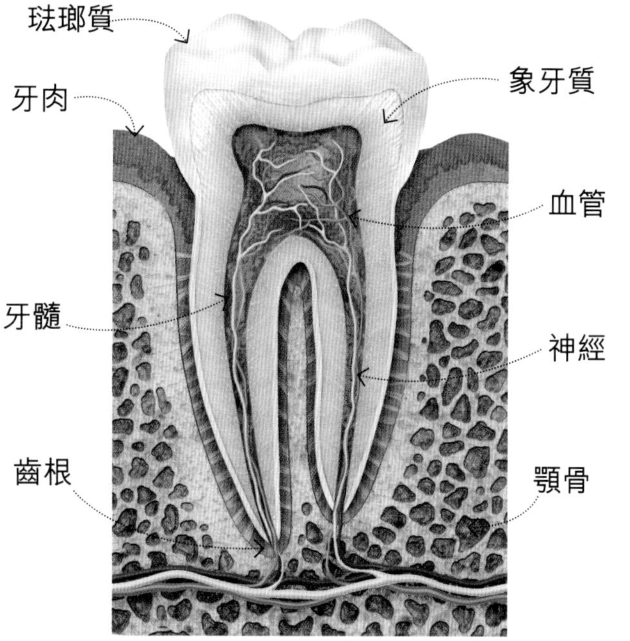

牙齒有一層堅硬的琺瑯質外殼作保護。琺瑯質下有一層稱為象牙質的組織，這是牙齒的主要構成部分。象牙質裏有一個活的組織，稱為牙髓，裏面包含了血管和神經。神經能讓牙齒察覺痛楚。

牙肉之下

每一顆牙齒都有齒冠和齒根。齒冠位於牙齒的頂部，從口部可以看得見。齒根位於牙肉下，讓牙齒抓緊顎骨。齒根有一層像骨頭般的組織包裹着，稱為牙骨質。

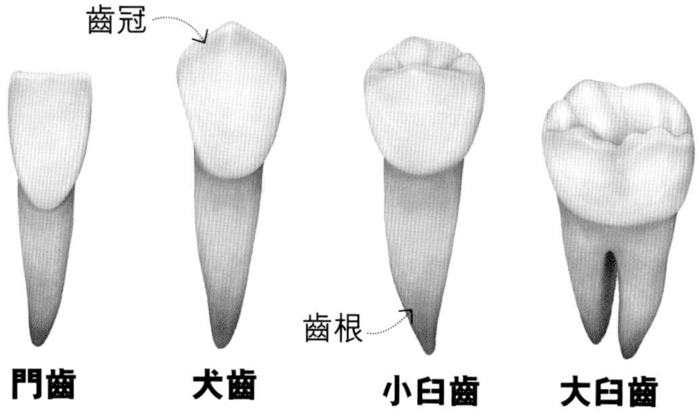

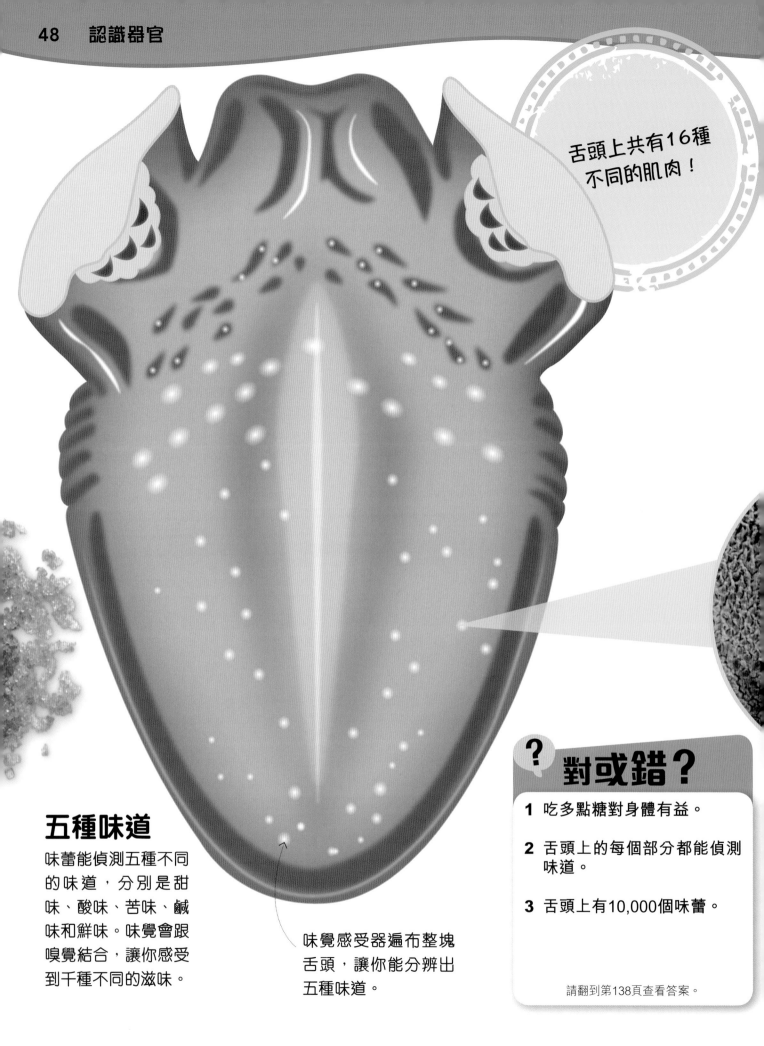

舌頭上共有16種不同的肌肉！

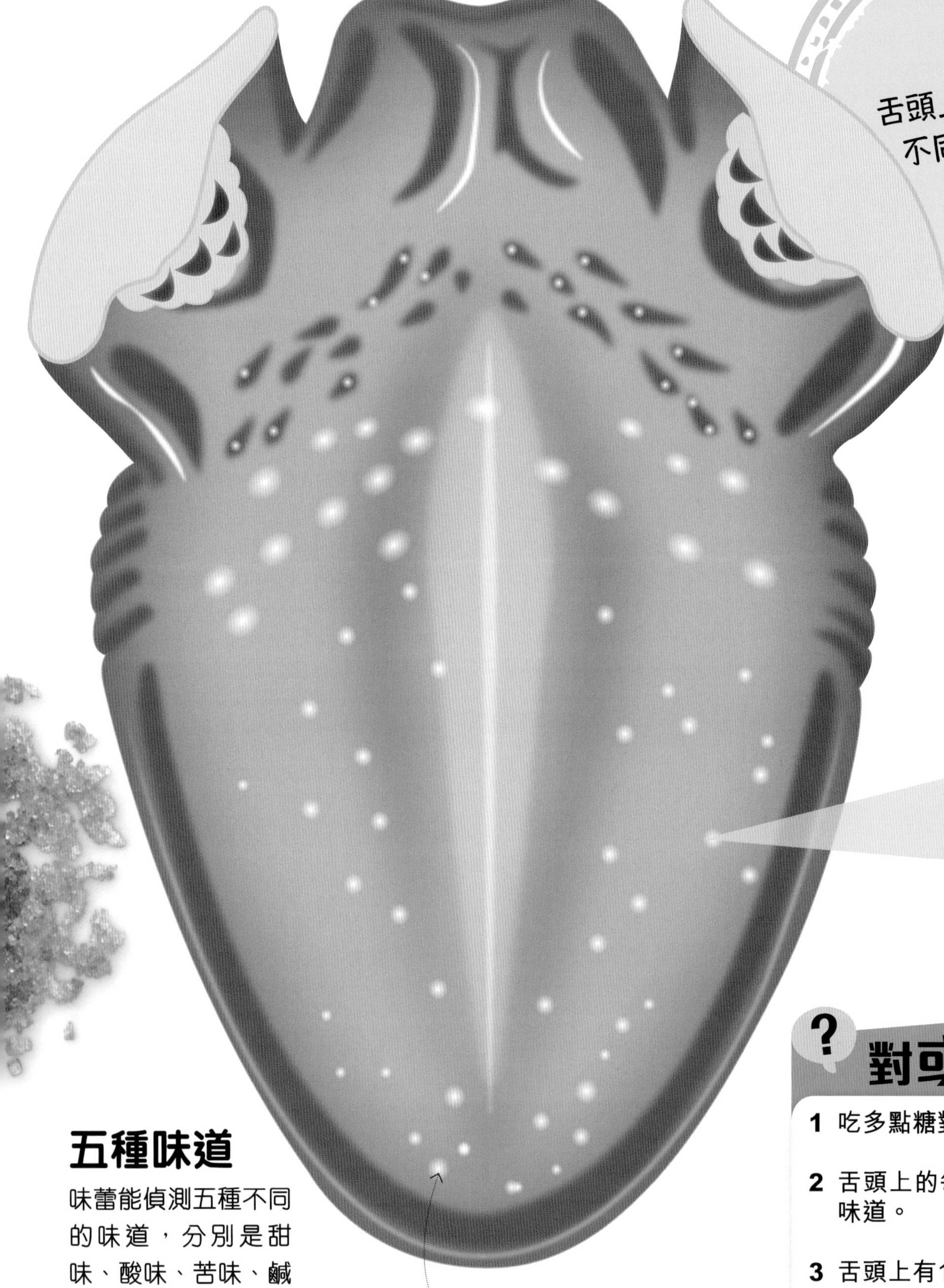

味覺感受器遍布整塊舌頭，讓你能分辨出五種味道。

五種味道

味蕾能偵測五種不同的味道，分別是甜味、酸味、苦味、鹹味和鮮味。味覺會跟嗅覺結合，讓你感受到千種不同的滋味。

?對或錯？

1 吃多點糖對身體有益。

2 舌頭上的每個部分都能偵測味道。

3 舌頭上有10,000個味蕾。

請翻到第138頁查看答案。

為什麼糖是甜的？

　　舌頭上的感應器稱為味蕾。當你吃了甜的食物，糖在你口裏的唾液中溶解，味蕾就能偵測到它。大腦會辨認出糖的味道是甜的，然後釋放化學信號，令你感覺良好。不過，吃太多糖對身體不好啊。

味道和香味有連繫嗎？

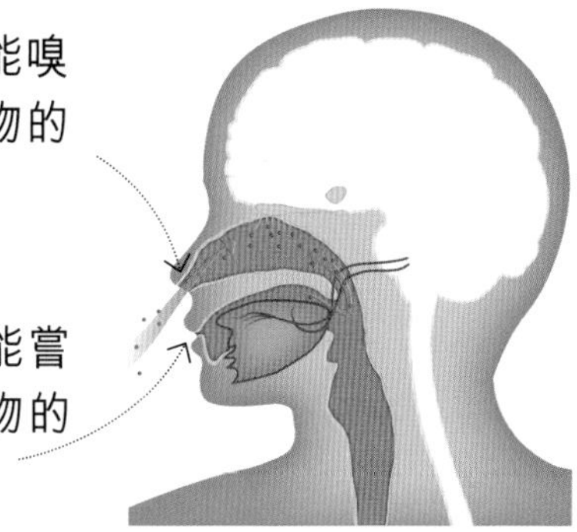
鼻子能嗅到食物的香味
舌頭能嘗到食物的味道

當你咀嚼食物時，氣味分子會分別從空氣中和口腔後面傳到鼻子。氣味分子會在黏液中溶解，鼻腔中的感應器會將資訊傳到大腦。這些資訊跟味蕾所傳來的信息結合起來，能讓你嘗出不同的味道。

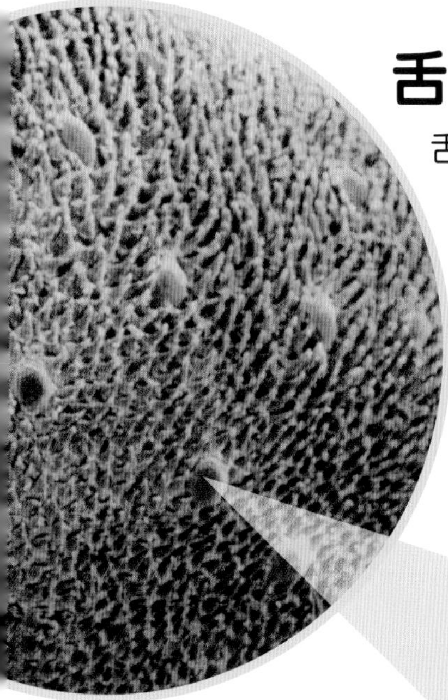

舌頭上

舌頭上有許多細小隆起的部分，稱為舌乳頭。舌乳頭有三種，大的舌乳頭上面滿是味蕾，負責偵測不同味道；兩種小的舌乳頭負責吸住和推移食物。

舌頭上大部份的舌乳頭都是細小和尖形的，能幫助舌頭吸住食物，也能感應到食物的溫度和質感。

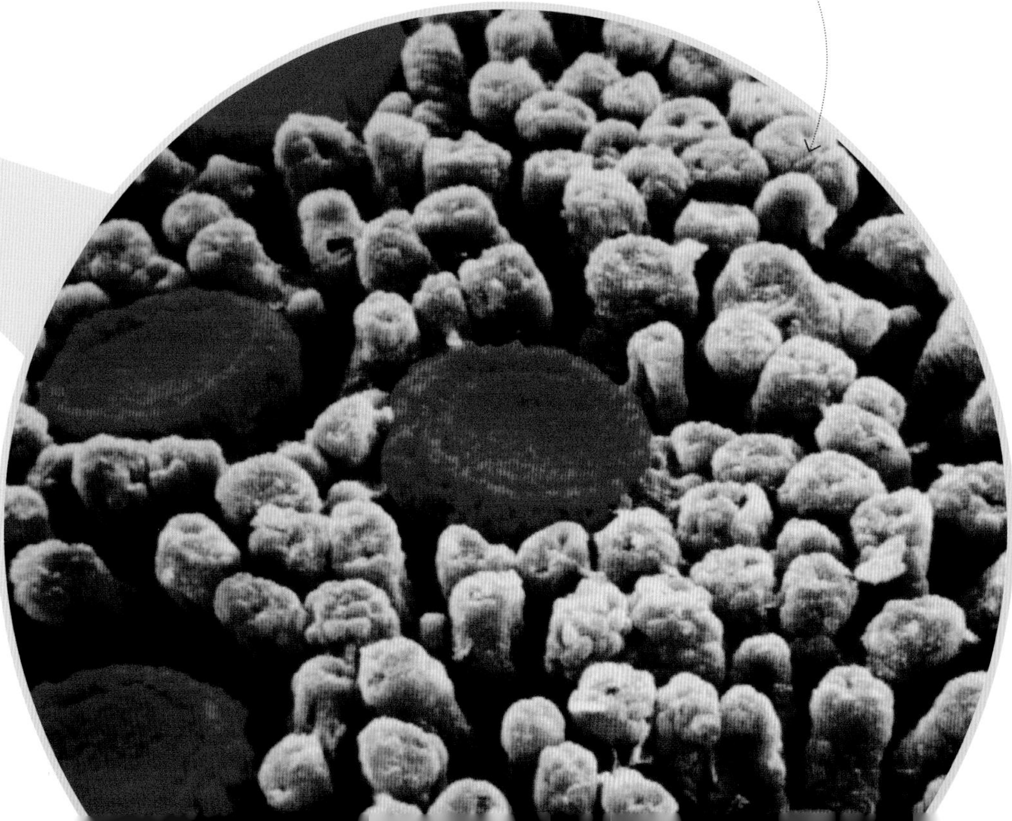

舌乳頭

進食的時候，食物會跟唾液混和，經過舌乳頭。舌乳頭上有些小孔能讓食物進入，而味蕾會將收集的資訊透過神經細胞傳送至大腦。

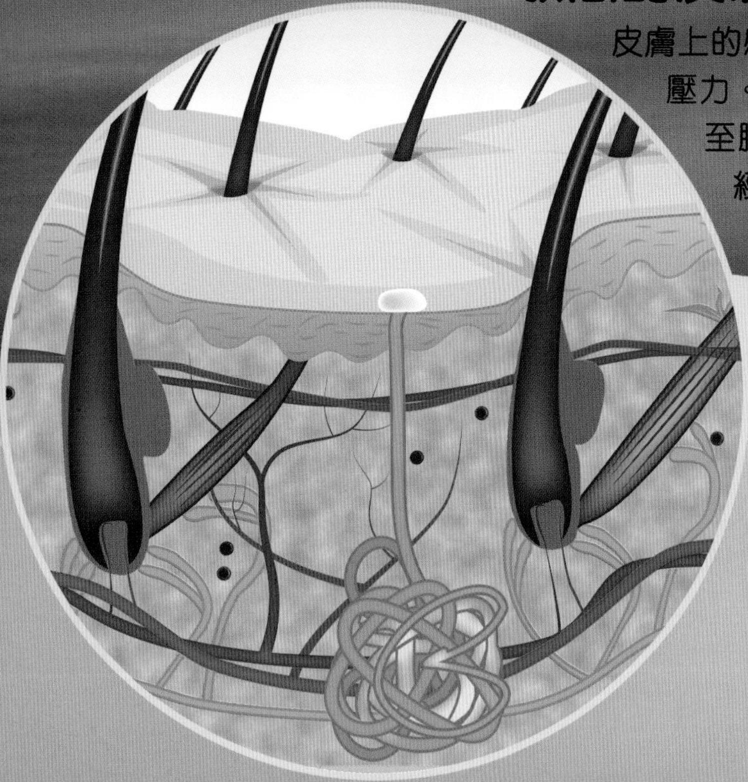

敏感的皮膚

皮膚上的感應器能感受到熱力、痛楚、觸摸和壓力。皮膚的神經細胞會將這些信號傳送至腦部。當皮膚經歷長時間的壓力，神經就會被擠壓，這個身體部位就會感到麻痺。

麻痺

如果跪着或繞腳坐，你便會擠壓着腳部的神經。神經無法將信號傳送至大腦，那就代表你的腳無法正確感知，正是麻痺的感覺。

為什麼我的腳會麻痺？

當負責傳送腳部皮膚信號的神經被擠壓，信號就無法傳送至大腦。這樣，你的腳便會麻痺。當你把腳放鬆後，神經也需要一點時間才能恢復活動，將信號傳至大腦，因此你的腳也需要一點時間才能恢復知覺。

看圖小測驗

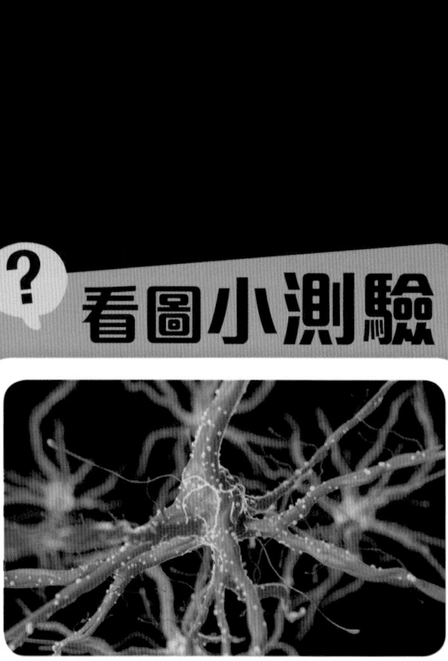

這是什麼細胞？

請翻到第138頁查看答案。

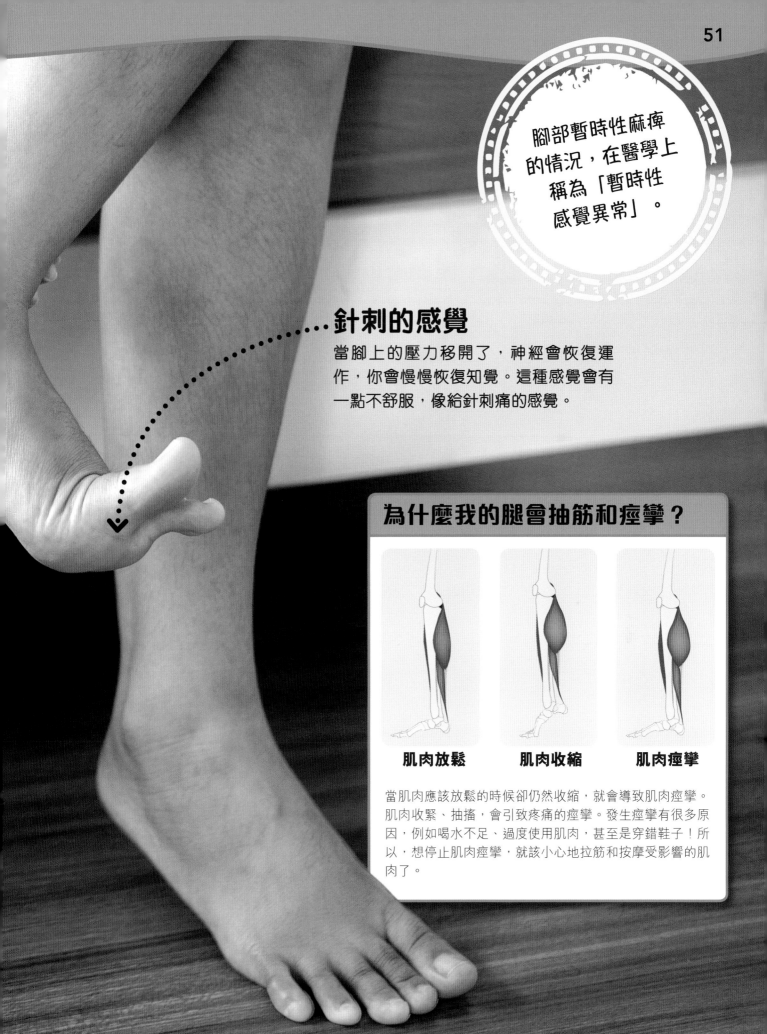

腳部暫時性麻痺的情況，在醫學上稱為「暫時性感覺異常」。

針刺的感覺

當腳上的壓力移開了，神經會恢復運作，你會慢慢恢復知覺。這種感覺會有一點不舒服，像給針刺痛的感覺。

為什麼我的腿會抽筋和痙攣？

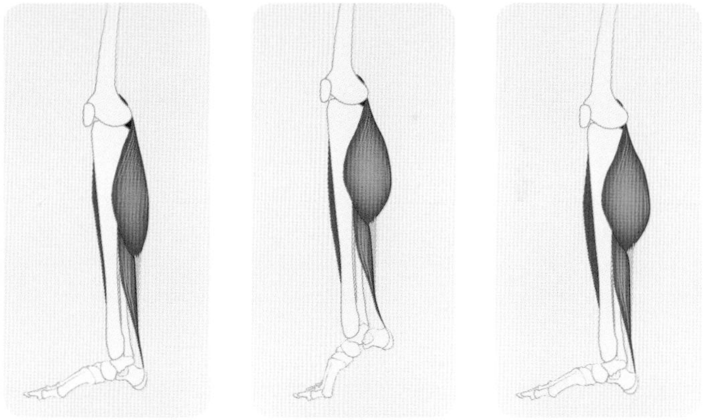

肌肉放鬆　肌肉收縮　肌肉痙攣

當肌肉應該放鬆的時候卻仍然收縮，就會導致肌肉痙攣。肌肉收緊、抽搐，會引致疼痛的痙攣。發生痙攣有很多原因，例如喝水不足、過度使用肌肉，甚至是穿錯鞋子！所以，想停止肌肉痙攣，就該小心地拉筋和按摩受影響的肌肉了。

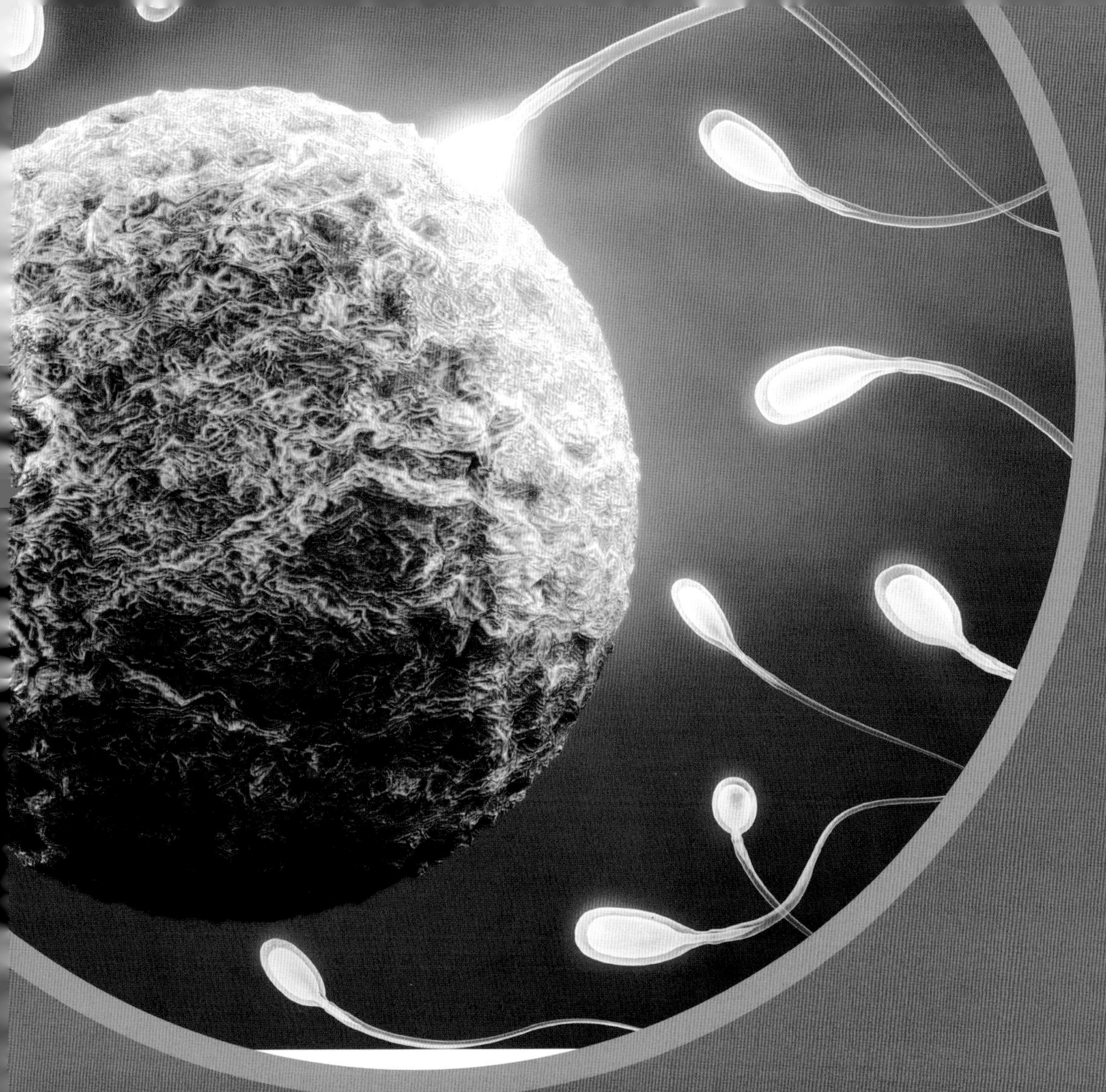

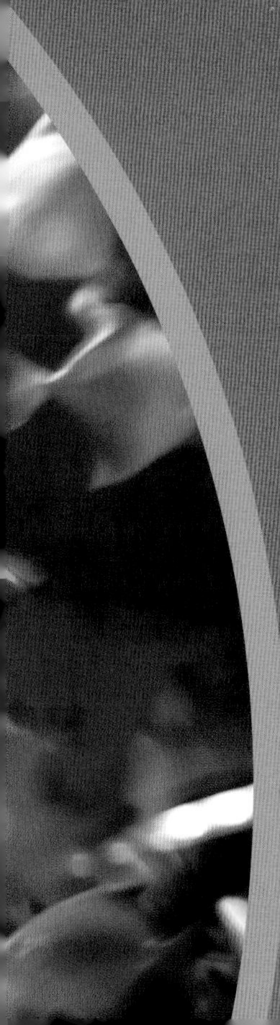

身體的運作

你的身體任何時候都在運作，就連你睡覺時也沒有停下來！大腦會持續地接收你身邊周遭的資訊，你的身體也會一直作出反應。環境變暗，你的瞳孔就會放大；胃裏產生越來越多氣體，你便會打嗝；當你體驗到新的事物，大腦便會儲存記憶。

我怎樣感受輕的物件？

皮膚是一個感覺器官。皮膚上的感應器能感受到壓力、痛楚、溫度、動作，甚至是很輕的觸感。有許多感應器的地方稱為感受器，雙手和手指上就有許多感受器了。

輕物觸感

不同的觸覺感受器能讓你感受到不同的事物。「觸覺小體」和「默克爾盤」分別是一些能感受輕盈觸感和超輕壓力的感受器。

毛囊也能有觸感，因為它有神經連接着。

怎樣可以用手指閱讀？

點字是一種讓視障人士閱讀的文字系統。每個字都由不同樣式而凸起的點點組成。由於指尖的觸覺敏銳，所以能夠感受到點字的模樣，讓人知道是什麼文字。

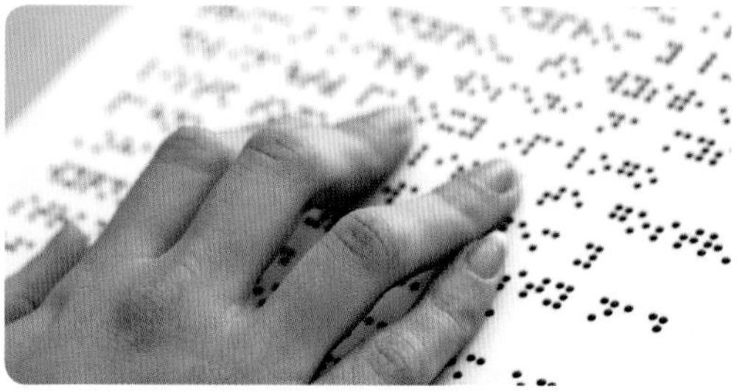

傳送信號

感受器是不同的神經細胞，或連接到神經的細胞。它們會將電子信號傳到大腦，讓你知道你正在感受的是什麼。

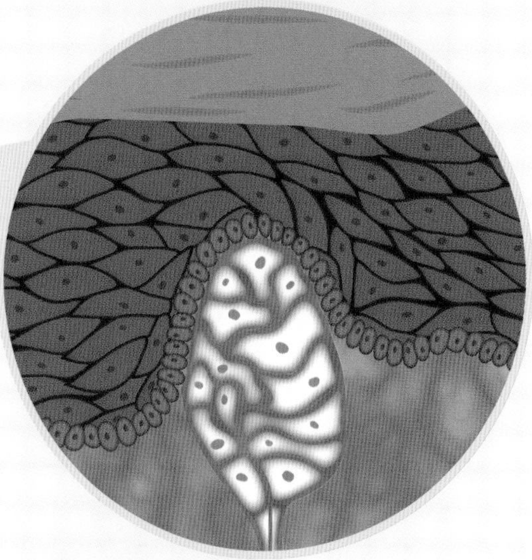

觸感小體

位於皮膚表層下，通常在沒有毛髮的地方，例如嘴唇、指尖、手掌、眼皮和腳掌，所以這些地方的觸覺特別敏銳。

默克爾盤

這些盤形的細胞，是連接着皮膚細胞的神經。默克爾盤位於表皮下，一些有毛髮的地方。

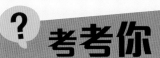

考考你

1 有很多感應器的地方稱為什麼？

2 視障人士所閱讀的文字叫做什麼？

請翻到第138頁查看答案。

我是怎樣呼吸的？

當你吸入空氣，橫膈膜和肋骨的肌肉會收縮。這樣，肺部的空間會增大，空氣就能湧入。呼氣的時候，這些肌肉亦會放鬆，將空氣排出肺部。

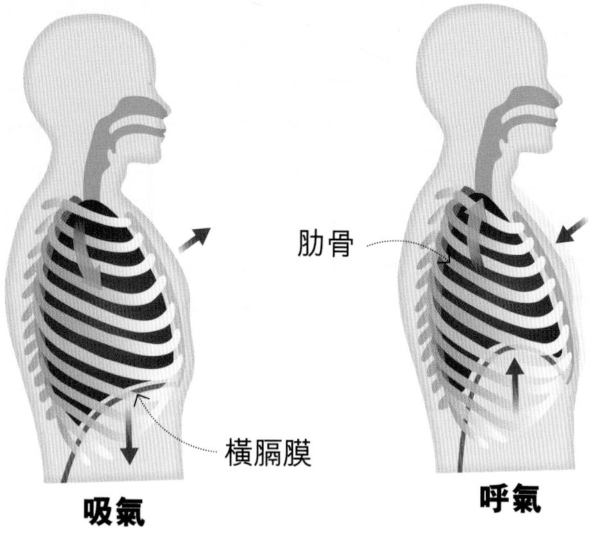

腦幹

呼吸是由腦幹控制的。腦幹會監控血液裏二氧化碳這種廢物氣體的水平。當二氧化碳太多，大腦就會傳送信息至身體，叫你要呼吸得更深。

鼻腔

位於鼻孔後的空間，會先過濾你所吸入的空氣，才會進到氣管。

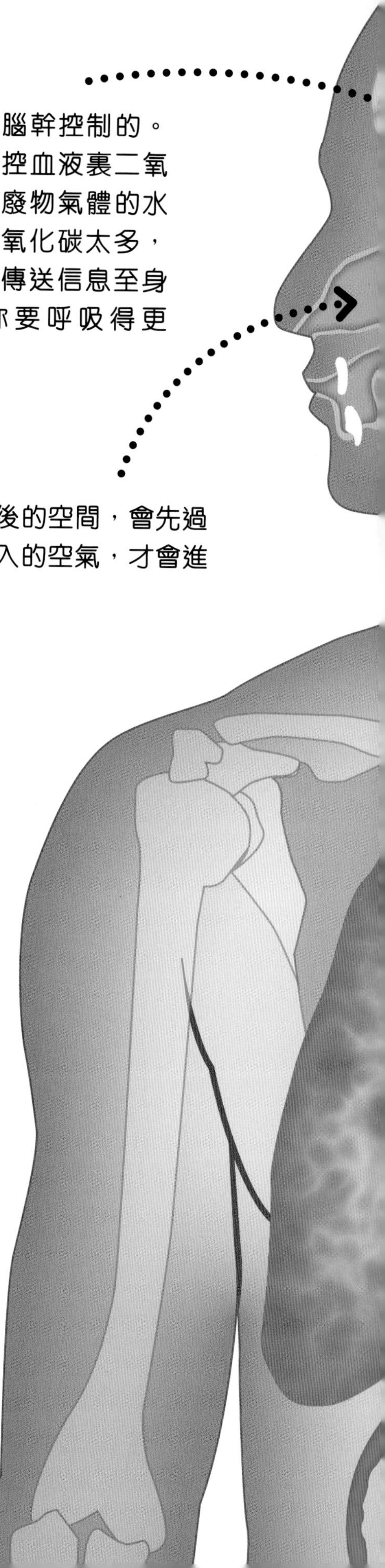

為什麼我不會忘記呼吸？

身體會自動呼吸，所以你在睡着時也會呼吸。你不需要思考怎樣呼吸，因為大腦已控制一切。不過，你可以接替大腦，自己選擇緩慢地呼吸，或在吹奏樂器時按不同的節奏和力度吹出空氣。

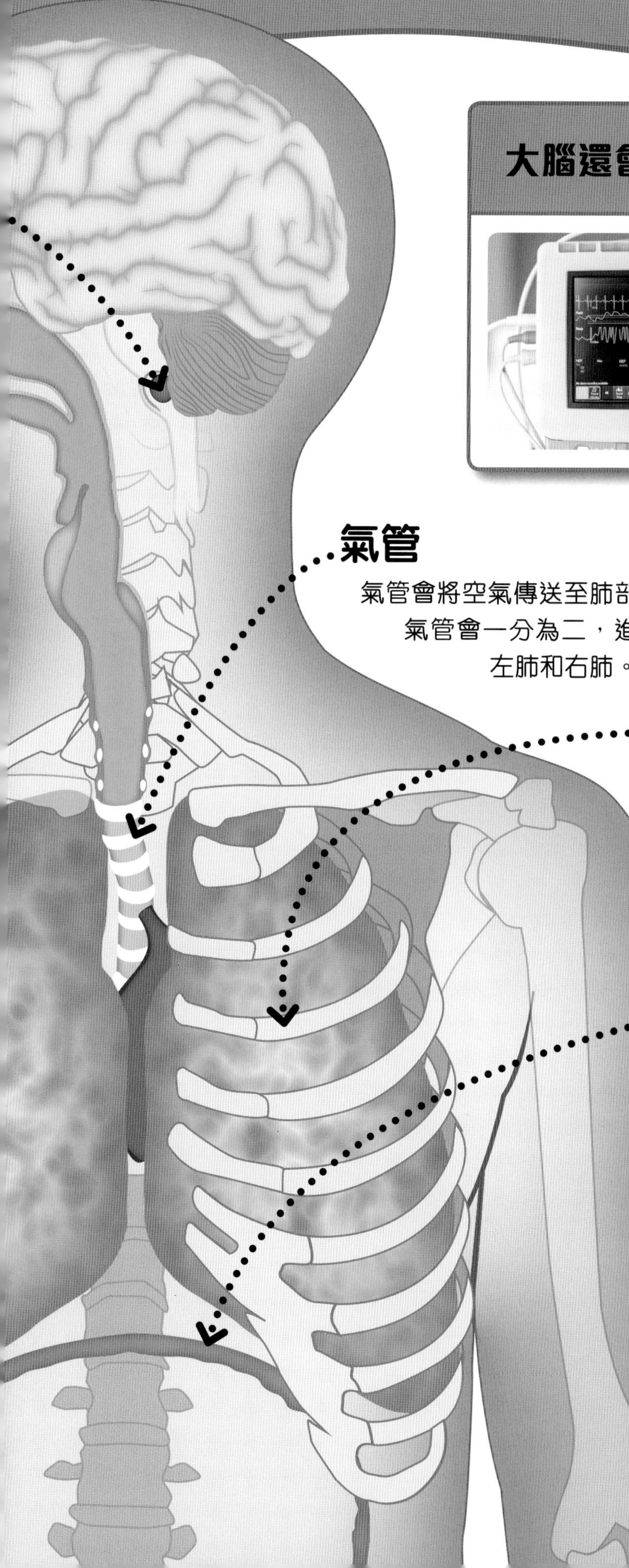

大腦還會自動做些什麼？

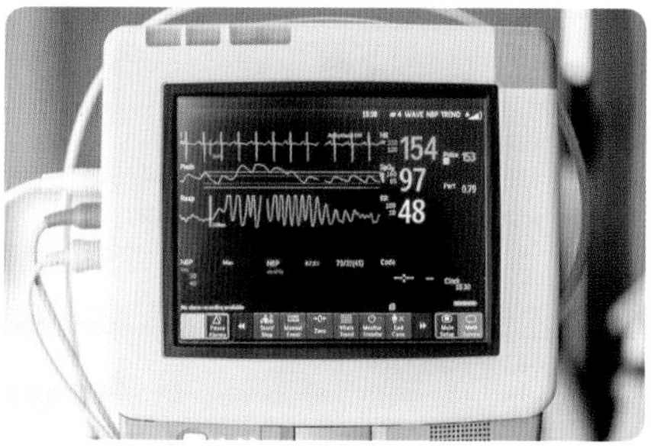

大腦會控制心臟，確保心臟持續跳動，以供應血液至全身，將氧氣從肺部帶到其他器官。其他例子，例如腸臟的肌肉蠕動也是自動運作的。

氣管

氣管會將空氣傳送至肺部。氣管會一分為二，進到左肺和右肺。

肋骨籃

當你的身體需要更多氧氣，或排走更多二氧化碳時，腦部便會傳送信號至肋骨籃的肌肉，使它們加快動作。

橫膈膜

橫膈膜是一塊幫助呼吸的肌肉。當你吸氣，橫膈膜會變得扁平；當你呼氣，它會變成圓拱形。

? 考考你

1 當你屏住呼吸之後，為什麼要呼氣？

2 呼氣時，橫膈膜會怎樣？

3 你能控制心臟在什麼時候跳動嗎？

請翻到第138頁查看答案。

為什麼我能跳躍？

你能跳躍，所靠的是關節和肌肉。關節是骨骼之中能彎曲的地方，位於不同的骨頭之間；肌肉會拉動腿部的骨頭，將身體推到空中。

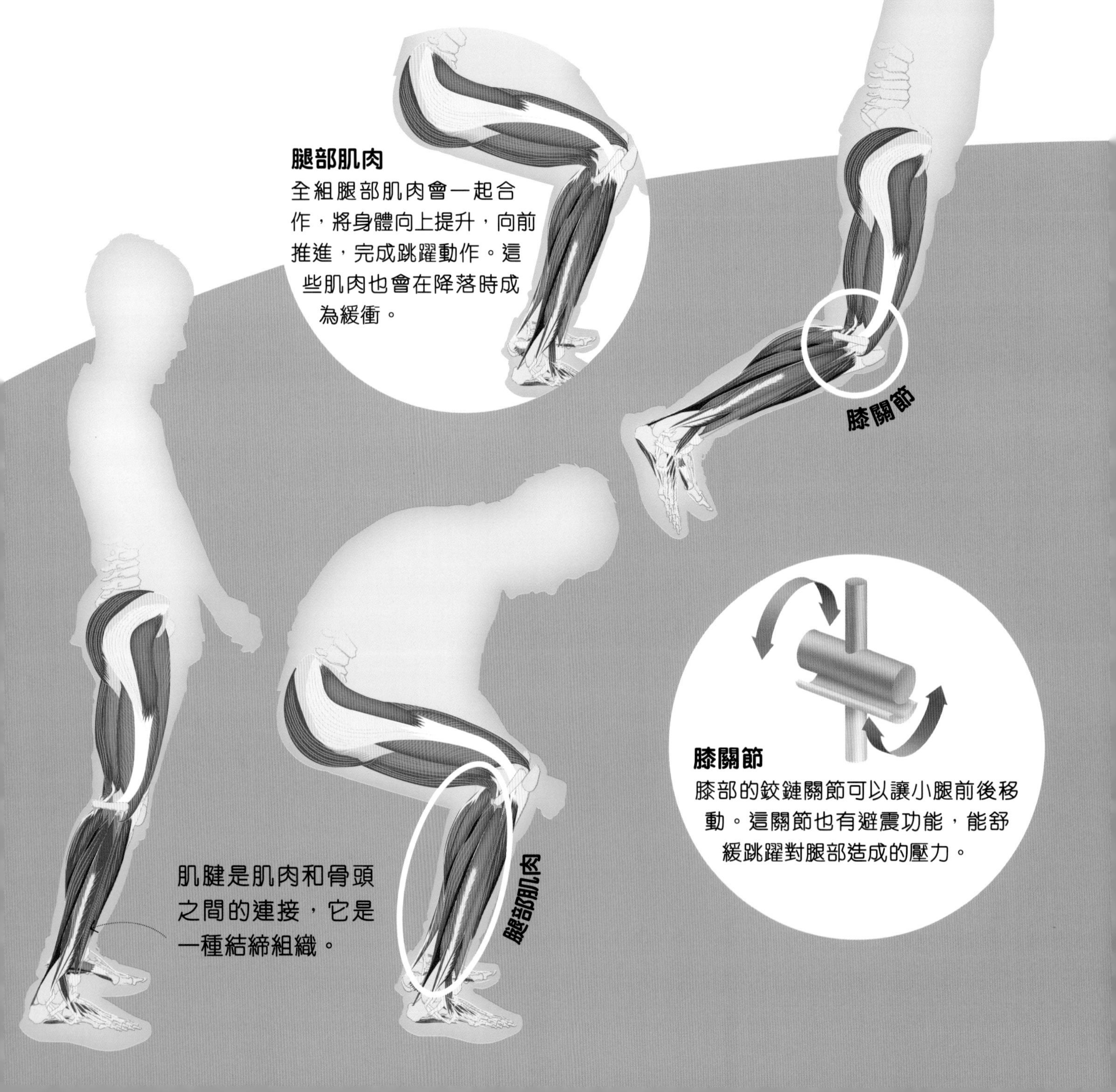

腿部肌肉
全組腿部肌肉會一起合作，將身體向上提升，向前推進，完成跳躍動作。這些肌肉也會在降落時成為緩衝。
膝關節
膝關節
膝部的鉸鏈關節可以讓小腿前後移動。這關節也有避震功能，能舒緩跳躍對腿部造成的壓力。
肌腱是肌肉和骨頭之間的連接，它是一種結締組織。
腿部肌肉

關節裏有些什麼？

骨頭兩邊的末端各有一層薄薄的軟骨，令關節移動的時候，不會那麼僵硬。滑液是在滑液膜裏製造的，能潤滑關節，使關節活動得更順暢。

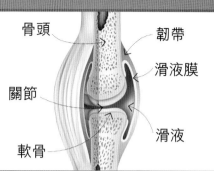

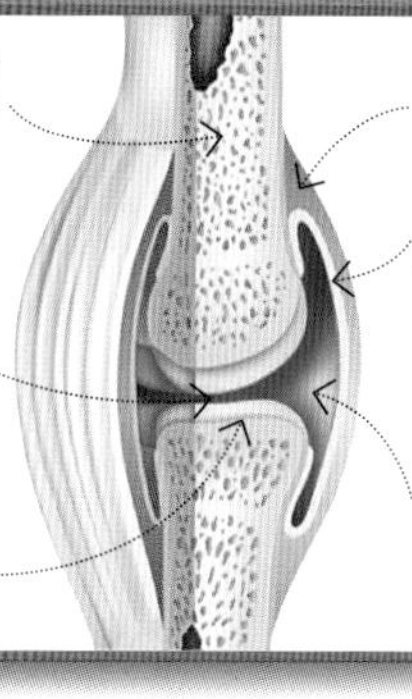

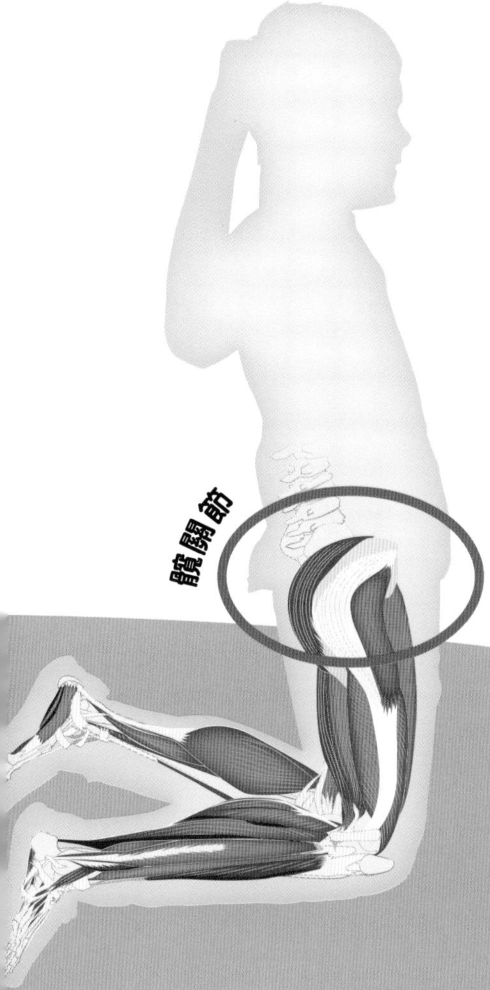

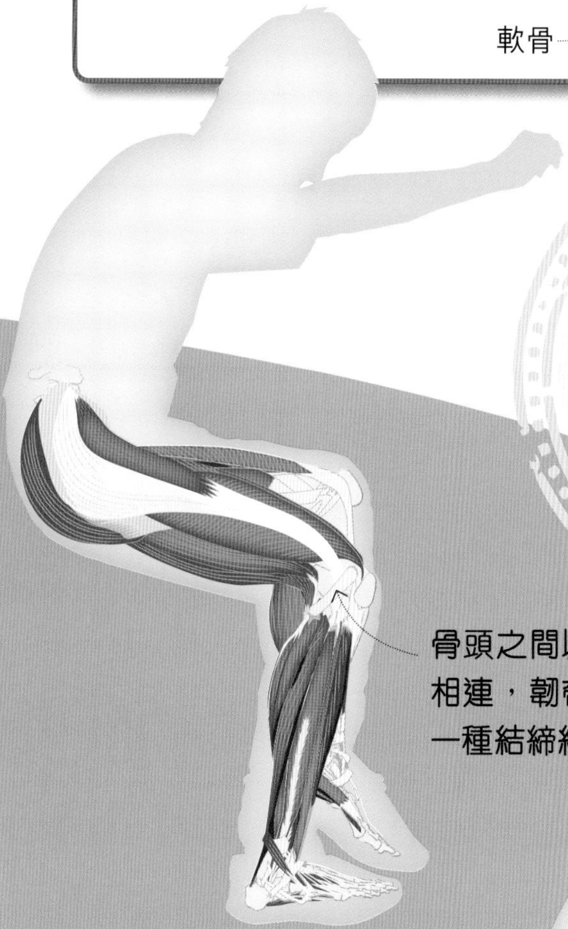

膝關節是身體最大的關節。

骨頭之間以韌帶相連，韌帶也是一種結締組織。

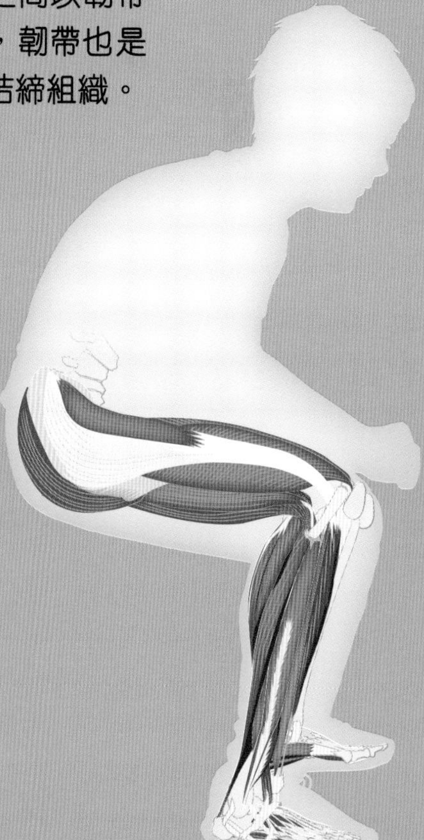

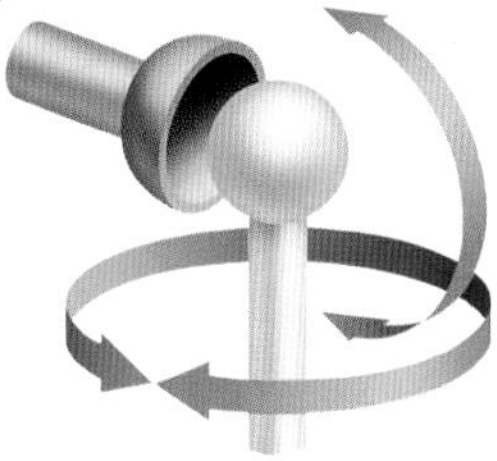

髖關節

這球窩關節能讓大腿向多個方向活動。跳躍的時候，髖關節能幫助身體活動和調節平衡。

看圖小測驗

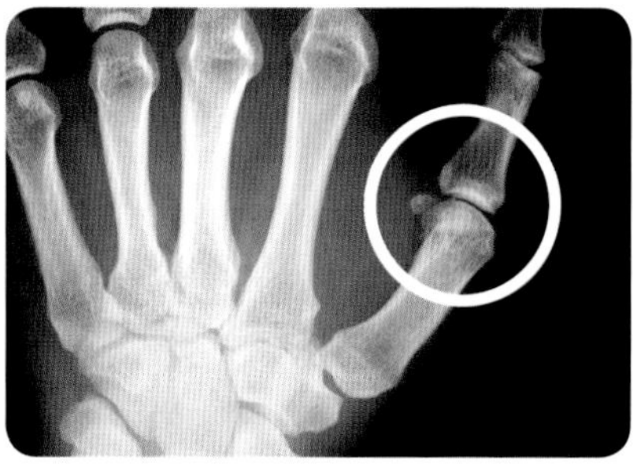

這個關節位於身體哪個部位？

請翻到第138頁查看答案。

骨頭怎樣幫助我聆聽？

聲波經由外耳傳到鼓膜，並透過中耳的三塊聽小骨——鎚骨、砧骨和鐙骨將聲波傳到內耳的液體。這裏有一個感應器收集聲音，並傳送至大腦。大腦因此會辨識你所聽到的是什麼聲音。

外耳

外耳廓的形狀好像一隻杯，能收集在空氣中震動的聲波。它是能彎曲的軟骨。

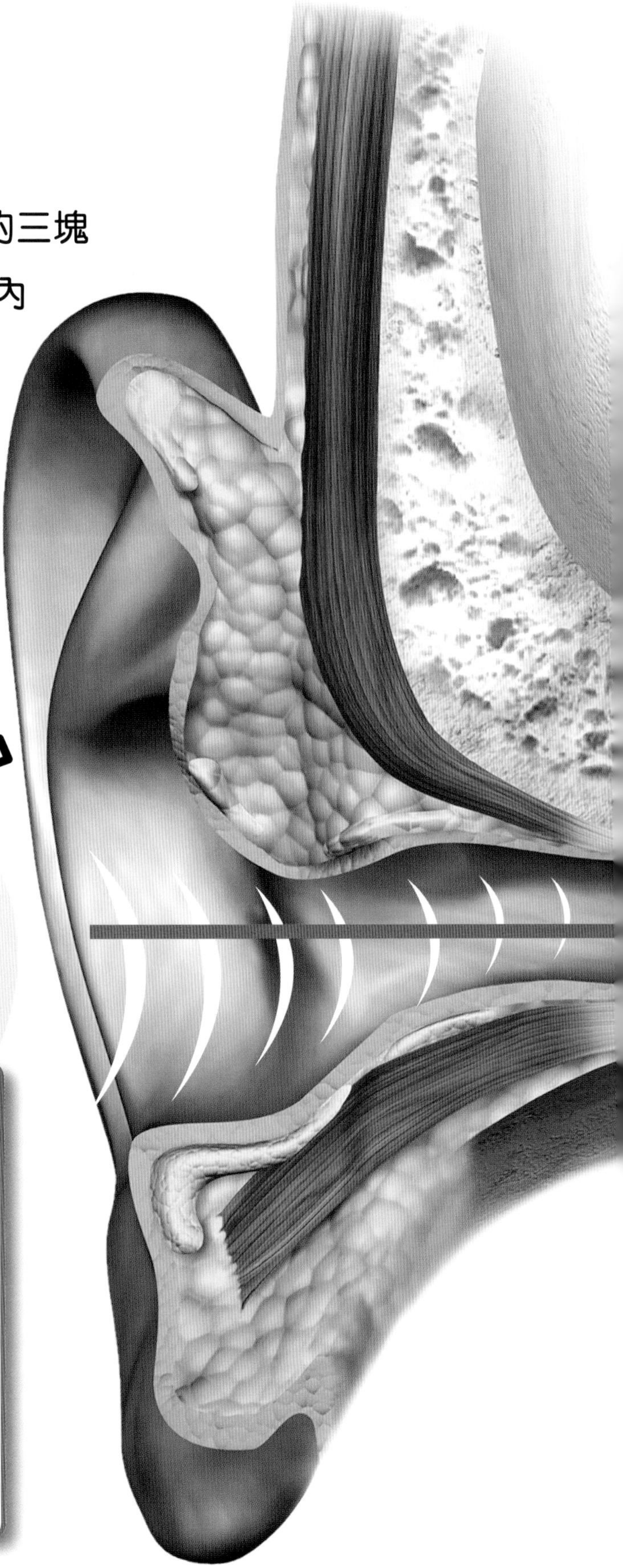

有哪些聲音你聽不到？

有些震動得太快或太慢的聲音，我們都無法聲到，因為我們的耳朵無法接收那些震動頻率。狗隻能聽到高頻的哨子聲，但這種聲音震動太快，人類無法聽到。

小孩的聽力比成人更好，連成人聽不到的蝙蝠叫聲，他們也能聽到。

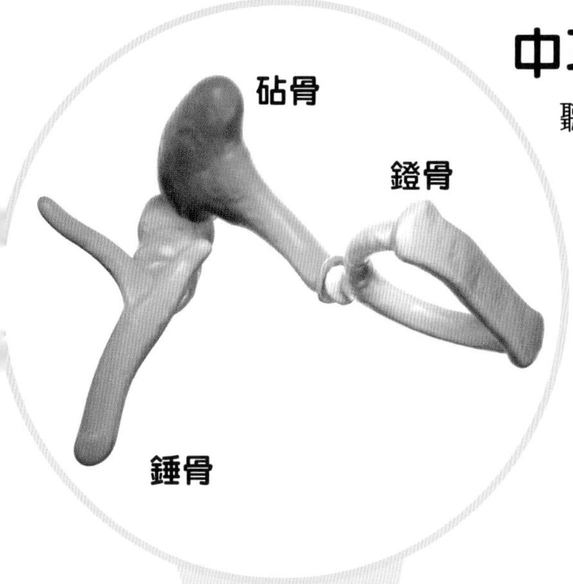

中耳

聽小骨位於鼓膜後方的中耳。當聲波傳來，鼓膜會推動錘骨，錘骨再推動砧骨和鐙骨。聲音正是透過這樣的骨牌效應，由這一組身體最小的骨頭傳送。

對或錯？

1 聲音透過氣體傳送至外耳。

2 聲音在內耳透過液體來傳送。

請翻到第138頁查看答案。

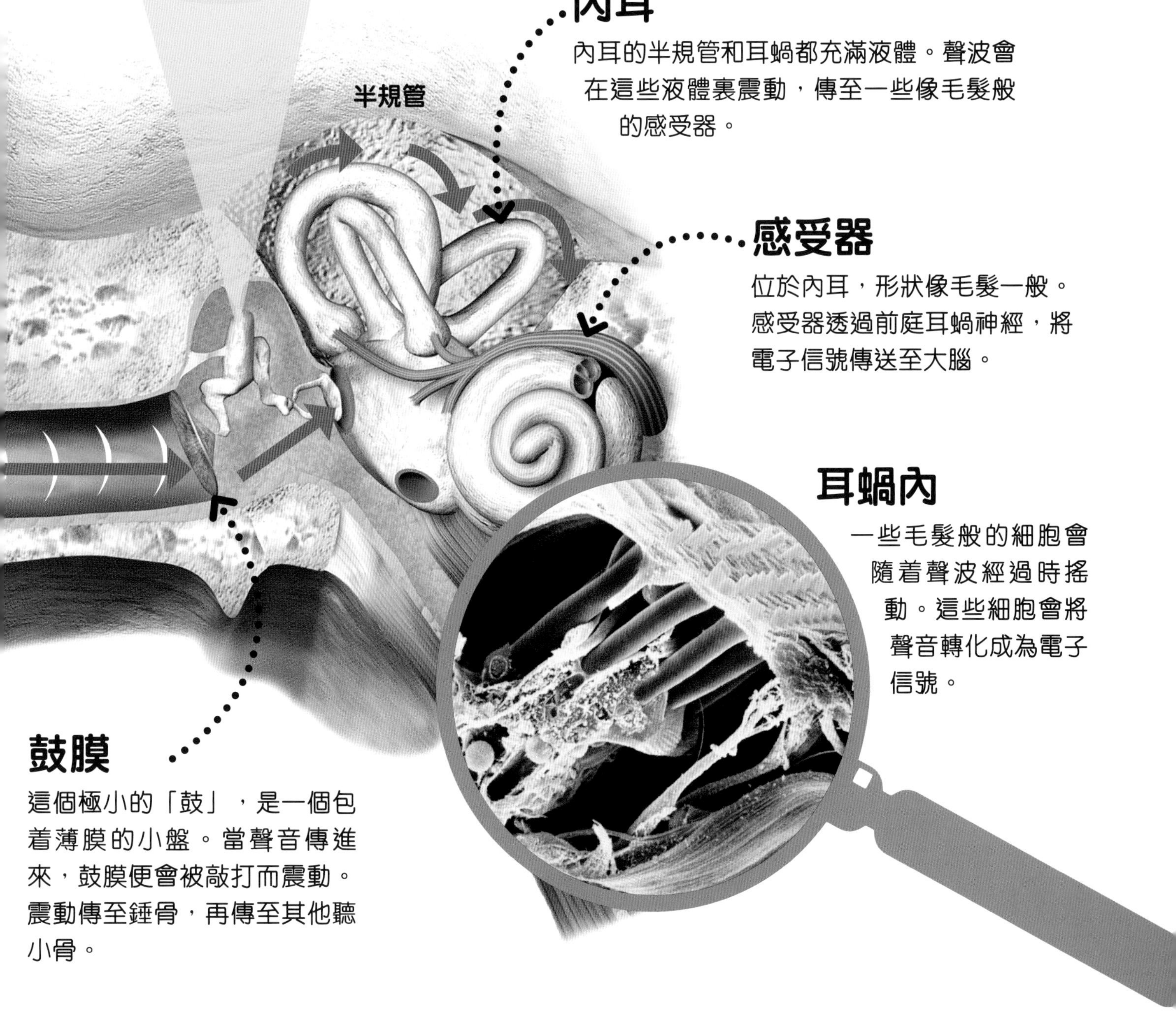

內耳

內耳的半規管和耳蝸都充滿液體。聲波會在這些液體裏震動，傳至一些像毛髮般的感受器。

感受器

位於內耳，形狀像毛髮一般。感受器透過前庭耳蝸神經，將電子信號傳送至大腦。

耳蝸內

一些毛髮般的細胞會隨着聲波經過時搖動。這些細胞會將聲音轉化成為電子信號。

鼓膜

這個極小的「鼓」，是一個包着薄膜的小盤。當聲音傳進來，鼓膜便會被敲打而震動。震動傳至錘骨，再傳至其他聽小骨。

瞳孔縮小

在明亮光線下，環肌會收縮，將虹膜拉向內，把瞳孔收細。身體會自動作出這樣的調節，以防止過多光線進入眼球。

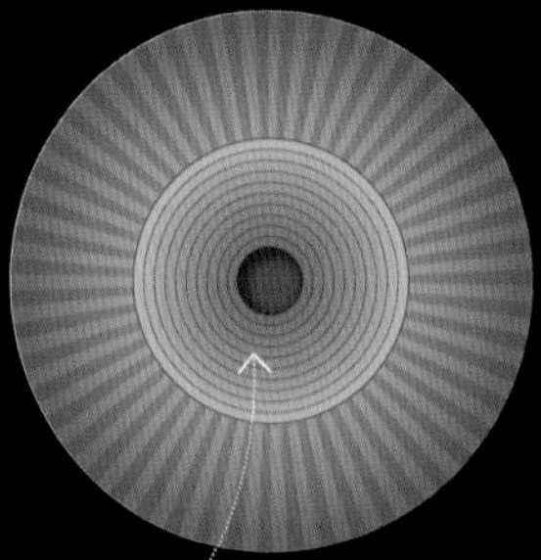

瞳孔放大

當光線昏暗，放射肌會收縮，將虹膜向外拉，把瞳孔擴張。這樣可以讓更多光線進入眼球，讓你看得更清楚。

為什麼瞳孔會變大縮小？

瞳孔是一個能讓光通過的孔，讓我們能看見事物。瞳孔外圍有一個有顏色的圈，稱為虹膜。虹膜有兩種肌肉，這些肌肉會按着光線的光暗而收縮或拉開。這兩種肌肉稱為環肌和放射肌，它們能改變你瞳孔的大小。

眼部感受器的數量佔了全身感受器的70%。

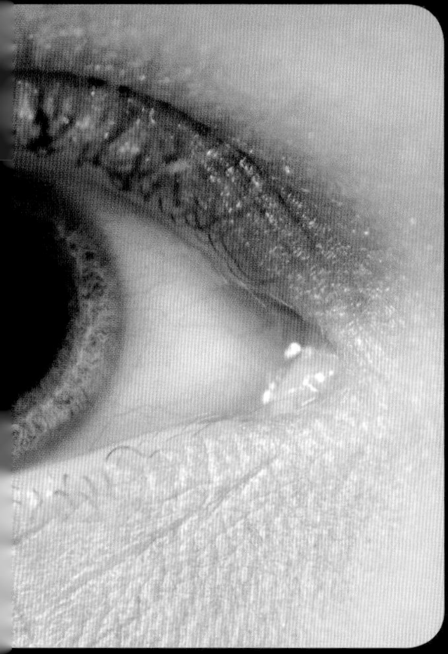

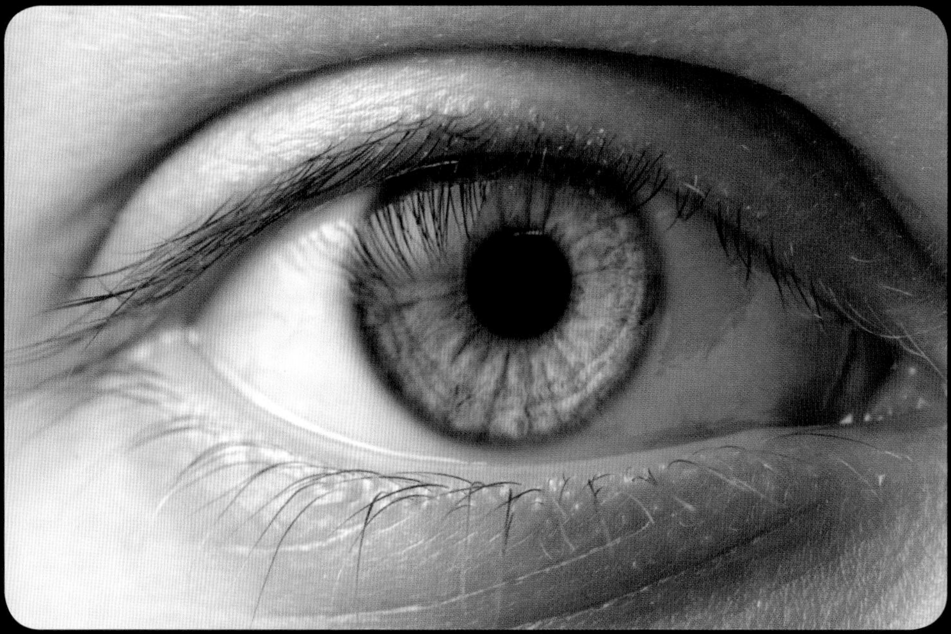

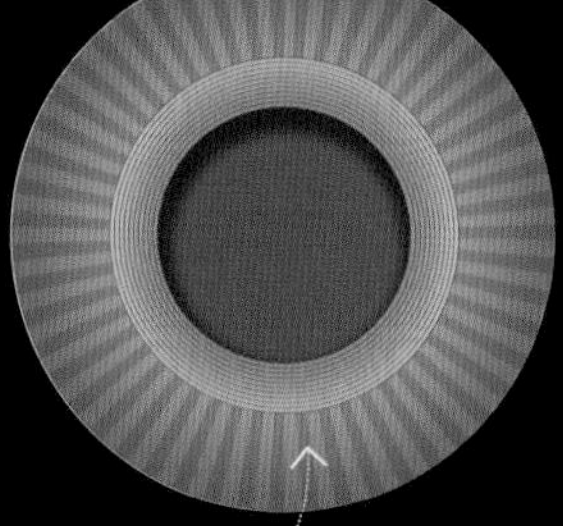

正常瞳孔

在柔和的光線下，兩種肌肉會同時稍為收縮。這種平衡會讓虹膜和瞳孔保持在正常的形狀。

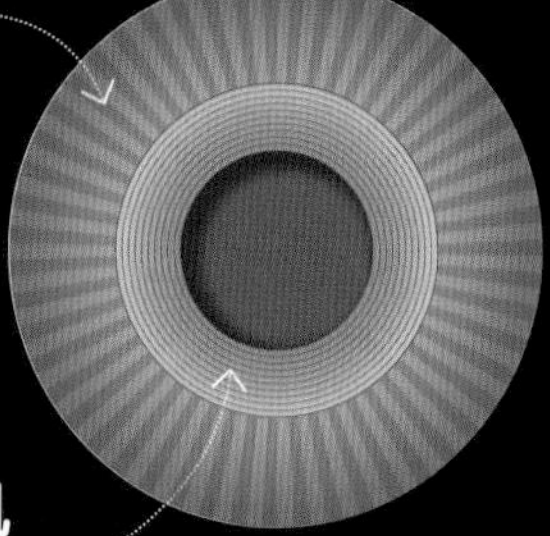

怎樣看到3D立體影像？

物件會反射光線進眼睛，讓我們看見。左右眼球的後方各有感受器，接收光線後會各自將信號傳送至大腦。由於左右眼傳送的信號稍有不同，大腦把兩種信號結合起來，就會形成一個立體影像。

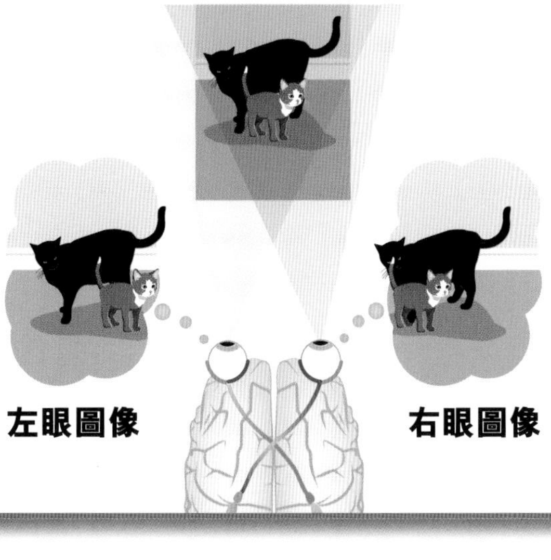

? 考考你

1 望向明亮的光線時，為什麼瞳孔會收細？

2 瞳孔外圍的顏色圈稱為什麼？

3 光線昏暗時，瞳孔會怎樣？

請翻到第138頁查看答案。

我是怎樣平衡的？

當身體接收到來自各個器官的信號，知道每個身體部位在哪裏，就能學習平衡。即使有地心吸力將你向下拉，感覺器官和肌肉也會幫你活動和保持平衡。

眼睛

眼睛會將你看見的資訊傳送至大腦。大腦運用這些資訊，理解你所身處的地方，明白你要怎樣活動，來協助你保持平衡。

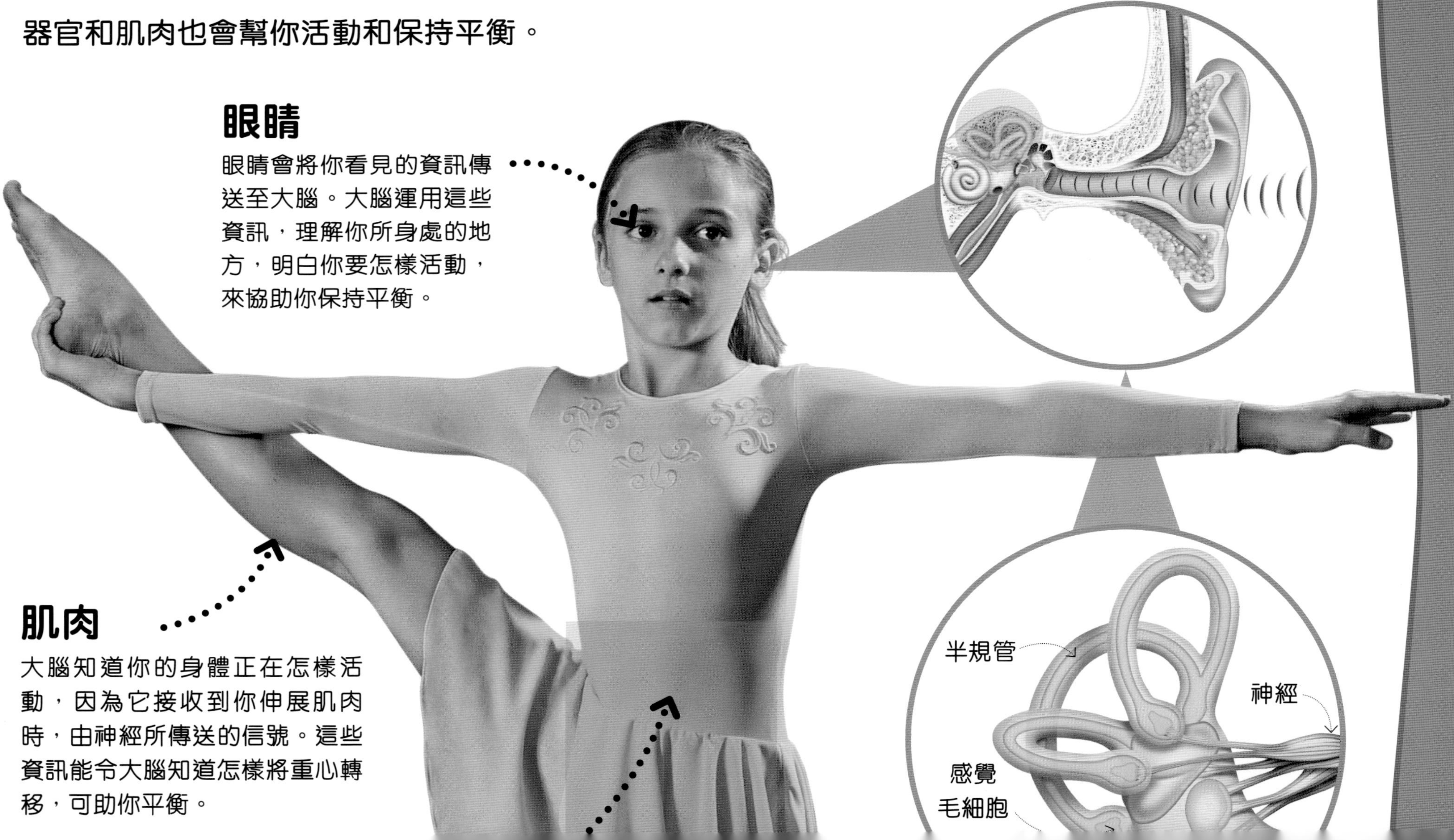

耳朵內

耳朵有三個小管，稱為半規管。半規管裏有些液體，當你的頭部活動時，這些液體也會隨之流動。

肌肉

大腦知道你的身體正在怎樣活動，因為它接收到你伸展肌肉時，由神經所傳送的信號。這些資訊能令大腦知道怎樣將重心轉移，可助你平衡。

重心

身體有一條無形的線，能助你平衡，這條線稱為重心。而你會自動調整身體保持在重心附近，才不會跌倒。

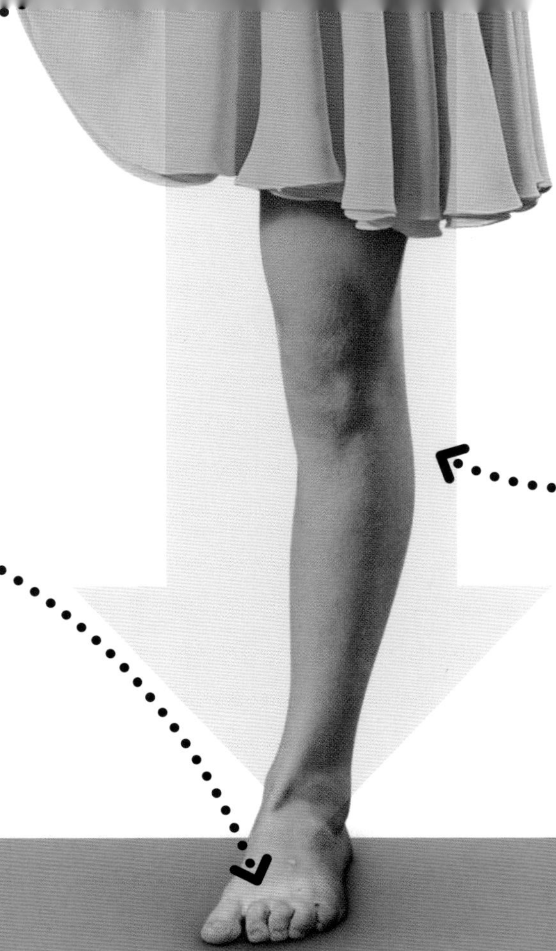

有助平衡的器官

細小的毛細胞能偵測半規管內的液體活動，透過神經將電子信號傳至大腦。大腦便能知道你正在怎樣移動，幫助你調節身體來保持平衡。

壓力感應器

皮膚上的感應器稱為感受器，它能感受觸覺、溫度和動作。這就是說，你能感受到地面，來平衡身體的重量。

重力

又名地心吸力，這是一種無形的拉力，將一切萬物——包括你拉向地面。重力令你不會飄走。

? 對或錯？

1 助你平衡的器官位於大腦。

2 如果合起眼睛，就無法平衡。

3 你的重心可以轉移。

請翻到第138頁查看答案。

重心可以轉移嗎？

彎腰

向前彎的時候，你的重心會向前移動。因此，你會伸出臀部，令身體重量向後移，使你不會向前跌。

站立

當你站直，重心便位於身體的中間。所以你站立的這個姿勢可以平衡。

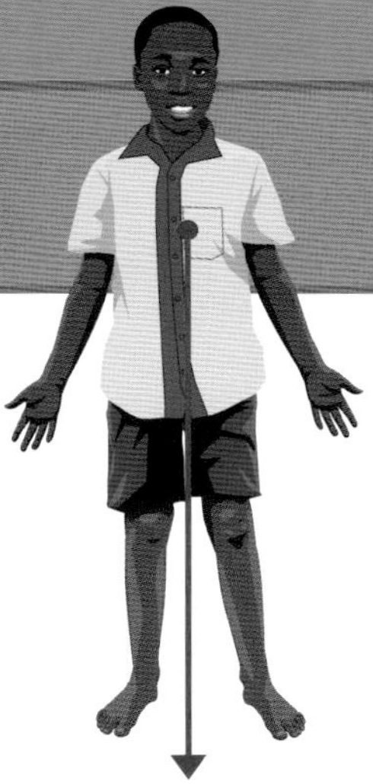

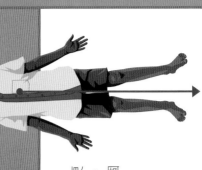

為什麼飲凍飲不會令我渾身打顫？

大腦會監察着身體內外的溫度。如果你的體溫上升或下降，大腦便會作出反應，傳送信號至各器官作出調節。這些調節會令你的體溫回復至攝氏37度的健康水平。

熱的流動

熱力只會向一方移動——就是由熱傳至冷。所以東西變冷，其實是因為熱力散失。

熱力從舌頭移至冰棒。

熱力從熱飲轉移到你的手。

皮膚

當你碰到一些冷的東西，皮膚裏的血管會變小。這就是說，傳送至皮膚的血液會減少，使身體能保留原本的溫暖。體溫下降時，皮膚上的毛髮也會豎起來，鎖住暖空氣。

內置暖氣

肝臟在分解食物時，會產生許多熱力。血液會將這些熱力傳送至全身。所以即使你喝凍飲時，身體仍能保持恒溫。

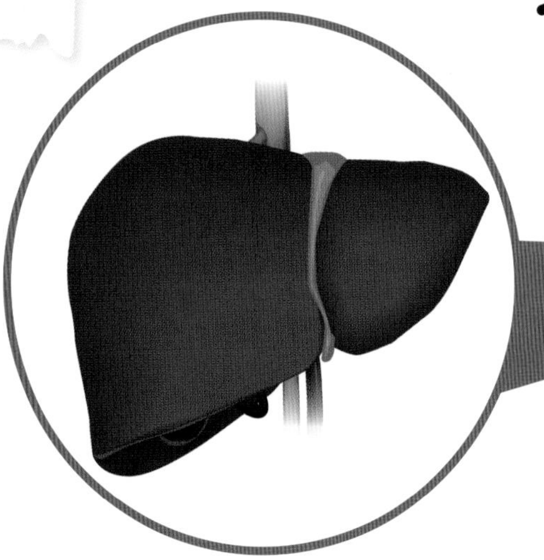

控制溫度

大腦中的下丘腦負責監察體溫。它會接收來自冷感感受器的信號，然後吩咐身體作出調節，使你暖和。

? 考考你

1 熱力向哪個方向流動？

2 身體的哪個部分負責監察體溫？

請翻到第138頁查看答案。

甲狀腺

甲狀腺會分泌一種稱為甲狀腺素的荷爾蒙。身體冷的時候，它會分泌更多甲狀腺素。這種荷爾蒙會叫細胞使用更多能量來釋放熱能，使你暖和。

肌肉

肌肉作出不同動作時，會轉化儲存在食物中的能量，並發出熱能。你在寒冷的時候會打冷顫，這是一種反射動作，令你的肌肉快速收縮來產生更多熱力。

熱的時候，身體如何冷卻？

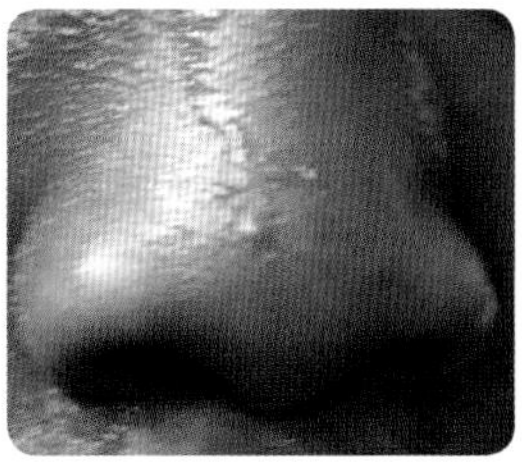

流汗

熱的時候，你會流汗。汗水蒸發（由液體變為氣體）時，會帶走皮膚上的熱力，這會讓你涼快一點。

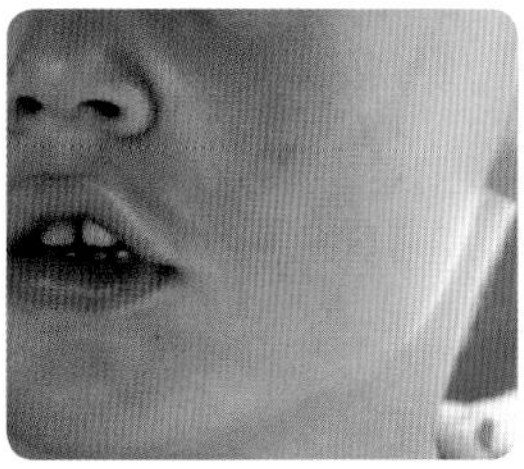

臉色發紅

熱的時候，你皮膚裏的血管會脹大，增加血液流至皮膚表面，使血液能變涼快一點。因此，臉上這時會發紅。

晚上

從早到晚，地心吸力會由頭到腳將你的身體漸漸拉下來，使脊柱被壓下。到了晚上，你大概會比早上起來的時候矮了2厘米！

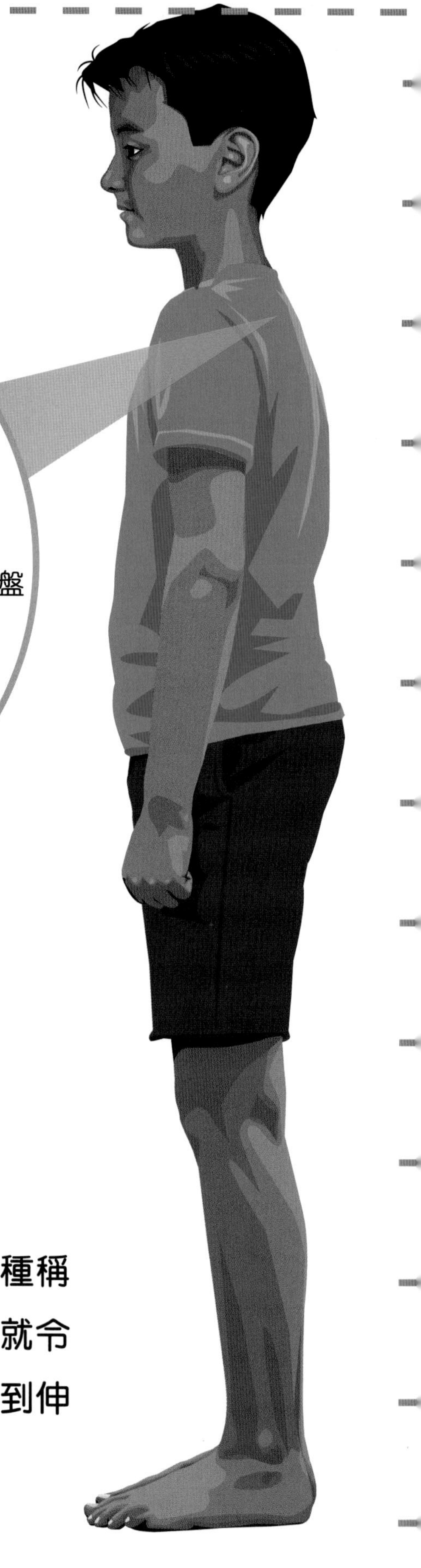

脊柱裏的脊椎骨

當你站直時，脊柱裏的脊椎骨會垂直一塊疊一塊。當地心吸力將你的身體向下拉，脊椎骨之間的椎間盤軟骨會被壓扁，所以一天下來，你就因此而變矮了。

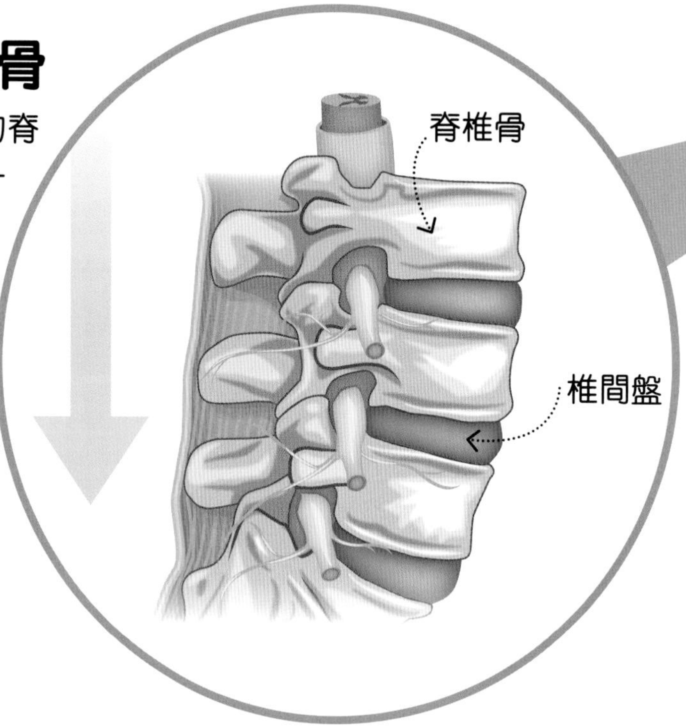

我在早上會比較高嗎？

是的！一天下來，隨着你走路、坐下或站立，一種稱為地心吸力的力量會將身體向下拉。脊柱會被壓下，就令你矮了一些。晚上睡覺的時候，你平躺着會令脊柱得到伸展，所以到第二天起來，你又會高了一點。

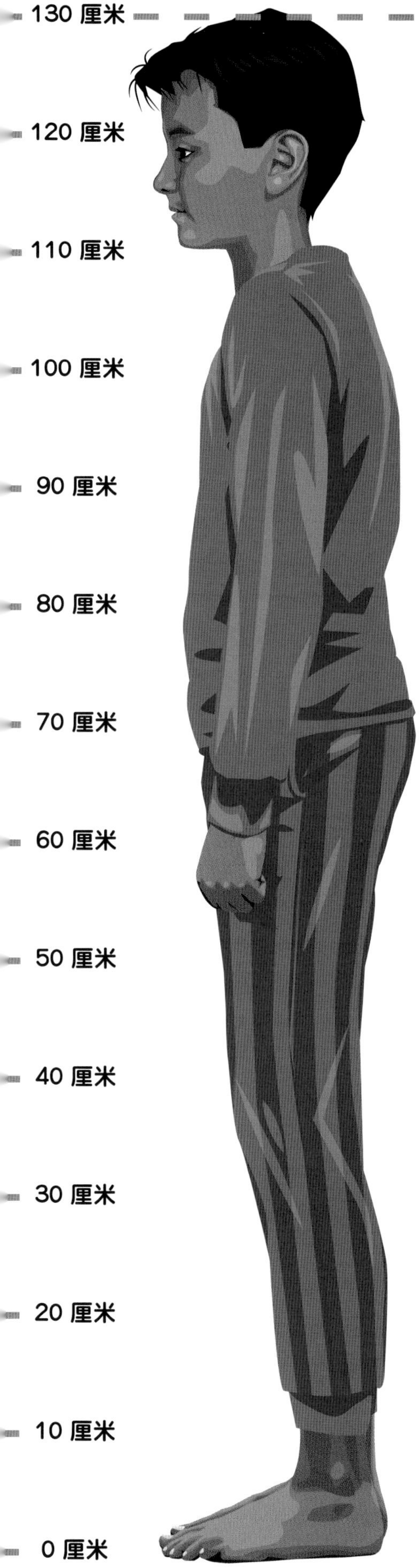

早上

一覺醒來時，你會比較高，因為你的肌肉放鬆了，脊柱也伸展至它原本的長度。你睡覺時，地心吸力也會令你躺在床上，但不會使脊柱變短，因為你是平躺着睡的。

? 對或錯？

1 人在太空會比較高。

2 晚上睡了一覺之後，你會變矮。

3 隨着年紀增長，脊柱會越來越彎。

請翻到第139頁查看答案。

為什麼年紀大了會變矮？

隨着年紀增長，脊柱的骨頭會變小，而且椎間盤的軟骨也會磨蝕。即是說，軟骨所佔的位置會變小，你也會隨着變矮。當你變矮，脊柱也會彎起，因此站着的時候，看起來像是駝背那樣。

地心吸力是什麼？

地心吸力又叫重力或引力，是一種拉力。當你運用肌肉和關節來跳起，地心吸力會把你向下拉，使你不會飄走！

記憶是怎麼一回事？

當一種稱為神經元的細胞連結起來，在你大腦中儲存起一個樣式，就會形成你的記憶。當你記起一些事情，神經元之間會以你記憶中的樣式，來往傳送相同的電子信號。

還有哪些其他記憶？

工作記憶

這種短暫記憶能幫你記住剛剛學到的東西，例如在待辦清單上的步驟。

語意記憶

它會幫你記住與你自身不相關的客觀資訊，例如某座城堡建於哪個年份。

情節記憶

這是記憶你在某個活動中的感覺，例如你在派對中感到愉快。

內隱記憶

這種記憶會基於你以往所學習過的事，辨別你是否相信目前的事。

程序記憶

學習

當你學習一種新技能時，例如踢足球，就會用到一種程序記憶。大腦中的神經元會創立一條新的路徑，而電子信號會在這些神經元之間傳送。

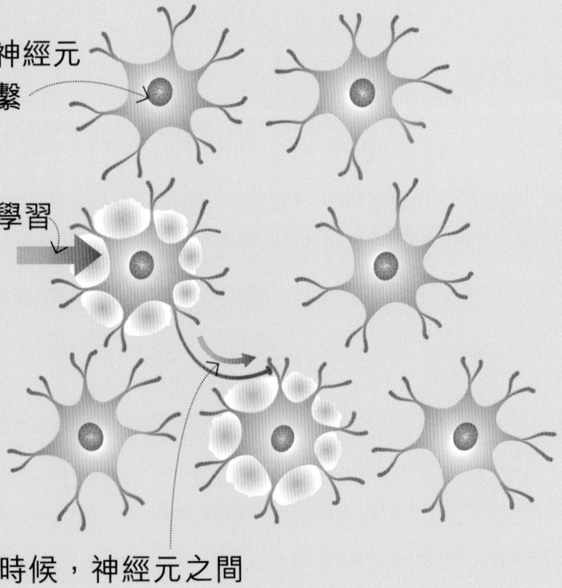

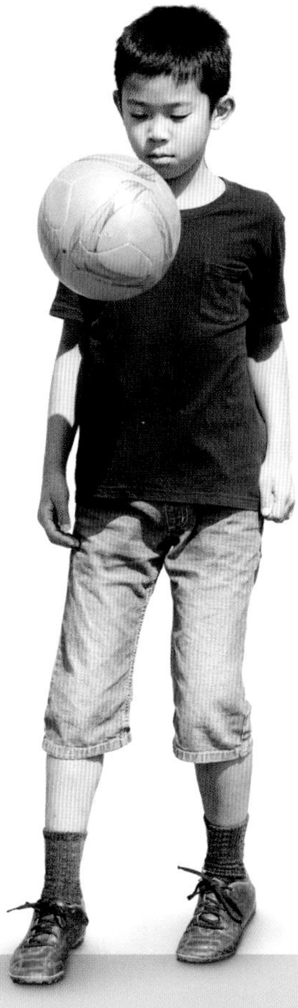

? 考考你

1 記憶有多少種類？

2 哪些細胞負責儲存記憶樣式？

3 哪種記憶負責情緒的記憶？

請翻到第139頁查看答案。

練習

當你練習那種新技能時，神經元和電子信號之間的樣式會不斷重複，令你記得怎樣做才對，怎樣做就錯。你會按照這些記憶來控制肌肉活動，掌握正確的技能。

重複練習技能

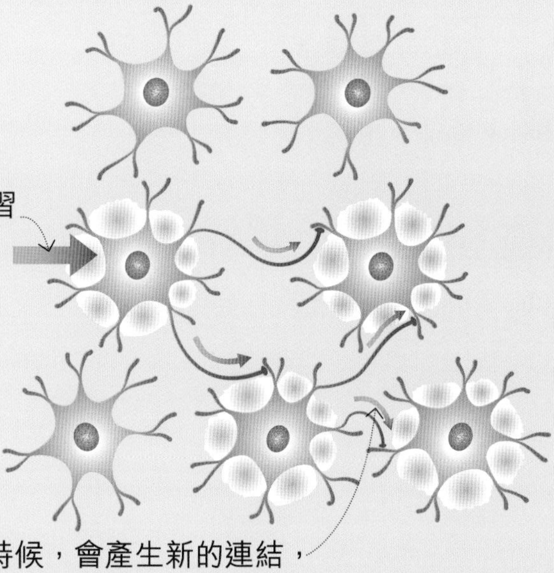

練習的時候，會產生新的連結，建立神經元的樣式。

記憶

每次你重複所學習到的技能，就會進步，神經元也會越來越懂得重複正確的樣式。這會減低失敗的次數，令你記得怎樣正確地運用這技能。

恆常練習技能

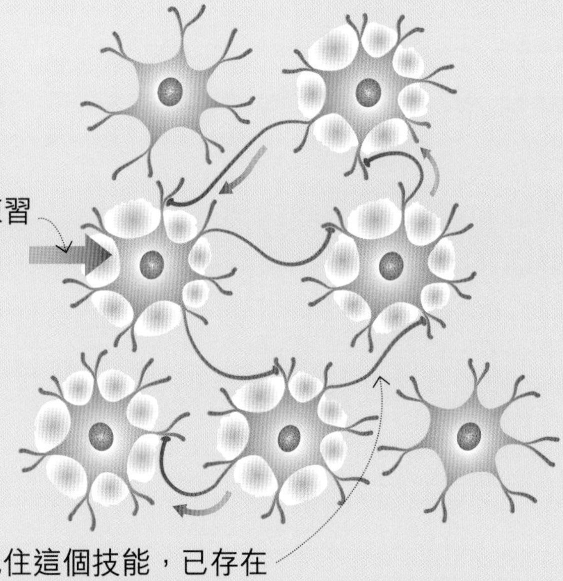

當你記住這個技能，已存在的神經元樣式便會重複。

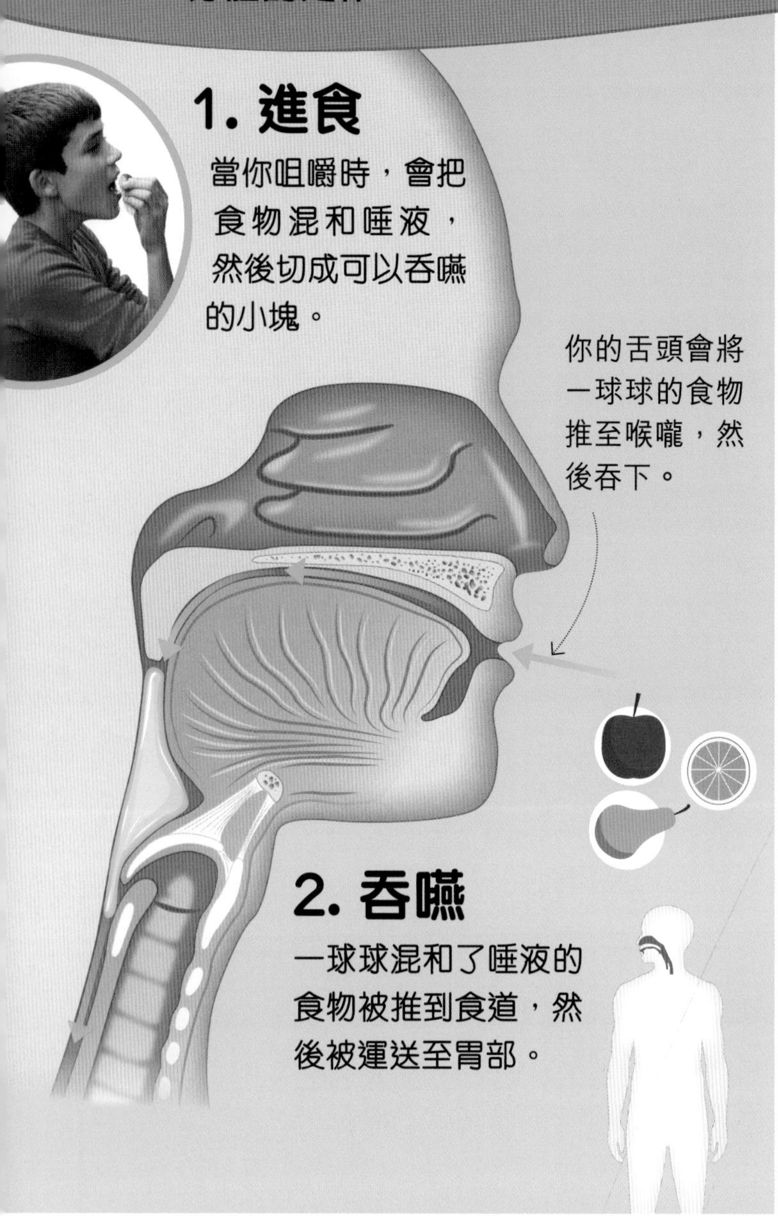
你的舌頭會將
一球球的食物
推至喉嚨，然
後吞下。

1. 進食

當你咀嚼時，會把食物混和唾液，然後切成可以吞嚥的小塊。

2. 吞嚥

一球球混和了唾液的食物被推到食道，然後被運送至胃部。

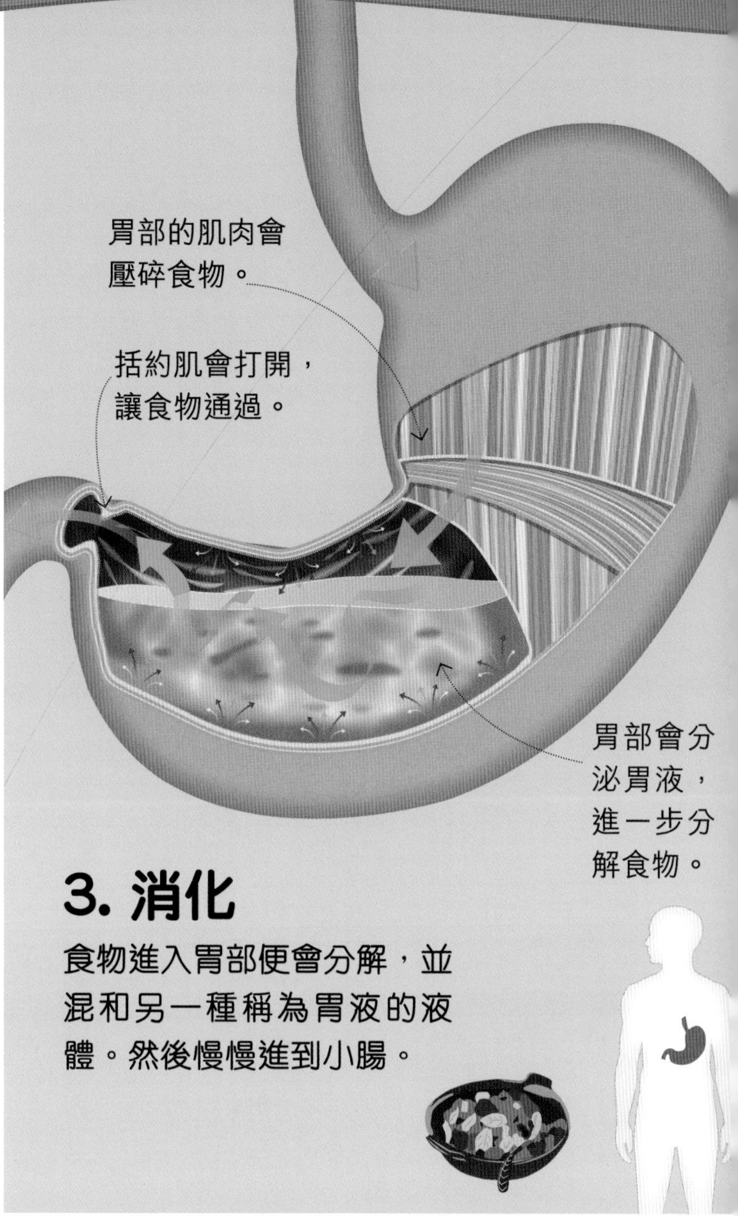
胃部的肌肉會
壓碎食物。
括約肌會打開，
讓食物通過。
胃部會分
泌胃液，
進一步分
解食物。

3. 消化

食物進入胃部便會分解，並混和另一種稱為胃液的液體。然後慢慢進到小腸。

我吃下的食物會怎樣？

食物由進入體內到排出體外，會經歷兩天的旅程，這個過程稱為消化。食物會經過消化道，在那裏被壓碎和分解，期間有一些稱為酶的化學物質會幫忙消化。食物中的營養素和水分會被吸收進到血液，而廢物將會排出體外。

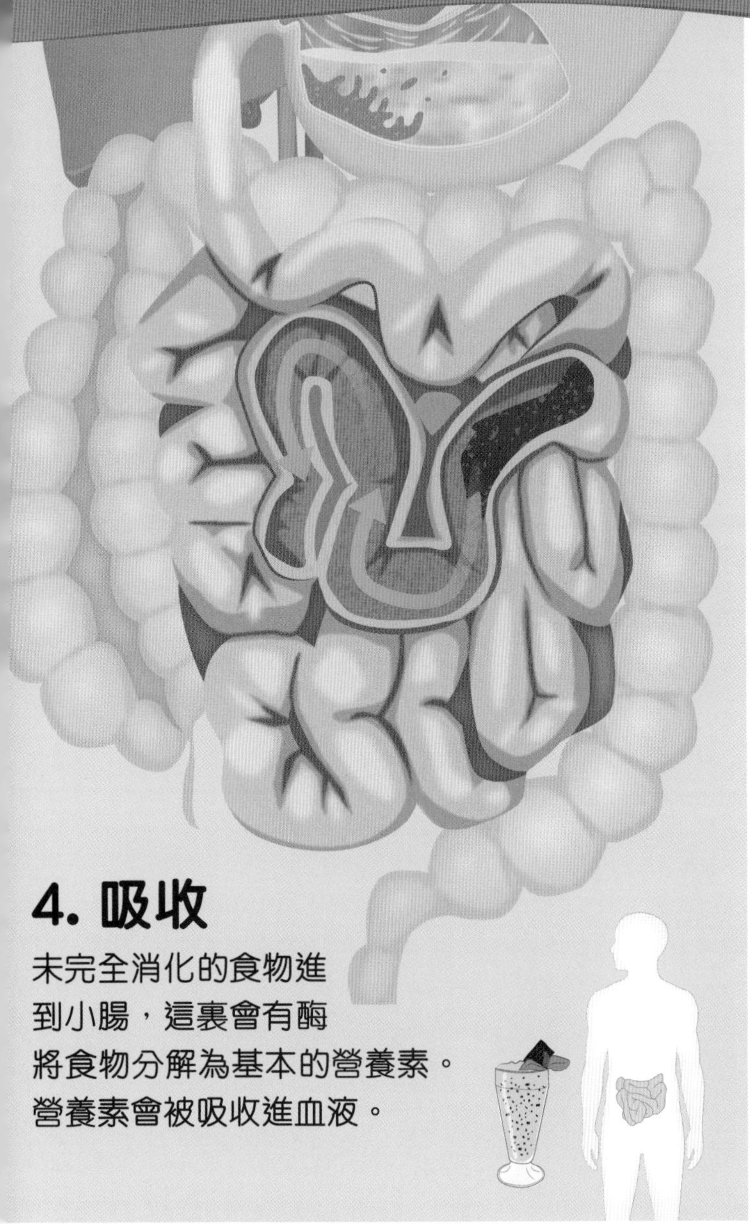

4. 吸收

未完全消化的食物進到小腸，這裏會有酶將食物分解為基本的營養素。營養素會被吸收進血液。

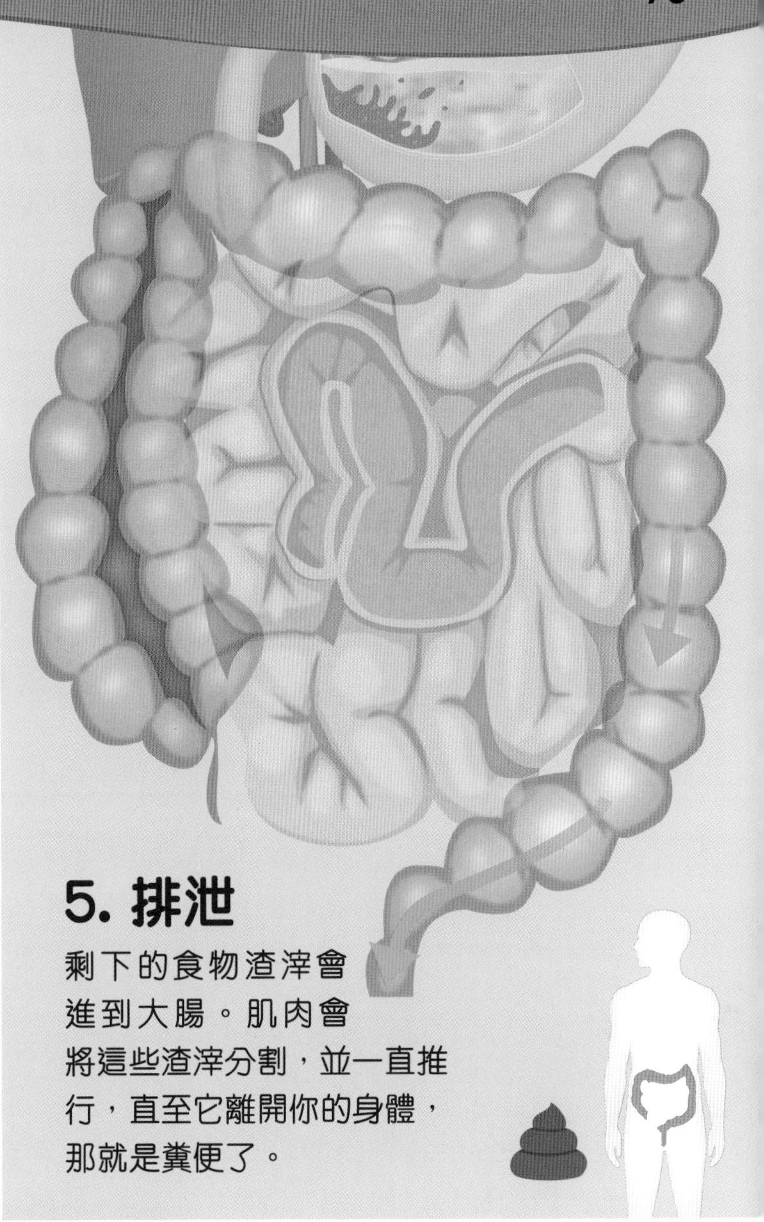

5. 排泄

剩下的食物渣滓會進到大腸。肌肉會將這些渣滓分割，並一直推行，直至它離開你的身體，那就是糞便了。

消化系統的其他部位有什麼功用？

闌尾

闌尾能儲存一些好的細菌，也含有一些能對抗感染的細胞。

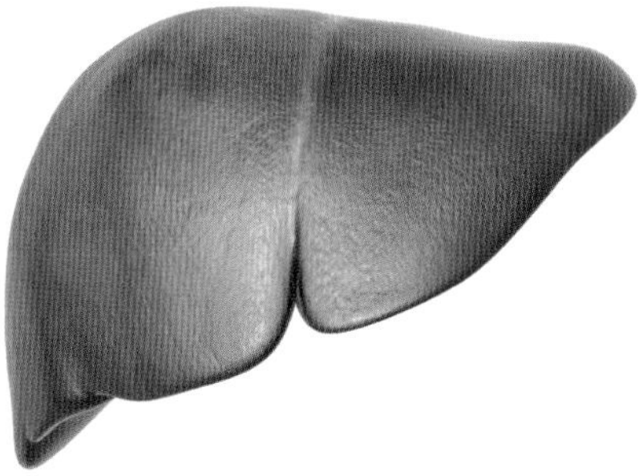

肝臟

肝臟負責製造化學物和酶來加速消化。它會用膽囊分泌的膽汁來分解脂肪，它也能過濾血液。

考考你

1 膽汁對身體有什麼幫助？

2 食物經過你的身體，共需時多久？

請翻到第139頁查看答案。

為什麼我在水底不能呼吸？

生物都需要氧氣才能生存。動物會以不同的方法來取得氧氣，魚類在水底用鰓呼吸，鰓能直接從水取得氧氣；人類用肺呼吸，從空氣裏吸入氧氣。這就是說，你不能在水底用肺呼吸。

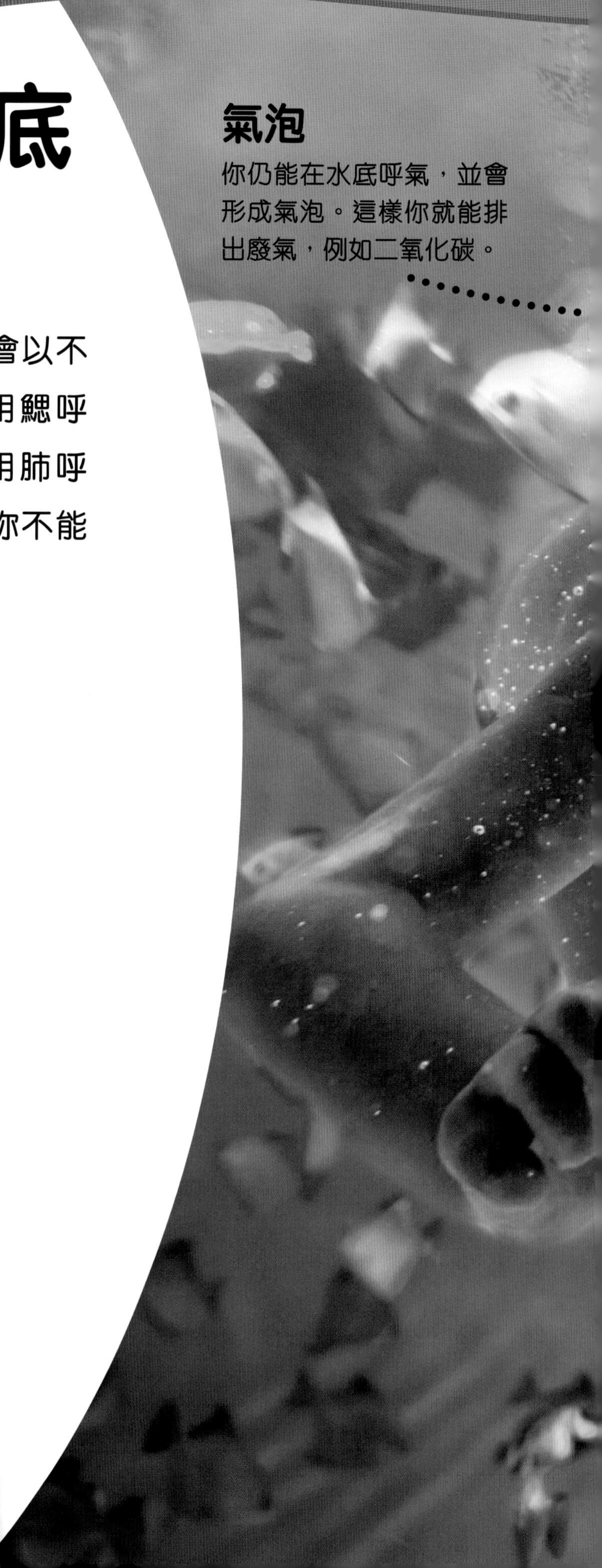

氣泡

你仍能在水底呼氣，並會形成氣泡。這樣你就能排出廢氣，例如二氧化碳。

用鰓呼吸

魚類在水裏游動時，會用嘴巴吸入水分。水流進鰓之後，牠的身體會吸收水中的氧氣，並排出二氧化碳。

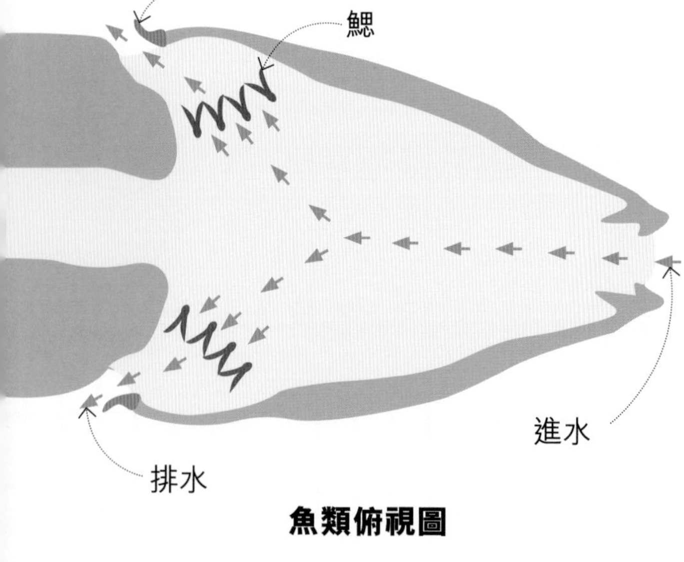

魚類俯視圖

看圖小測驗

有哪種動物可以用肺和皮膚呼吸？

請翻到第139頁查看答案。

閉氣

雖然你在水底無法吸氣，但你可以閉氣直至回到水面。大部分人都能閉氣至少30秒。

還有哪些動物用鰓呼吸？

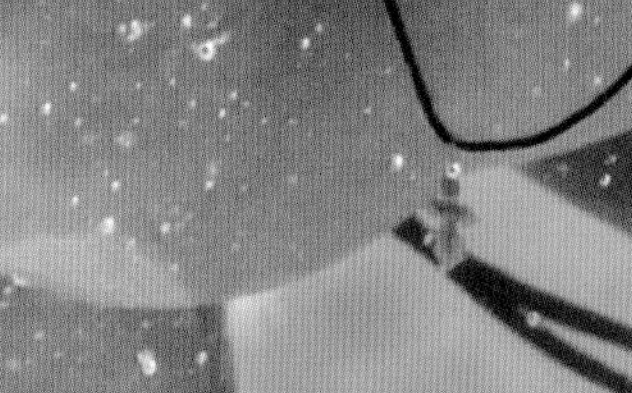

螃蟹

螃蟹在水底是用鰓呼吸的。當牠們回到陸地，仍然會用鰓呼吸——只需要保持鰓濕潤，就能吸收空氣中的氧氣。

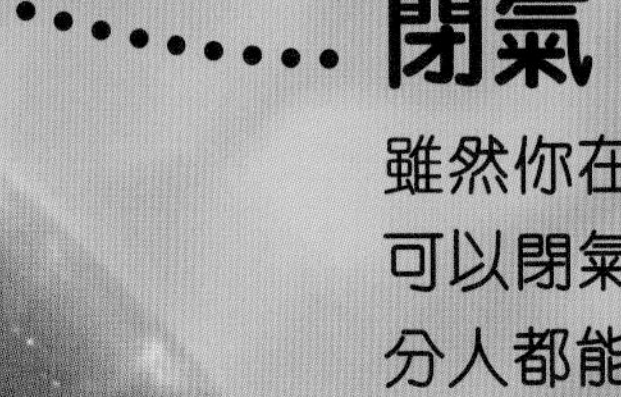

水生軟體動物

蝸牛和花蛤透過鰓來吸收水的氧氣，傳進血液。大部分住在水裏的蝸牛只有一個鰓。

為什麼我會打飽嗝？

打飽嗝的主要原因，是因為我們吃東西的時候會吞下空氣。這些空氣被困住，然後排出的時候就是飽嗝。汽水裏面也有氣體，所以喝過這些飲品後也會打更多的飽嗝。

打飽嗝的科學術語是嗝氣，中醫稱為噯氣。

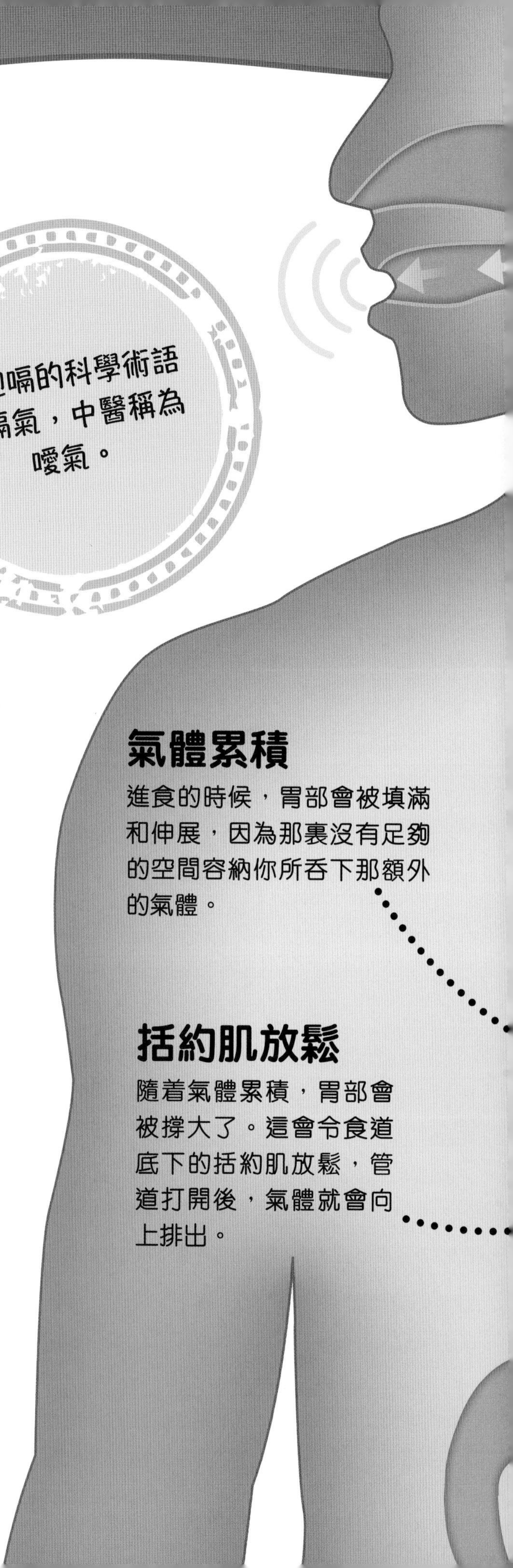

氣體累積
進食的時候，胃部會被填滿和伸展，因為那裏沒有足夠的空間容納你所吞下那額外的氣體。
括約肌放鬆
隨着氣體累積，胃部會被撐大了。這會令食道底下的括約肌放鬆，管道打開後，氣體就會向上排出。

為何要為嬰兒掃風？

嬰兒在吃奶的時候也會吞下空氣。這些空氣如困在嬰兒的肚子裏，會令他們肚子有點痛。所以我們要為他們掃風，幫助他們透過打飽嗝來排出這些空氣。有時他們還會吐出一點奶呢！

為什麼打飽嗝會發出聲音？

胃部排出的氣體會震動到食道的頂部和喉嚨。這些震動形成打飽嗝的聲音。

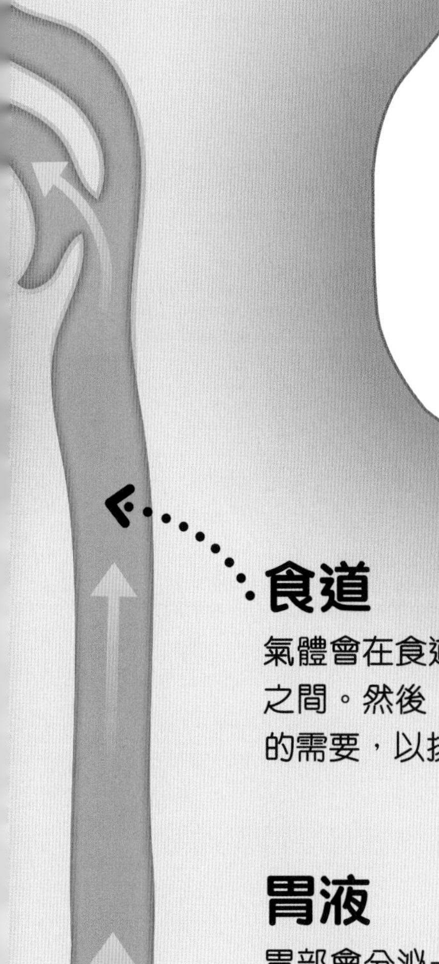

食道

氣體會在食道累積，困在喉嚨和胃部之間。然後，你就會感受到一股嗝氣的需要，以排放出氣體。

胃液

胃部會分泌一種鹽酸，把進來的食物混和。食物會被轉化成為濃稠的糊狀液體。

考考你

1 如果吃喝太快，會令人打飽嗝嗎？

2 科學和中醫上怎樣稱呼打飽嗝？

請翻到第139頁查看答案。

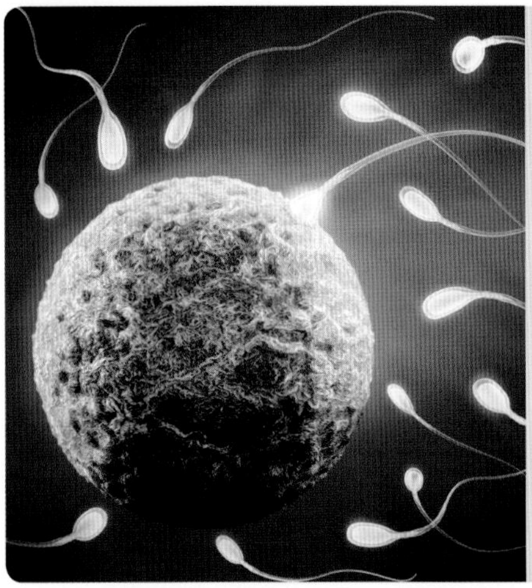

卵子和精子

從爸爸身上來的精子，會與媽媽身體的卵子結合，形成受精卵。這兩個細胞都各有一份指令，或稱基因，合起來就會形成一個新的人。

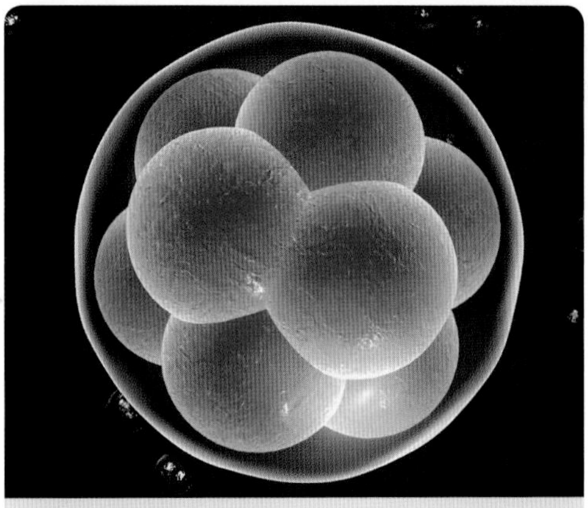

早期胚胎

受精後的首兩個星期，最初的細胞會複製自己，形成胚胎。胚胎的細胞是幹細胞，即是這些細胞還未形成特定的組織。

胎兒是怎樣成長的？

每個胎兒最開頭都是由兩個細胞組成，這兩個細胞比這一頁的一個句號還要小。這些細胞會分裂和倍增，兩星期後會開始形成不同的組織。到了第五周，胎兒的心臟開始能泵血；八星期後，胎兒便開始成人形！

第五周

到了第五個星期，胚胎大約像一顆豆的大小。頭、眼睛、手臂和腿都開始形成，一顆極小的心臟也已開始泵送血液至各成長中的器官。

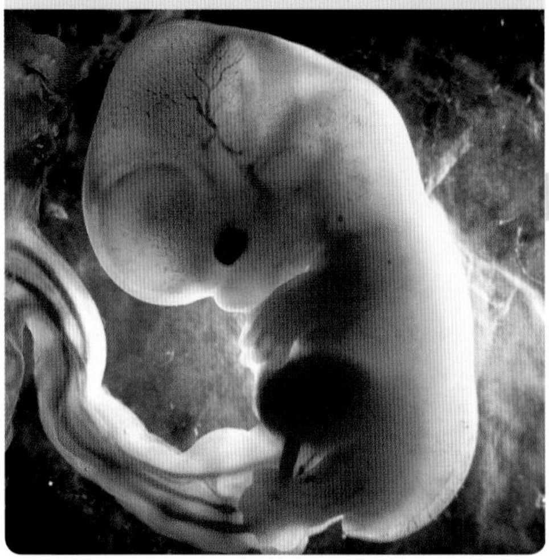

胎兒在哪裏成長？

胎兒在媽媽身體的一個房間成長，這個空間稱為子宮。臍帶會連接着胎兒和子宮壁，為胎兒提供食物和氧氣，並排走廢物。

考考你

1 嬰兒在子宮到了八星期大，會稱為什麼？

2 嬰兒在子宮還未足八星期，會稱為什麼？

3 成長中的嬰兒在子宮怎樣取得氧氣？

請翻到第139頁查看答案。

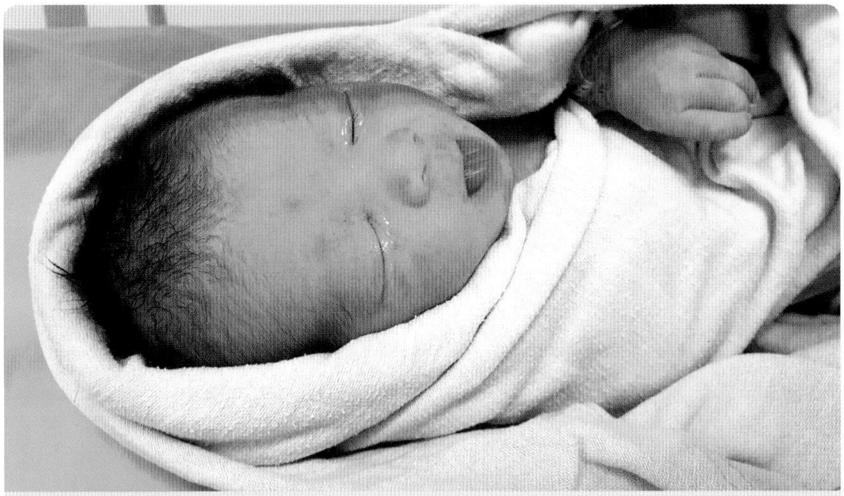

新生嬰兒

保護液（羊水）會在嬰兒出生前溢出子宮，而嬰兒出生後，胎盤也會跟着排出。嬰兒出生後會自己用肺吸入氧氣，不再需要臍帶了——臍帶剪掉後的位置，就是嬰兒的肚臍了！

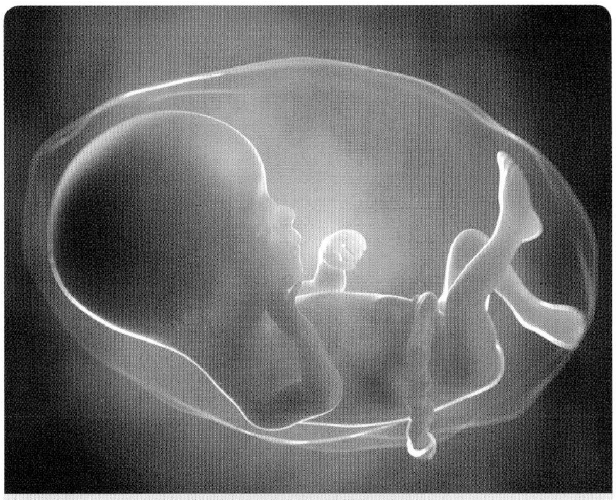

第十六周

胚胎到了第八個星期後會稱為胎兒。到了第十六周，胎兒大約有20厘米長，已能聽見聲音，而且還會踢腳和轉身來回應這些聲音。這個時候，很多主要的器官都已成形。

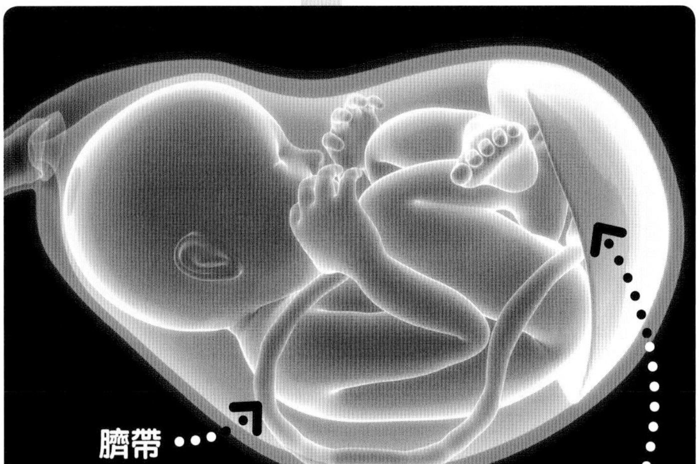

九個月

胎兒在子宮的保護液（羊水）懸浮着，已預備好要出生。胎兒的臍帶連接着子宮的胎盤，從中得到母親血液裏的氧氣。胎兒的肺部充滿液體，所以未能吸入空氣。

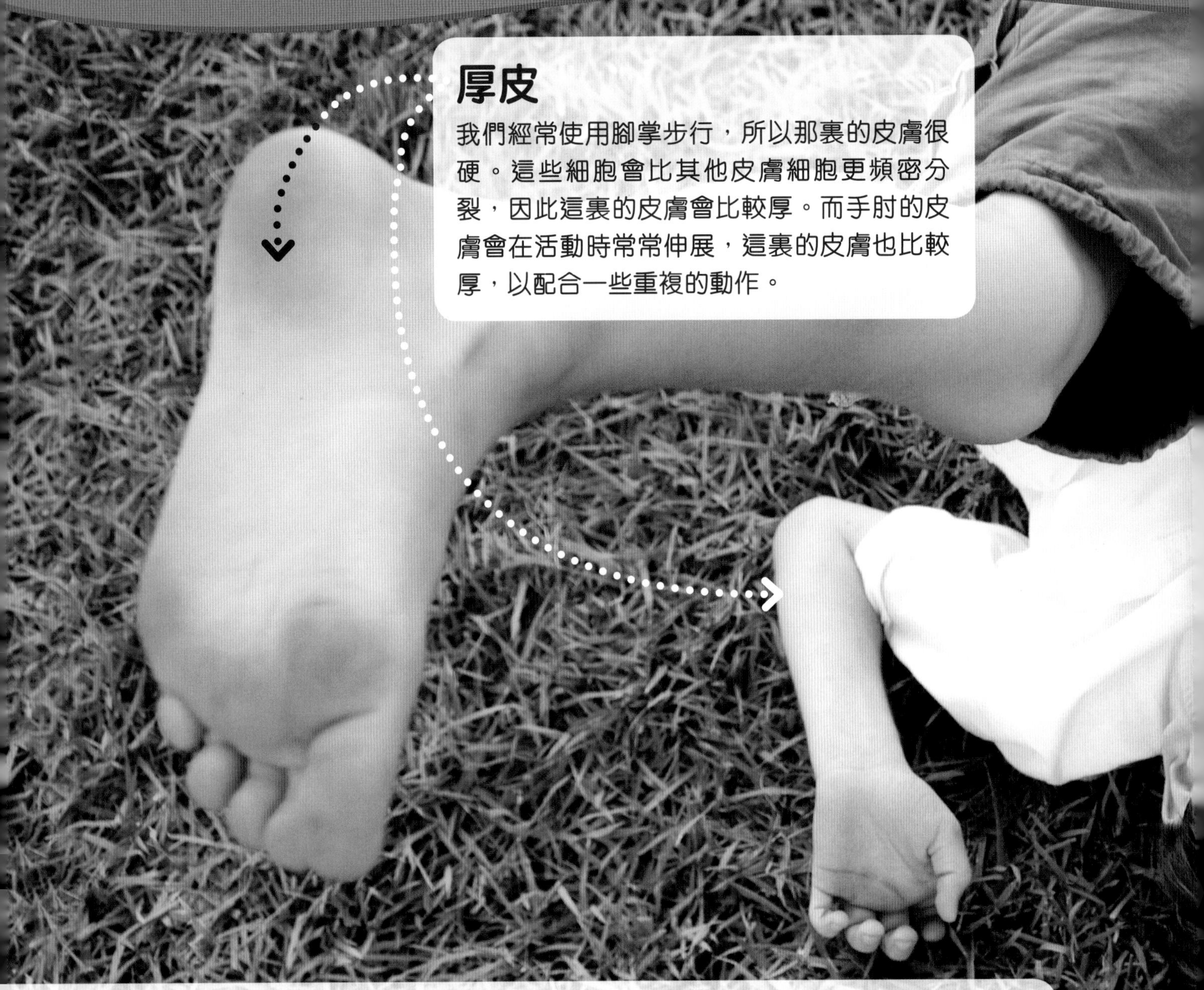

厚皮

我們經常使用腳掌步行，所以那裏的皮膚很硬。這些細胞會比其他皮膚細胞更頻密分裂，因此這裏的皮膚會比較厚。而手肘的皮膚會在活動時常常伸展，這裏的皮膚也比較厚，以配合一些重複的動作。

皮膚會一直存在嗎？

不，皮膚一直在死去和重建。皮膚的最表層稱為表皮，每分鐘約有35,000個死去的皮膚細胞從身上剝落，並由新的細胞所取代。皮膚細胞含豐富的角蛋白，相當堅韌。

生出新的皮膚

皮膚細胞是在表皮的底部製造的。隨着新的細胞產生，這些細胞會被推向上。大約三個星期，皮膚細胞就會由底部移動至表皮表面。

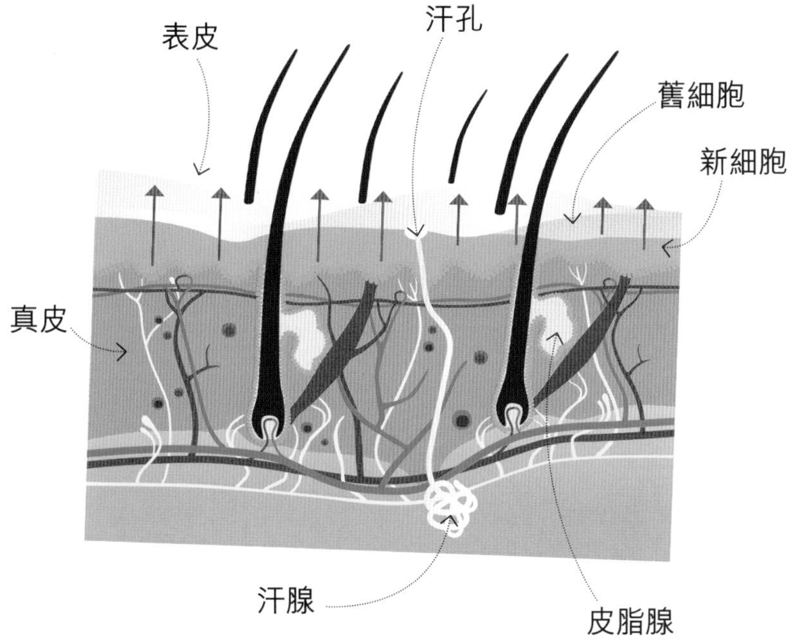

死去的皮膚細胞是什麼樣子的？

你在身體上能看見的皮膚，其實是由一層死去的細胞組成的，這些細胞編織在一起，形成一層保護屏障。這些死皮細胞會密鋪排列，中間沒有空隙。這種排列能讓皮膚富有彈性。

對或錯？

1 肚臍部分的皮膚最厚。

2 新的皮膚是在真皮的底部造成的。

請翻到第139頁查看答案。

我怎樣可以憋尿？

憋尿需要運用到膀胱的肌肉。膀胱是一個承載着廢物液體的器官，這些液體是腎臟從血液中過濾出來的。當膀胱載滿了，感受器會將信號傳送至大腦，你便會有尿意。

每天你會製造大約1.5公升的尿液。

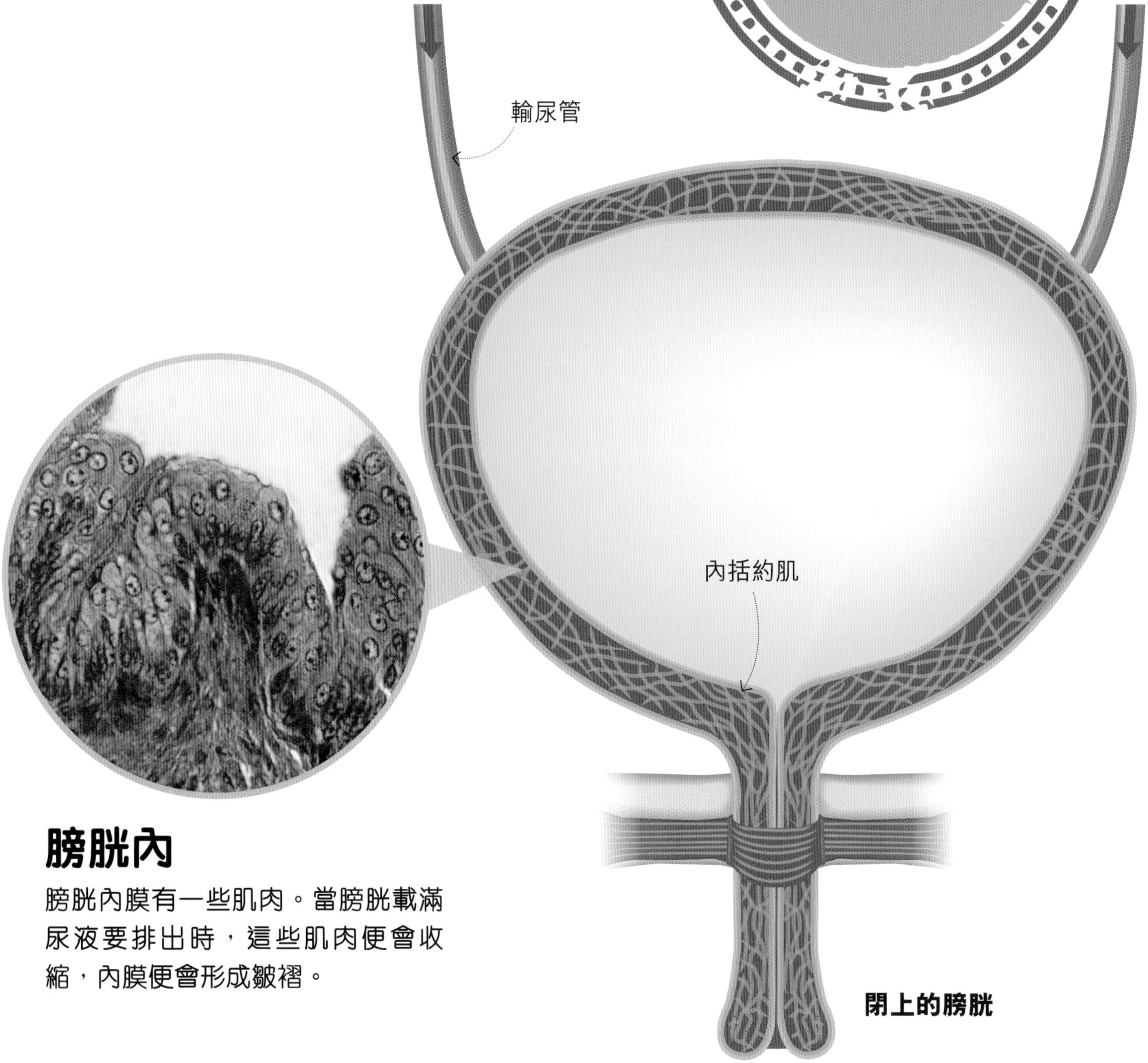

膀胱內

膀胱內膜有一些肌肉。當膀胱載滿尿液要排出時，這些肌肉便會收縮，內膜便會形成皺褶。

閉上的膀胱

為什麼尿液是黃色的？

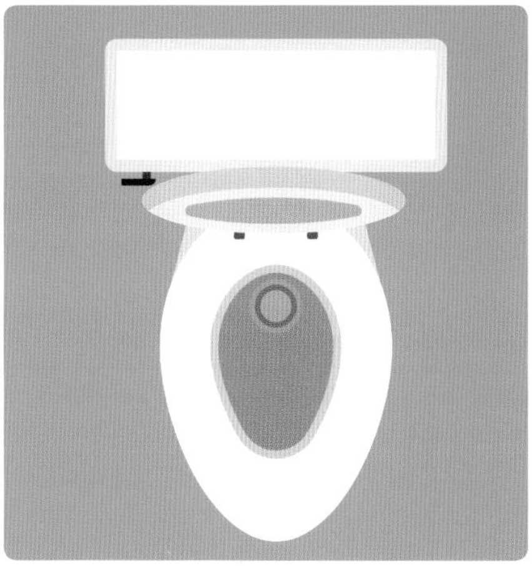

腎臟會將一種稱為尿膽素的化學物加入尿液，這種化學物是黃色的。尿膽素會溶於水，所以如果你喝很多水，尿液會是淡黃色的；如果你喝不夠水，尿液會呈深黃色，這就是代表你有點脱水了。

? 考考你

1 你怎樣知道要小便？

2 小便的時候，膀胱壁會發生什麼變化？

3 什麼令膀胱保持閉上？

請翻到第139頁查看答案。

控制膀胱

嬰兒不能控制膀胱，所以他們要穿尿片。他們膀胱的括約肌總是打開的，所以膀胱一滿，尿液便會自動流出。大約到兩歲的時候，小孩才能學習控制膀胱，就是大家都試過的「如廁訓練」了。

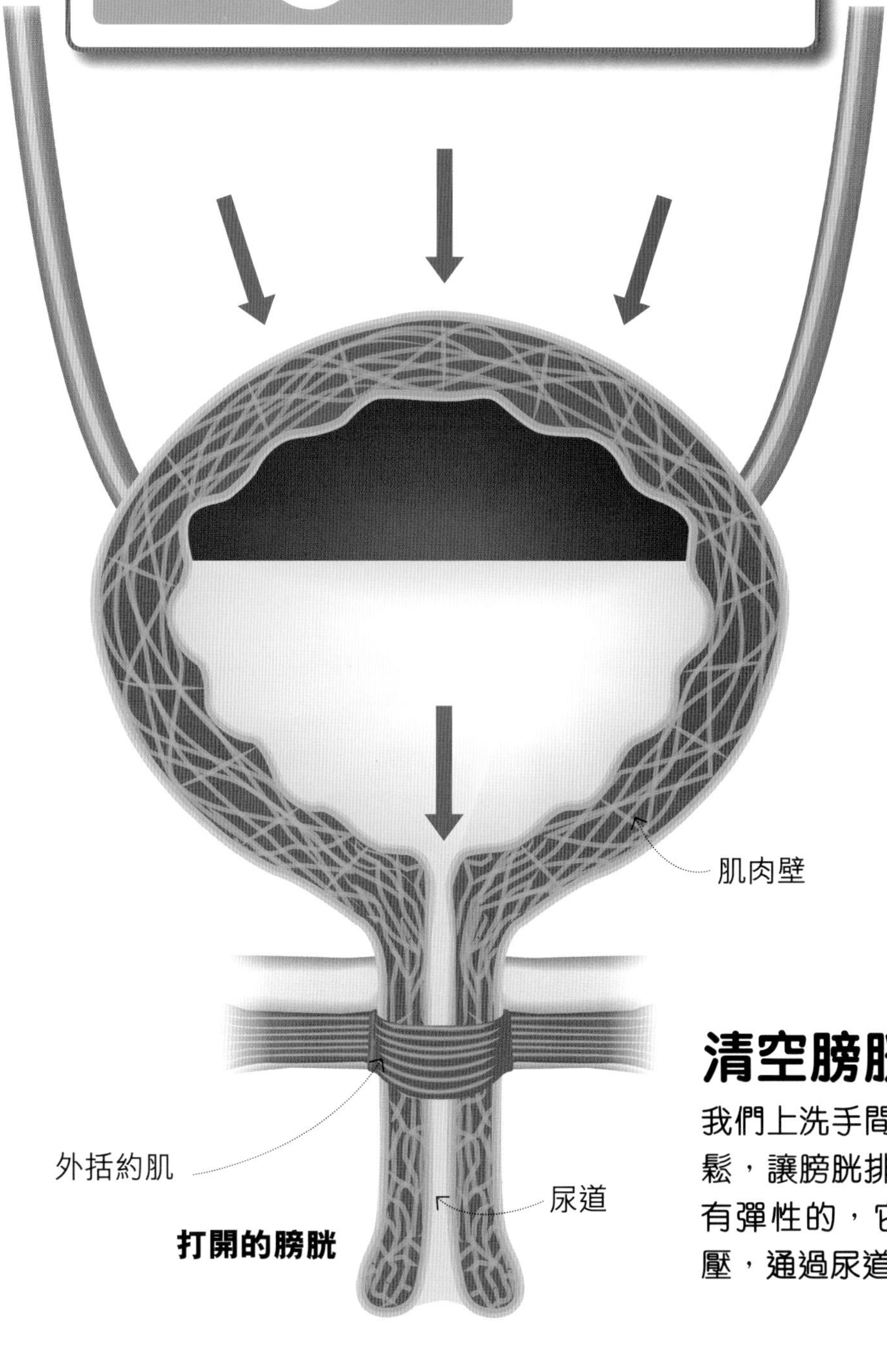

打開的膀胱

清空膀胱

我們上洗手間的時候，膀胱的括約肌便會放鬆，讓膀胱排出所有尿液。膀胱的肌肉壁是有彈性的，它們向內摺疊時，會將尿液擠壓，通過尿道排出。

腎上腺素

腎上腺素是一種會分泌到血液的荷爾蒙，能控制皮膚一種細小的肌肉——立毛肌。立毛肌連接着皮膚表層和毛囊的底部，毛囊是讓毛髮長出來的小孔。

感覺放鬆時

當你感覺放鬆時，立毛肌也是放鬆的，毛髮會躺平。

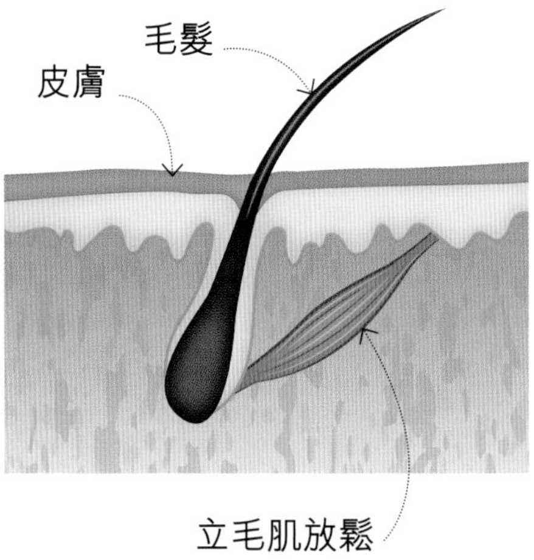

感覺寒冷或害怕

當你感到寒冷或恐懼，腎上腺素會令立毛肌收縮。這會把毛髮拉直，形成「疙瘩」。

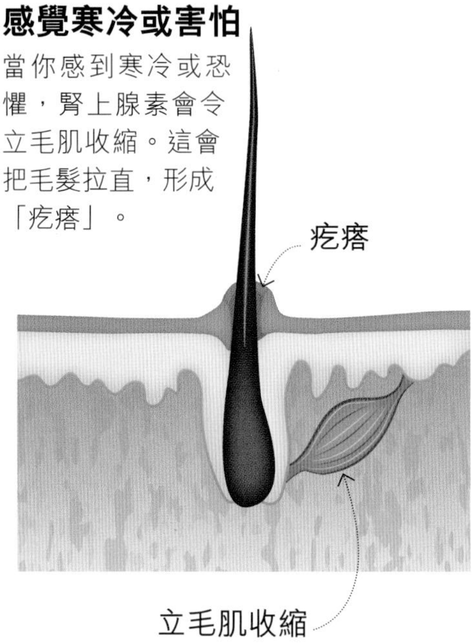

為什麼會起雞皮疙瘩？

當你感到寒冷或害怕時，身體便會分泌腎上腺素這種荷爾蒙到血液，給身體一個化學信號。當皮膚上的細小肌肉偵測到腎上腺素，就會拉起毛髮，並凸起像「雞皮」那樣。

為什麼有些毛茸茸的動物會令毛髮豎起？

看起來更大更兇猛

動物的毛髮豎起來時，看起來會更大和更兇惡，這樣就能嚇走任何威脅牠們的東西。

保暖

當毛髮豎起，就能困住皮膚上的空氣。這些空氣能隔熱並迅速升溫，就像蓋了毛毯那樣，為動物保暖。

身體上約有500萬條毛髮呢！

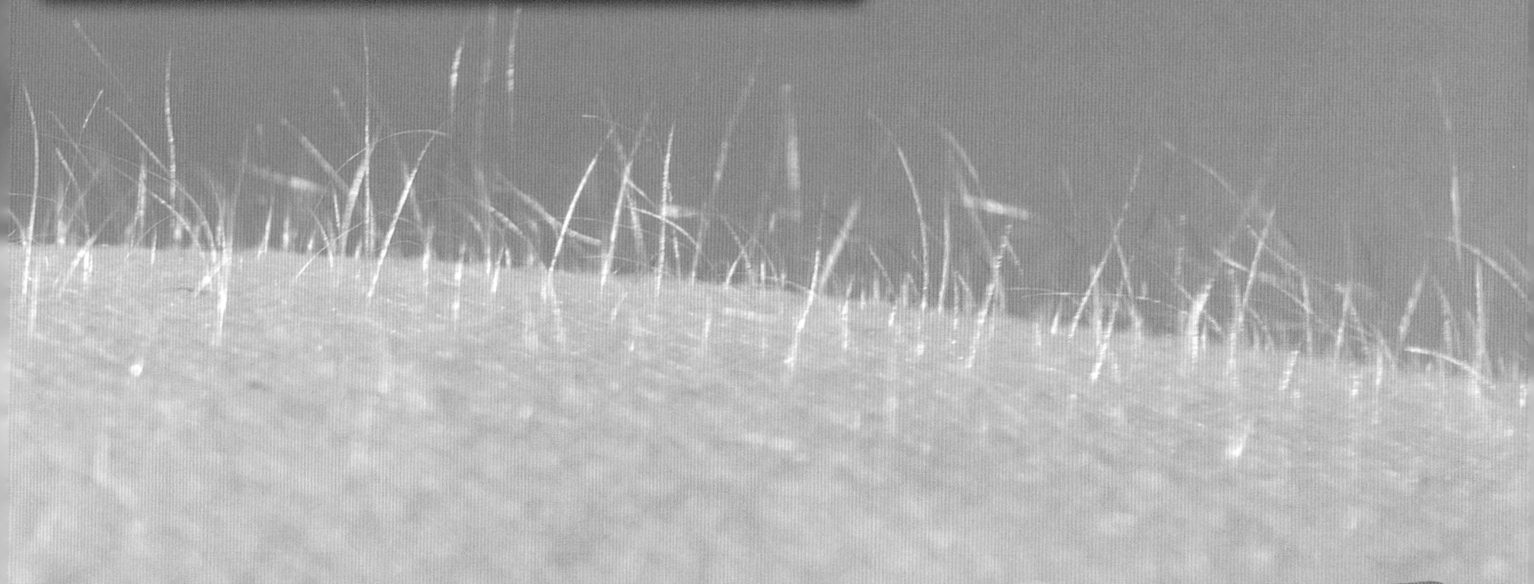

對或錯？

1 腎上腺素這種荷爾蒙，會令身體的毛髮躺平。

2 你的情緒能令你起雞皮疙瘩。

3 細小的肌肉放鬆時，能令毛髮豎起來。

請翻到第139頁查看答案。

為什麼我們需要眼眉毛？

眼眉毛能阻擋汗水流進眼睛，讓你保持清晰的視線！眼眉毛也能增強面部表情的效果，能表達各種不同的情緒。

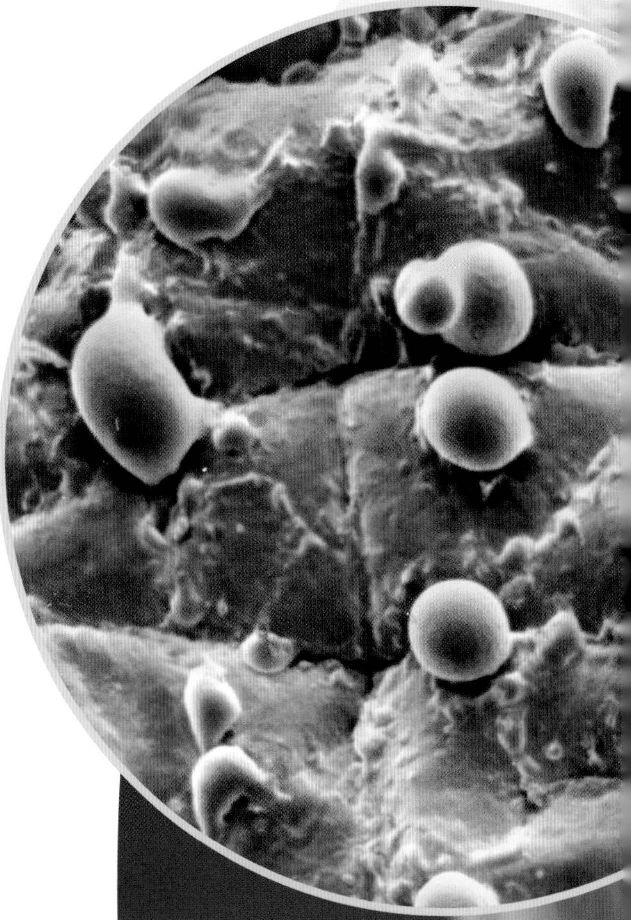

汗腺

汗腺位於皮膚，長長的捲成一團，能分泌汗水，讓身體冷卻。身體有超過400萬條汗腺。

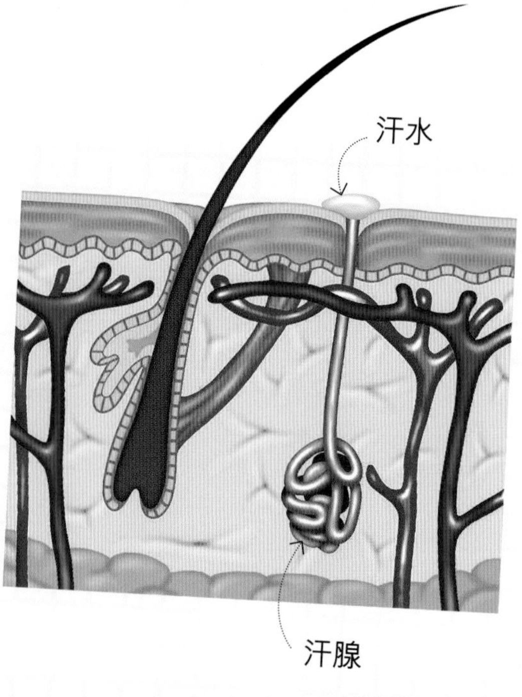

眼眉能展示出什麼表情？

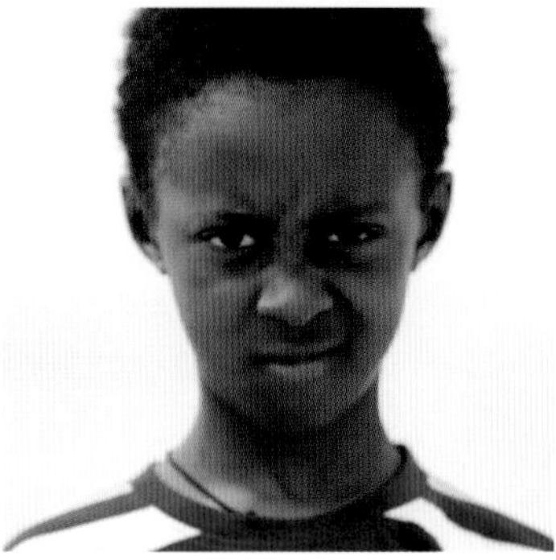

皺眉

當你不喜歡某件事情時，可能會皺眉。縮起眉毛就能做出皺眉的表情。

揚眉

當你揚起眉毛，看起來像很驚訝。有時你也沒為意自己做了這樣的表情呢！

眉毛一共有超過1,000條呢！

降溫

當你身體越來越熱，皮膚上的汗水就會蒸發，由液體變成氣體。身體的熱力轉化成為汗水，而當汗水蒸發，身體就能降溫了。

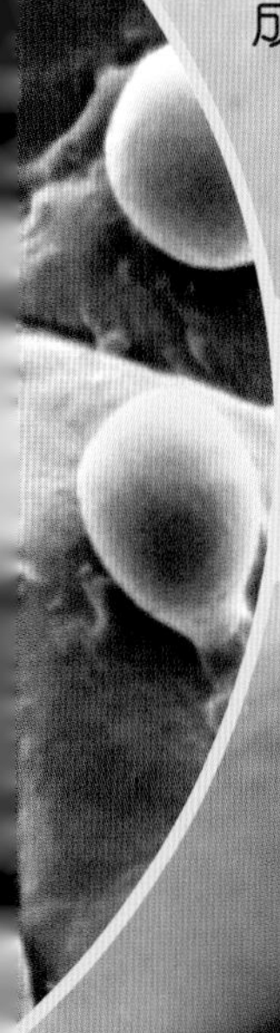

流汗

當你感到炎熱、緊張，或做運動的時候，都會流汗。汗水會跟皮膚上的細菌混和，所以會產生汗味。

對或錯？

1 牛在鼻子流汗。

2 腋窩比手臂有更多的汗腺。

3 揚眉的時候，表示你很傷心。

請翻到第139頁查看答案。

為什麼會耳朵脹痛？

當耳朵裏的氣壓改變，例如當你乘搭飛機在天上航行時，鼓膜可能會感到脹痛。鼓膜後的中耳負責平衡耳朵內外和周圍的氣壓，因此可能會感受到耳朵悶塞的感覺。

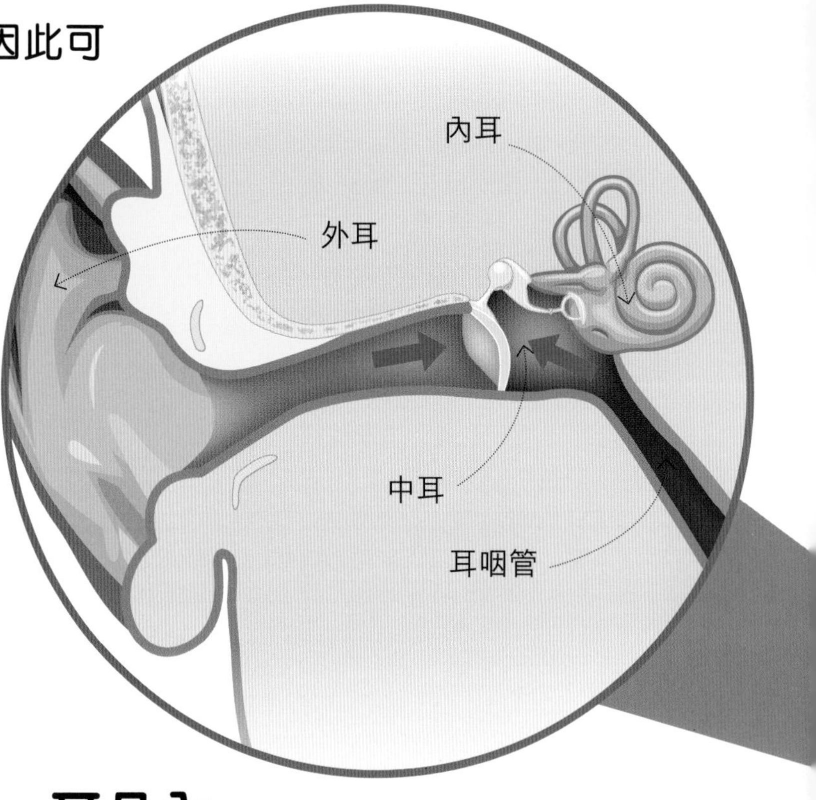

什麼是氣壓？

氣壓是在你周圍的空氣分子的重量。越高的地方，空氣分子會越分散，因此氣壓也就越低。例如在高空或山頂上，氣壓都很低。

耳朵內

耳咽管是鼓膜後的空間和口鼻之間的管道。當管道打開，空氣可以由中耳流動至喉嚨，這樣的空氣流動有助於平衡耳內的氣壓。

怎樣平衡耳內氣壓？

打呵欠

打呵欠的時候，空氣會由口部透過耳咽管流動至中耳。這會令耳內的氣壓等同外面的氣壓。

吞嚥

吞嚥的時候，耳咽管會打開，空氣可以流進中耳。這能平衡耳內耳外的氣壓。

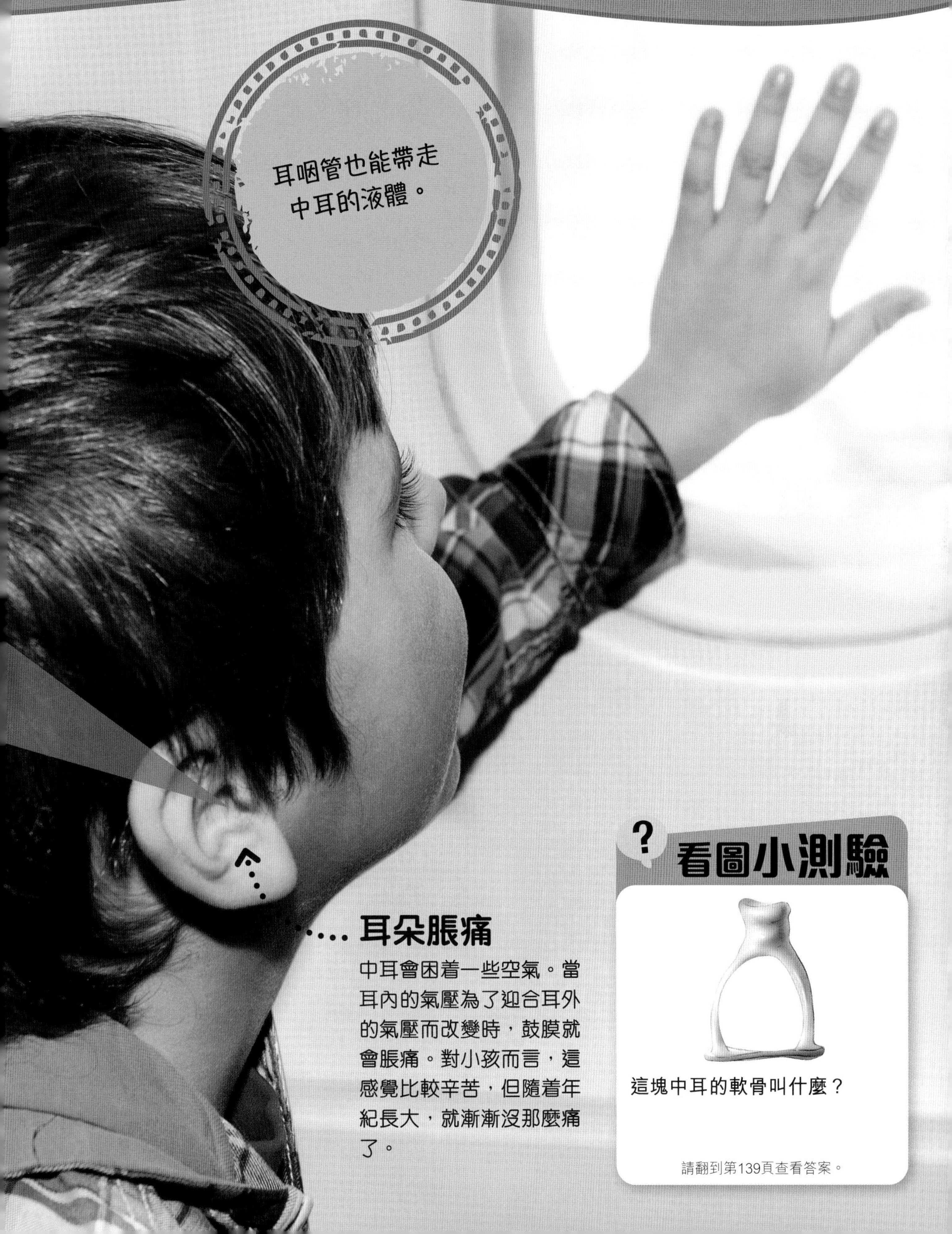

耳咽管也能帶走中耳的液體。

耳朵脹痛

中耳會困着一些空氣。當耳內的氣壓為了迎合耳外的氣壓而改變時，鼓膜就會脹痛。對小孩而言，這感覺比較辛苦，但隨着年紀長大，就漸漸沒那麼痛了。

? 看圖小測驗

這塊中耳的軟骨叫什麼？

請翻到第139頁查看答案。

健康的習慣

身體需要透過食物、氧氣和水來取得能量，只要有足夠睡眠，恆常運動和均衡飲食，就能保持身體健康。而心理健康跟生理健康同樣重要，我們會有不同的情緒，更重要的是我們各人的思考方式都不同。

為什麼我需要進食？

食物能提供能量，身體所有部分都需要它來運作。身體會將食物分解，然後將有用的化學物儲存在血液和細胞裏。細胞就可以將儲存的能量轉化為身體活動時所需的能量。

身體是怎樣製造能量的？

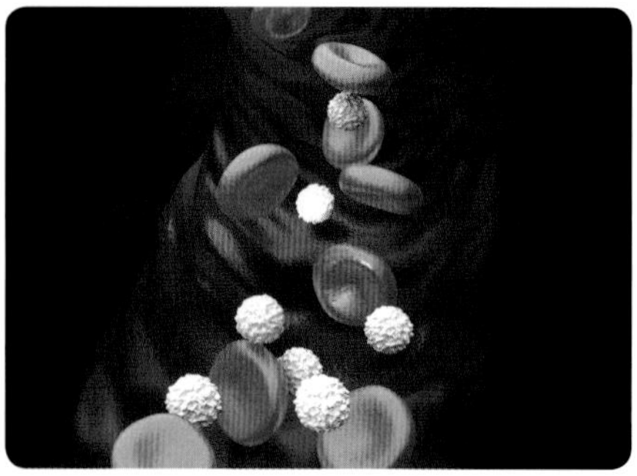

儲存了的能量

糖分以葡萄糖的形式在血液裏行走，為細胞提供能量。肝臟和肌肉也會儲存能量，過多的能量就會變成脂肪。

活動所需的能量

身體會用血糖來為細胞提供能量、控制肌肉活動。脂肪會轉化成葡萄糖，然後進入血液。

蛋白質

我們需要從肉類和雞蛋裏吸收蛋白質，來建構細胞和修復身體。這些食物也包含能製造能量的脂肪。

脂肪和糖

糖能讓身體迅速地得到能量，脂肪也能提供能量。不過，吃太多脂肪或糖，反而令身體不健康。

奶製品

奶製品例如牛奶和芝士，含有豐富的鈣質。牙齒和骨骼生長都需要鈣質。

碳水化合物

含有碳水化合物的食品包括：麵包、麵粉和飯。身體會將碳水化合物轉化為葡萄糖，這是身體主要的能量來源。

維他命、礦物質和纖維

這些都是能令身體各部分正常運作的營養素。纖維能幫助身體分解食物，並將廢物透過糞便排出體外。

? 看圖小測驗

身體過多的葡萄糖會儲存在哪裏？

請翻到第139頁查看答案。

呼吸作用

細胞會將氧氣（O_2）和葡萄糖轉化為活動用的能量，並產生二氧化碳（CO_2）和水（H_2O）。這個過程稱為呼吸作用。

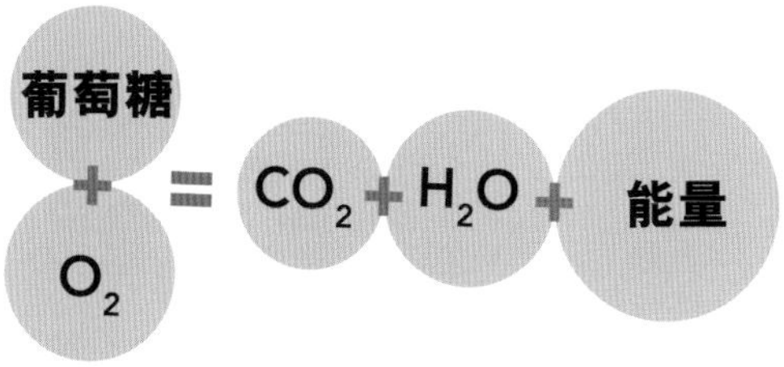

感覺良好

做運動的時候，大腦會分泌出一種令你感到愉快、放鬆和減少擔憂的化學物。運動也能令你有更好的睡眠。

? 對或錯？

1 攀爬能強化肌肉和骨骼。

2 運動會令肌肉變大。

3 運動會為你提供額外的卡路里。

請翻到第139頁查看答案。

燃燒卡路里

食物裏的能量，以卡路里為單位。過多的卡路里會儲存成身體的脂肪，運動能用掉這些身體不需要的額外脂肪。

更有活力

恆常的運動能鍛煉心肺功能，令心臟和肺部更強壯，能為細胞提供額外的氧氣和營養素。這會讓你感到更有活力。

做運動的時候，身體會怎樣？

運動對你的身心皆有裨益。運動時，身體會消耗從食物取得的能量，同時增強體魄。恆常的運動能增強心肺功能，為你提供更多能量，也能減低生病的機會。

增強肌肉

運動能增強肌肉，越是鍛煉肌肉，它們便越是強壯，你使用肌肉的持久度也越長，不會輕易感覺疲累。若肌肉不常用，就會變小變弱。

我要多經常做運動？

每天也應該保持活動，做一些能令呼吸急促的運動，包括跳繩、跑步、踏單車或各種體育運動。做一些能增強肌肉和骨骼的運動也很重要，例如攀爬、揮球棒和拉筋等。

永保健康

運動能大大減低未來的健康風險，降低患上中風、高血壓、糖尿病、焦慮症、抑鬱症、癌症和關節炎等疾病的機會。

當你活得豐盛時，會有以下表現：

享受生活

當你狀態好，很容易投入興趣和活動，並享受其中的樂趣。你會對自己感覺樂觀正面，對人也友善，願意花時間與其他人相處。

良好人際關係

在精神健康良好的狀態下，你能開展和維持良好的友誼。有需要的時候，樂意向朋友請求協助，你的情緒也不容易被別人操控或左右。

表達感受

你會珍視自己的思想、意見和感受，願意跟別人分享和表達自己的情緒。雖然有時也會遇上困難，但你有信心能夠跨過。

精神健康是什麼？

精神健康是指一個人長時間的情緒健康，包括他的感受、行為、思想，以及與他人的互動。你可以從這幾方面了解自己的心理是否健康。

我感覺如何？

你的心理狀況好與壞，就會有相應的行為。以上左方的圖片是一些精神健康良好的象徵，右上方顯示的，則是一些精神健康欠佳時的情境。

當你活得艱難時，會有以下表現：

失去興趣

如果你常常感到難過或生氣，可能不再關心學校的功課，也會對自己的興趣失去樂趣。你也有可能不太想見朋友。

睡眠問題

如果你感到不開心或有壓力，可能會失眠。日間你可能會比平常更累，晚上卻會因為心中的憂慮而睡不着覺。

飲食模式失衡

你可能不會感到肚子餓，不再享受食物。另一方面，也有可能變得暴飲暴食，或只想吃甜的食物，因為甜食能短暫地令你感覺好一點。

可以怎樣改善精神健康？

正念靜觀

多留意你的感受，花時間反省，專注在當下此刻，都能令你感覺良好。

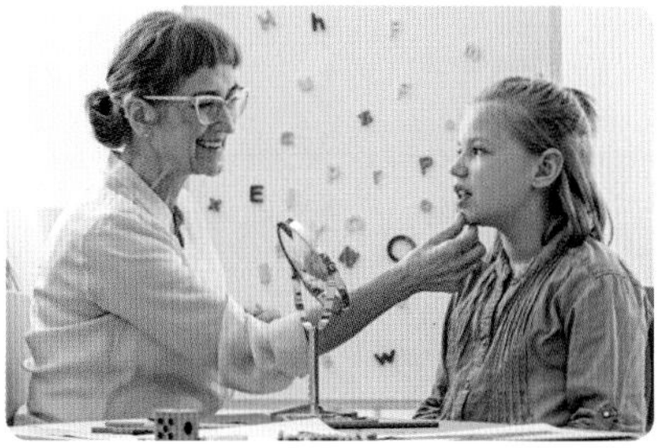

輔導

當你覺得有需要時，跟專業人士聊聊也是一個改善精神健康的好方法。

? 考考你

1 說出一個能改善精神健康的方法。

2 說出一個代表你精神健康良好的象徵。

3 說出一個代表你心裏正在艱難前行的徵兆。

請翻到第139頁查看答案。

為什麼我會感到快樂和傷心？

當你享受一些經歷時，你會感覺良好，因而產生快樂的情緒。當情況相反時，你會感覺受到傷害、恐懼或失望，這些都是傷心的情緒。

快樂

當你在做一些你享受的事情、感覺被愛、想起你喜歡的東西時，身體會分泌出快樂的化學物。大笑也會讓你感到快樂，試試吧！

需求金字塔

科學家亞伯拉罕．馬斯洛提出，可以利用以下這個金字塔來顯示人怎樣才會快樂。他指出人的需求是層層遞進的，滿足了底層的需要，就會需要更上一層。到達金字塔的越高層，就會越快樂，最頂層代表人的最佳狀態。

肯定自我，發揮潛能
達到目標，受到尊重
感受到家人和朋友的愛
擁有安全的家居和學校環境
擁有足夠的食物、水、睡眠時間、遮風擋雨之所

同理心是什麼？

明白其他人的感受，就是「同理心」。懂得表達自己的感受和理解別人的感受是重要的，因為這樣能讓別人感到被欣賞、愛和接納。

? 考考你

1 快樂的時候，大腦會有什麼變化？

2 你的感受有什麼用處？

請翻到第139頁查看答案。

傷心

經歷傷心和不快樂的情緒是很自然的事情。跟別人談談你的感受和大哭一頓，都能令你舒服一點。

人類是唯一一種會在傷心時流淚的動物。

肥皂是怎樣殺死病菌的？

用肥皂加水清洗身體，肥皂就能清除皮膚上的病菌。肥皂能破壞病菌（例如病毒和細菌），將它們團團圍住，連水沖走。病菌如果不清除，可能會引致你生病啊！

我看不見病菌，它們真的存在嗎？

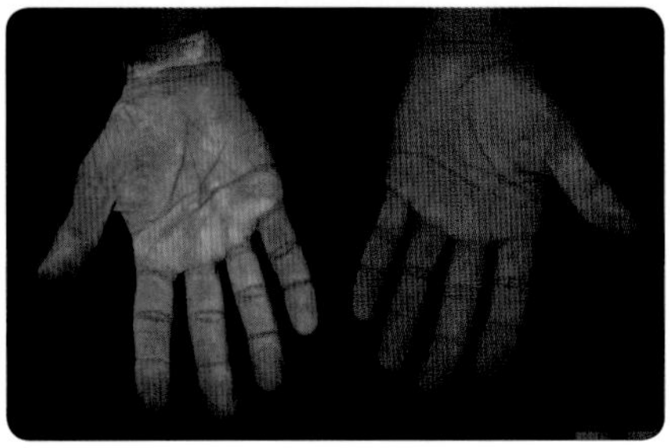

在紫外光下，病菌就會現形，呈現出藍色。藍色的手是未洗的，可見滿布病菌。粉紅色的手是用肥皂和水洗過的，證明上面沒有病菌。

吸引

肥皂裏有些細小的粒子，粒子的尾巴會被病菌吸引。即是說，肥皂粒子會向病菌移動，並黏在病菌上。

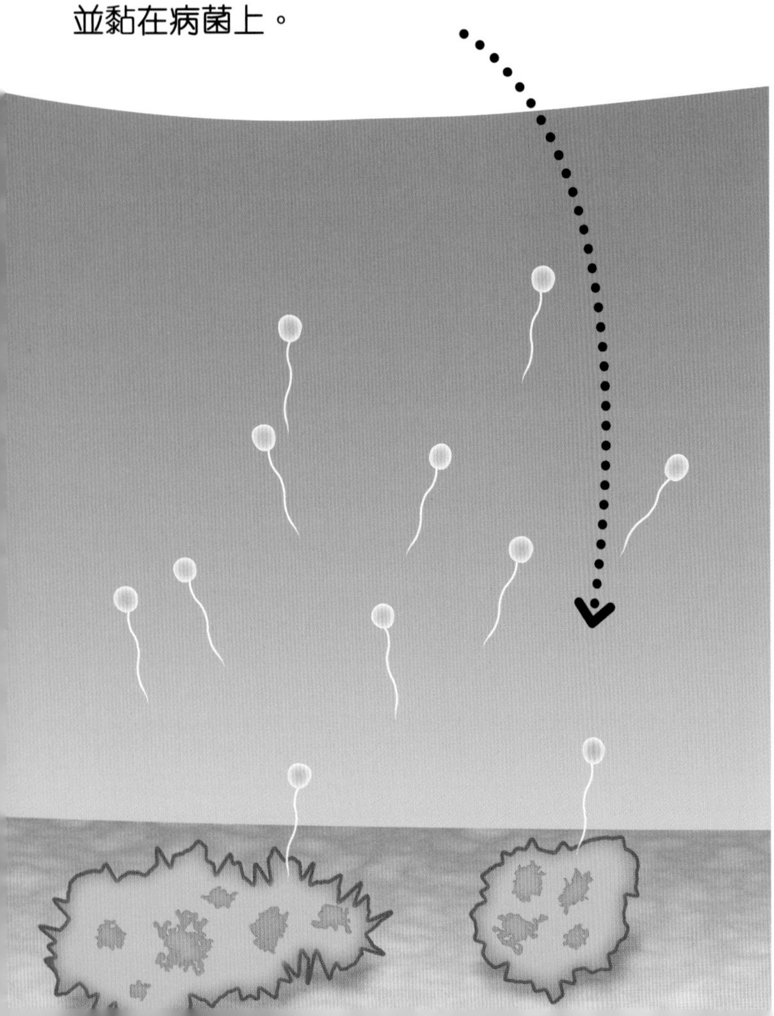

提起

當許多肥皂粒子黏在病菌上，就能將病菌提起來，移離皮膚。肥皂粒子的尾巴會插進病菌中，破壞它們。

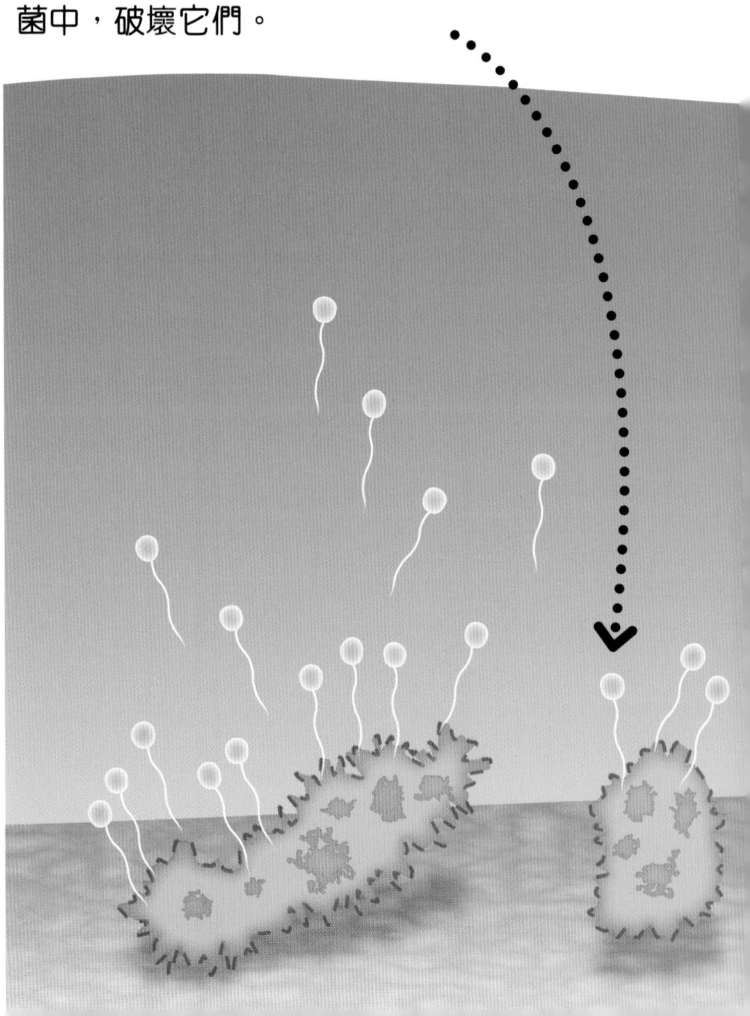

要怎樣正確洗手？

盡量用梘液和水洗手至少20秒。記緊要把雙手的每個地方都洗乾淨。

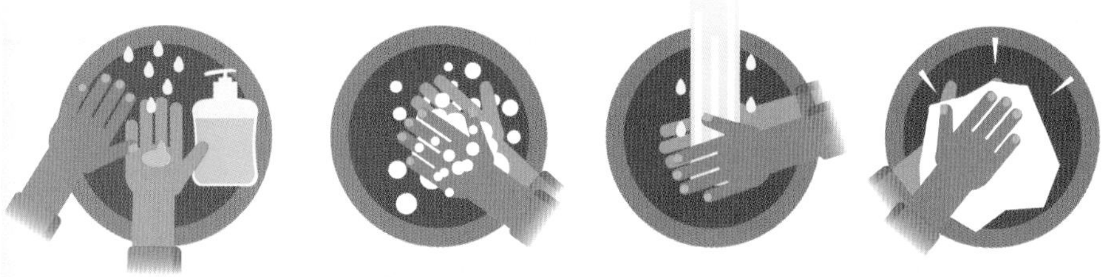

1. 用水沾濕雙手，加入梘液或肥皂，搓手至起泡。
2. 確保洗淨雙手、手掌、手指和手腕。
3. 用清水徹底洗淨肥皂和泡沫。
4. 以乾淨的毛巾抹乾雙手。

看圖小測驗

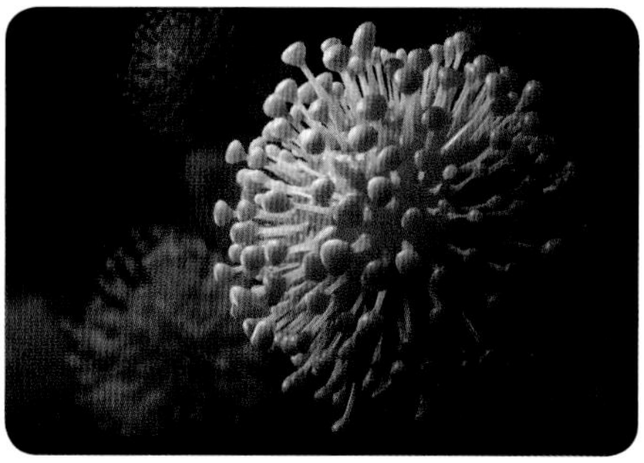

這是哪一種病菌？

請翻到第139頁查看答案。

圍繞

當肥皂粒子圍繞着每一顆病菌並將它們提起，它們就會互相排斥，浮在水中。

移走

當用清水徹底洗淨手上的肥皂，浮在水中的病菌就會隨水沖走。你的雙手就潔淨了。

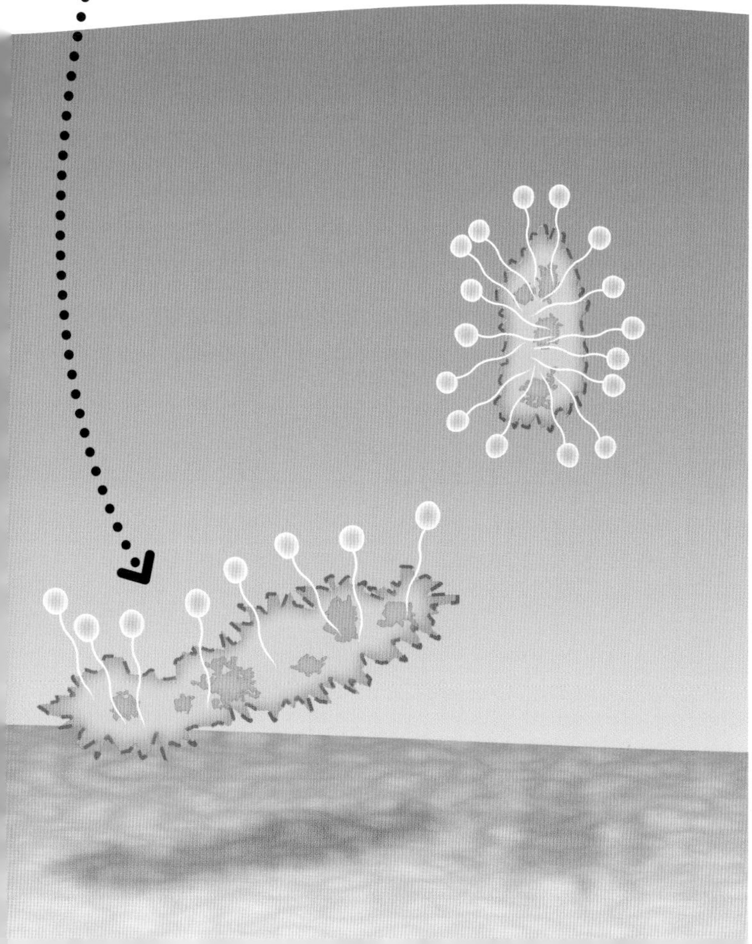

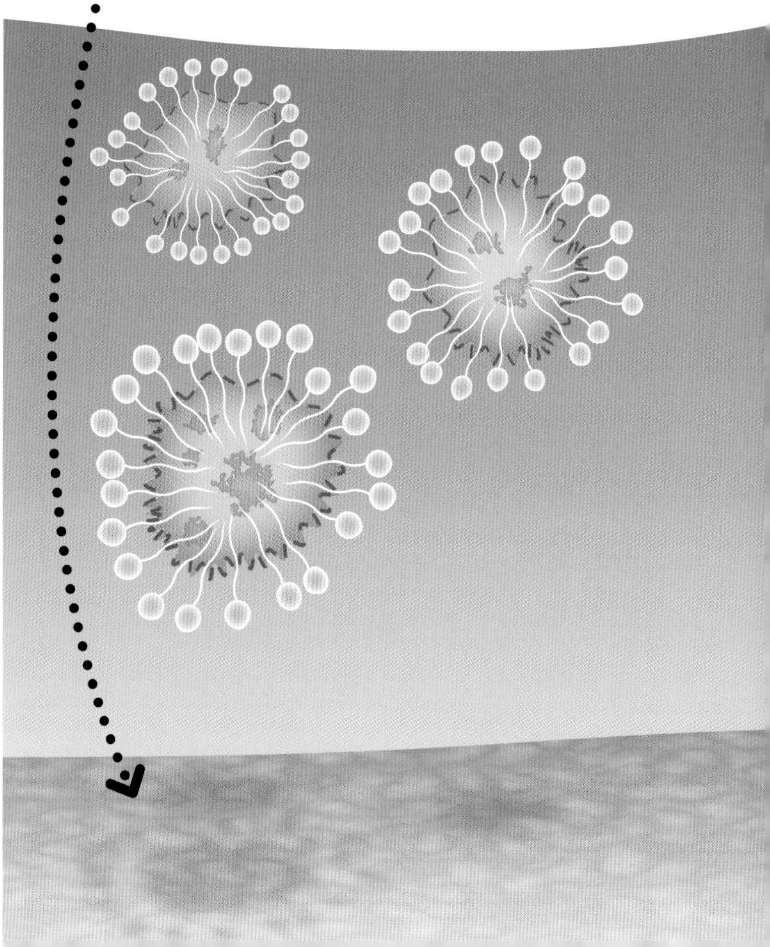

為什麼大家思考的方式不一樣？

我們每個人與生俱來都有不同的性格，以不同的方式思考。你的大腦怎樣運作，也會影響你怎樣學習和怎樣與別人相處。

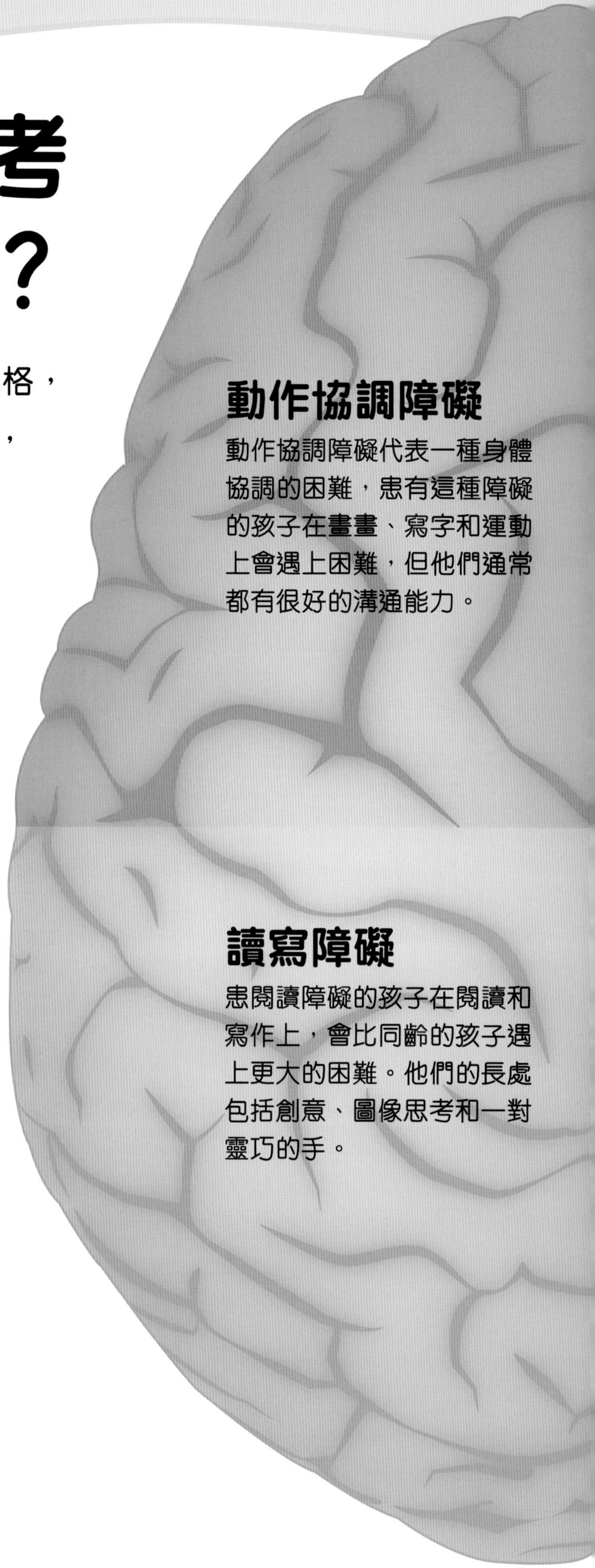

動作協調障礙

動作協調障礙代表一種身體協調的困難，患有這種障礙的孩子在畫畫、寫字和運動上會遇上困難，但他們通常都有很好的溝通能力。

讀寫障礙

患閱讀障礙的孩子在閱讀和寫作上，會比同齡的孩子遇上更大的困難。他們的長處包括創意、圖像思考和一對靈巧的手。

唐氏綜合症

患唐氏綜合症的孩子會有學習障礙，他們需要比其他孩子花更多時間才能學懂某項技能。他們跟其他人一樣，也有自己的個性、喜歡和不喜歡的事物。

自閉症

嘈雜的聲音和明亮的光線可能會令自閉症的孩子感到不適。他們不容易理解別人的感受，但專注力和記憶力通常都很好，也很能留意細節。

專注力失調及過度活躍症

專注力失調及過度活躍症的孩子精力充沛，他們很容易分心，很難專注一事，有時也會比較衝動。但他們通常都很有創意。

家庭會怎樣影響我的思考？

家規

家人的行為會影響你的想法，也會影響你怎樣對待別人。我們會從家人身上學習怎樣處事和表達情緒。

核心信念

若向孩子表達愛和尊重，他們成長中就能感受愛和建立自我價值。若孩子成長時被惡待，他們長大後的自我價值也會較低。

? 考考你

1 讀寫障礙會怎樣影響孩子的閱讀能力？

2 有什麼外在因素會影響你的思考模式？

請翻到第139頁查看答案。

年紀越大，會發生什麼變化？

年紀漸漸增長，身體也會產生變化。隨着時間過去，身體裏的細胞會變弱，失去自我修復和取代的功能。衰老是人類很自然的過程。

怎樣修復那些不能自我修復的關節？

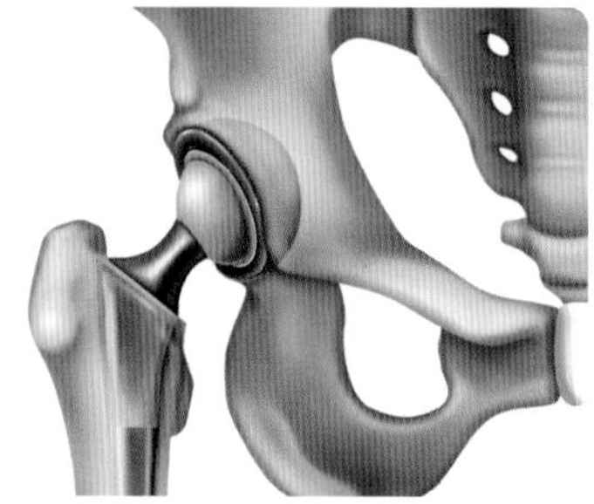

髖關節置換手術

手術會取走大腿骨頂部的部分，換入一塊金屬的替代骨。另外也會將一個碗狀的金屬臼放到髖部。

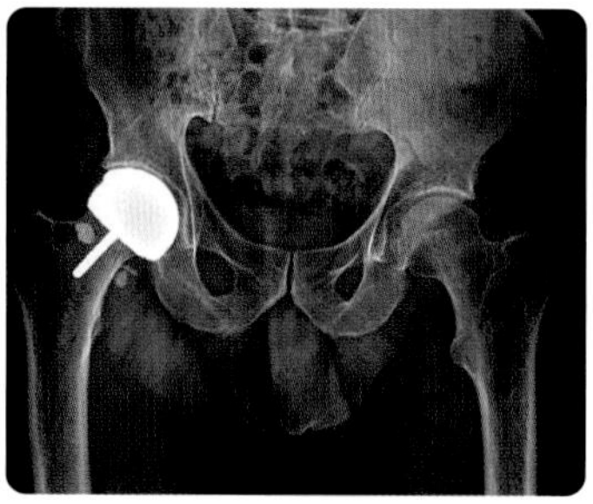

髖關節表面置換手術

移除髖關節受損的骨骼，放進金屬片，骨頭會沿着金屬片生長。

? 對或錯？

1 年紀越大，骨骼越容易斷裂。

2 年紀越大，皮膚會越來越多油脂。

請翻到第139頁查看答案。

為什麼頭髮會變灰白？

令頭髮有顏色的細胞稱為幹細胞。隨着年紀增長，髮根周圍的幹細胞數量會下降，甚至會消失，所以新長出來的頭髮沒有顏色，看上去就像灰白色。

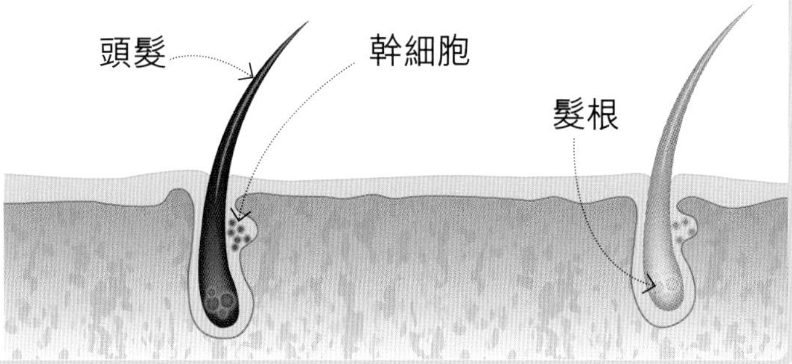

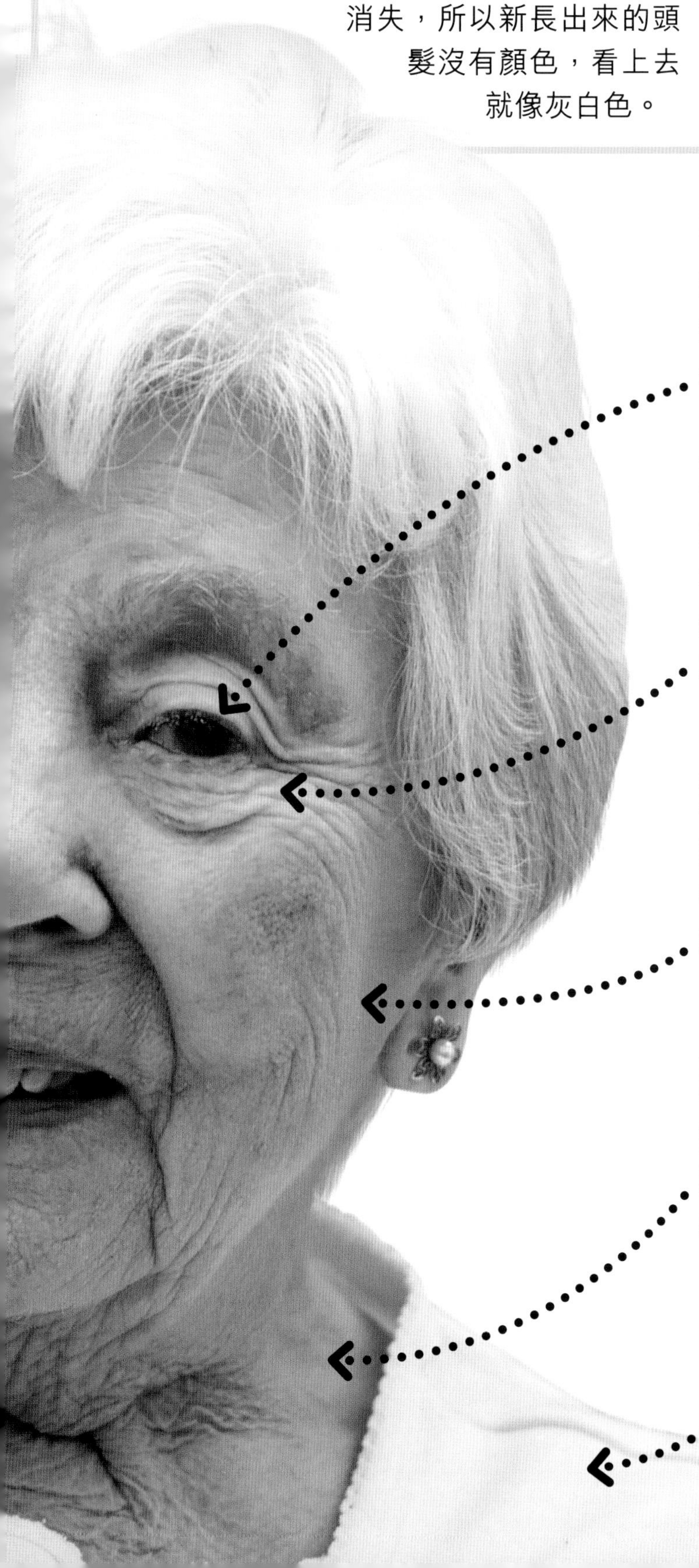

視力和聽力下降

眼睛和耳朵裏的肌肉和組織隨年月耗損，使視力和聽力下降。長者也更容易患有耳朵和眼睛的毛病。

皺紋

皮膚會越來越薄，膠原蛋白這種令皮膚有彈性的蛋白質也會減少。皮膚分泌的油脂會減少，所以皮膚會越來越乾。皺紋會出現在皮膚伸展的地方，例如眼睛和嘴巴附近。

精力減少

肌肉會失去力量和彈性，所以不能像以往那樣長期活動。生理時鐘也會隨着年紀而改變，睡眠會變少，身體也會更快感到疲倦。

關節僵硬

關節裏令動作流暢的軟骨和液體會減少，骨頭之間會開始直接磨擦，使關節僵硬，甚至疼痛。

骨骼脆弱

年紀越大，骨骼會流失鈣質和礦物質，因此會變得脆弱。所以長者跌倒的時候，會比較容易斷骨。

我們為什麼需要水？

　　身體需要持續有水的供應才能運作。身體每個部分都是由細胞組成的，而每個細胞裏都有水分。細胞的重要工作也需要在水裏進行，血液大部分都是水，才能在身體裏流動。其他體液裏也會有水，例如唾液、汗水和尿液。

為什麼我會感到口渴？

大腦負責監察身體的含水量，確保你有適當的水分。如果你需要更多水，大腦會令你感到口渴，提示你喝水；大腦也會吩咐腎臟減少排尿，減少水分的流失。

進水

身體裏大部分的水分來自你所飲用的飲料，你吃的食物也含有水分。當身體將食物和氧氣轉化為能量時，也會產生水分。

排水

多餘的水分會在大小便時排出體外。流汗時，水分會透過皮膚流失。呼氣時，水分也會透過呼出的空氣排出體外。

進水　排水

水佔了全身比例多少？

人體裏的水分比例，視乎年齡。新生嬰兒有大約4分之3是水分；年長的人則只有一半是水分。

身體內的水，就像海水那麼鹹！

細胞裏有多少水？

不同細胞的含水量也有不同，視乎它們的工作。肌肉細胞有4分之3是水分，但脂肪細胞只有4分之1是水分。

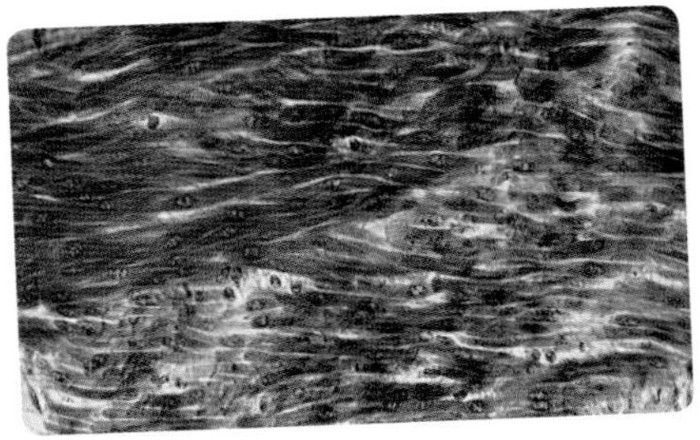

肌肉細胞

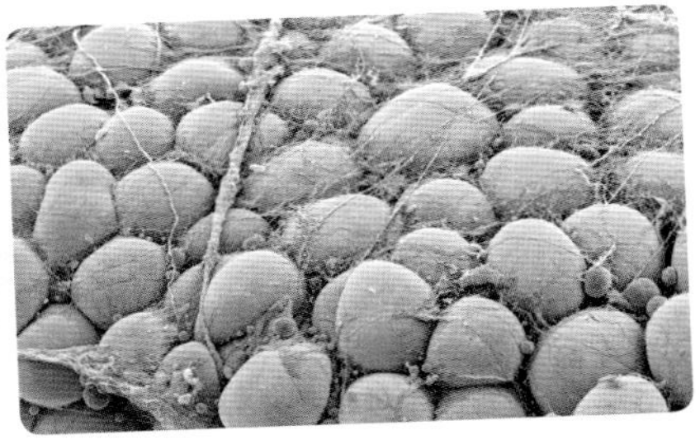

脂肪細胞

考考你

1 身體裏的水，藏在哪裏？

2 多餘的水分怎樣排出體外？

3 當你很口渴的時候，你的尿液會怎樣？

請翻到第139頁查看答案。

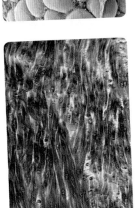

生理時鐘是什麼？

生理時鐘就是你體內自然的鬧鐘和日曆。你的器官會在日間不同的時候，減慢或加快運作速度，也有些功能會隨着季節而轉變。例如：早上的時候，身體會加快運作，令你保持清醒；夏季的時候，你的頭髮會生長得較快。

什麼是睡眠周期？

你睡着之後，會進入一個有不同狀況的睡眠周期。首先，你會跌入淺眠期，然後進入深眠期，再到輕眠期，然後終於開始做夢。這個周期每晚都會重複四至五次。

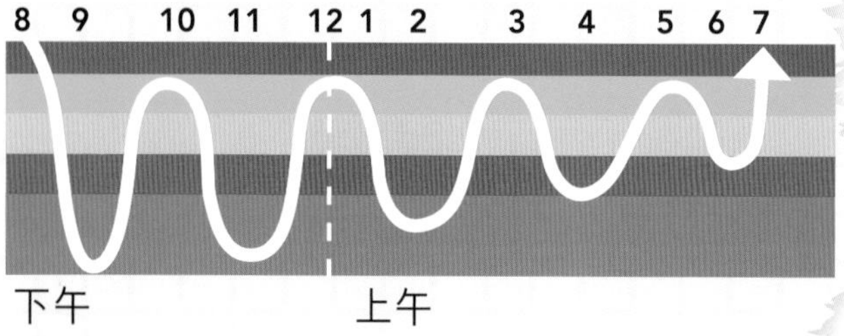

■ 清醒
■ 做夢
■ 輕眠期
■ 淺眠期
■ 深眠期

高度機敏

大約早上9時，是大腦思考和解難的最佳時機，這個時候上學和學習是最好的。

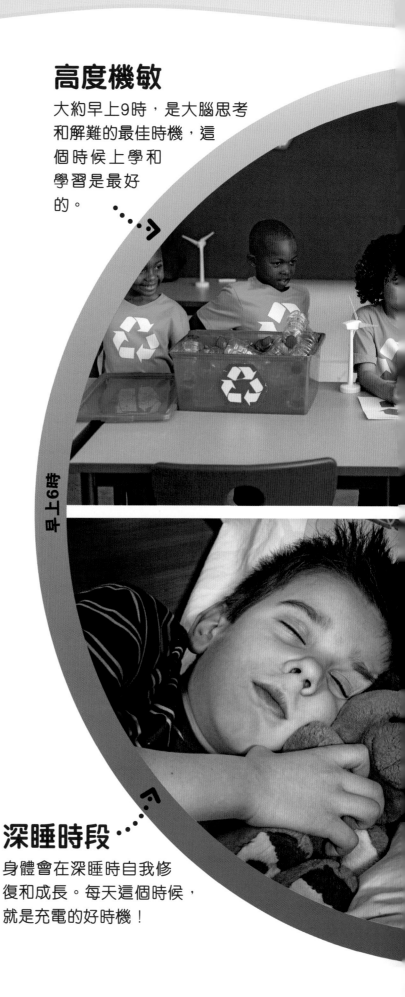

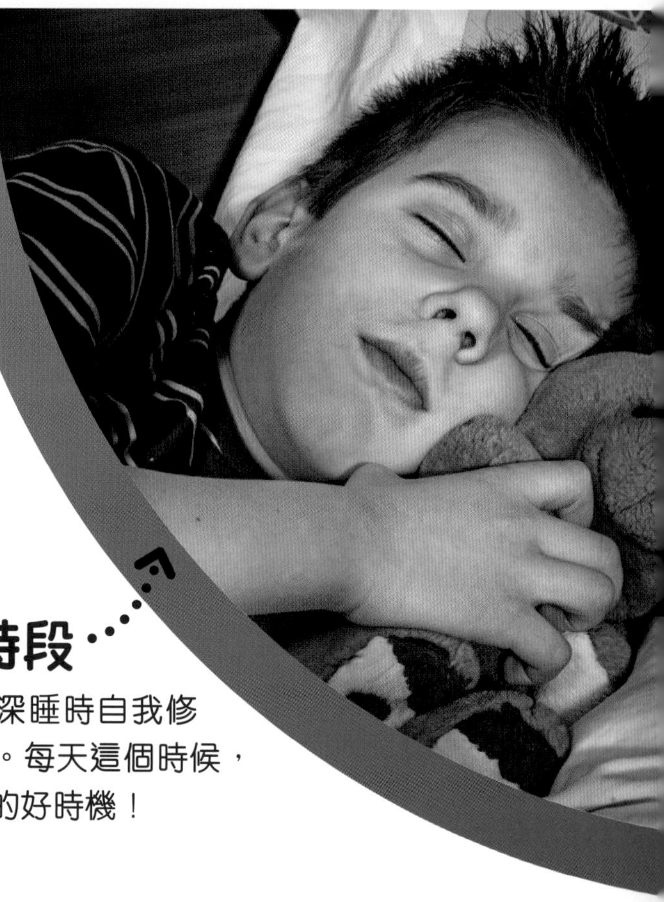

深睡時段

身體會在深睡時自我修復和成長。每天這個時候，就是充電的好時機！

中午12時

最佳協調

下午的時候，你的身體協調最好，意思是你能順暢地活動身體的不同部分。這個時候很適合打球，或動手畫畫和做手工。

下午6時

體力高峰

剛過下午6時，是血壓和體溫最高的時候。這是身體最活躍的時候，適合做體力活動，例如跑步。

感到睏倦

眼睛能偵測光暗，將信號傳送至大腦。這讓你知道每天日間有多長，你大約在每天的同一時間會開始感到睏倦。

環境變暗時，身體會分泌褪黑激素這種荷爾蒙，令人昏昏欲睡。

凌晨12時

在我睡覺的時候，大腦在做什麼？

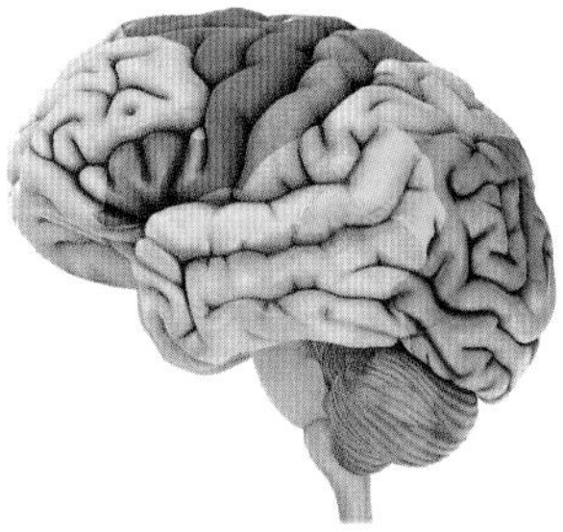

你睡覺時，大腦會整理日間透過五官所收集到的資訊。有些資訊會刪除，而有些資訊會儲存成為記憶。

對或錯？

1 頭髮在冬天的時候長得比較快。

2 新生嬰兒每天會睡19小時。

請翻到第139頁查看答案。

我害怕的時候，身體會怎樣？

當你感到害怕，身體會預備面對困難或逃跑，這就是「戰或逃」反應。大腦會將電子信號傳至身體各處，叫它們分泌化學物，預備身體的回應行動。

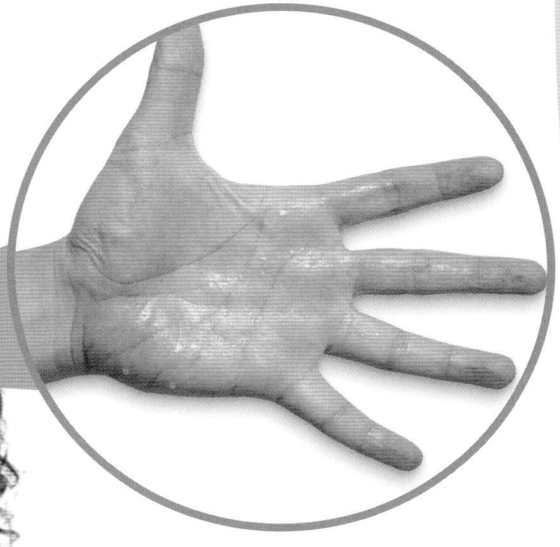

瞳孔放大

兩隻眼睛中心的黑點會變大，讓更多的光線進入。這樣你就可以把面前環境看得更清楚，去面對危險情況並計劃逃生。

手心冒汗

因身體發熱，所以要流汗來降温。手、腳和腋窩都有許多汗腺來排汗。

心跳加速

心臟會跳得更快，呼吸也會急促，好讓氧氣和血液能快速傳送至手腳的肌肉，這樣就能做好作戰或逃跑的準備。

消化變慢

腸胃裏的活動會減慢，消化中的食物也會減速移動。讓血液流到身體的其他部分，準備作戰或逃跑。

我的身體怎樣知道自己身陷險境？

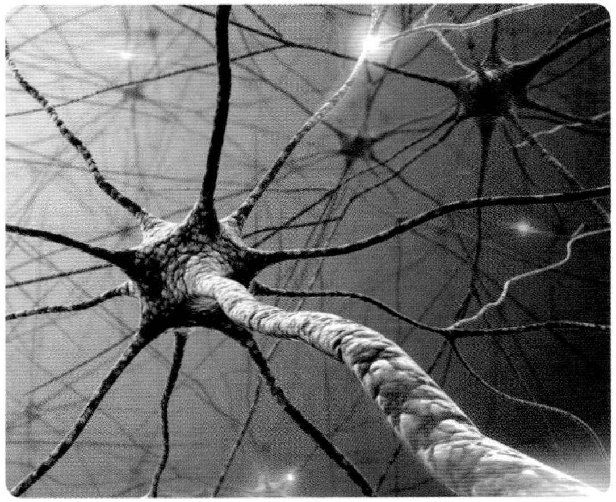

電子信號

五官收集到的資訊，會透過神經細胞將電子信號傳送至大腦。然後，大腦會另外傳送出電子信號，使身處各部分分泌出荷爾蒙。

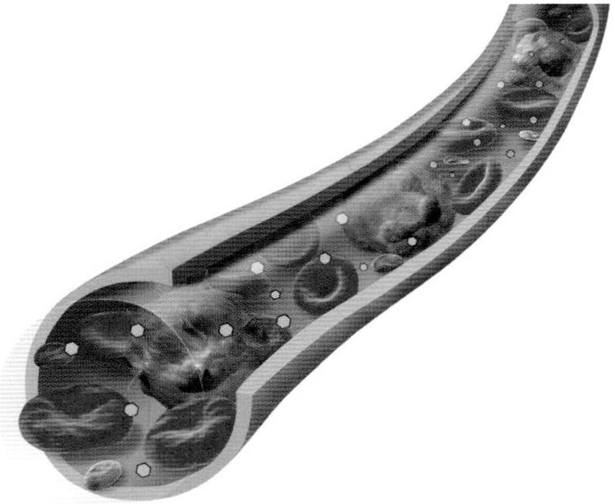

化學信號

這些荷爾蒙會改變我們身體運作的模式。腎上腺會分泌出腎上腺素這種荷爾蒙到血液裏，令身體準備好作戰或逃跑。

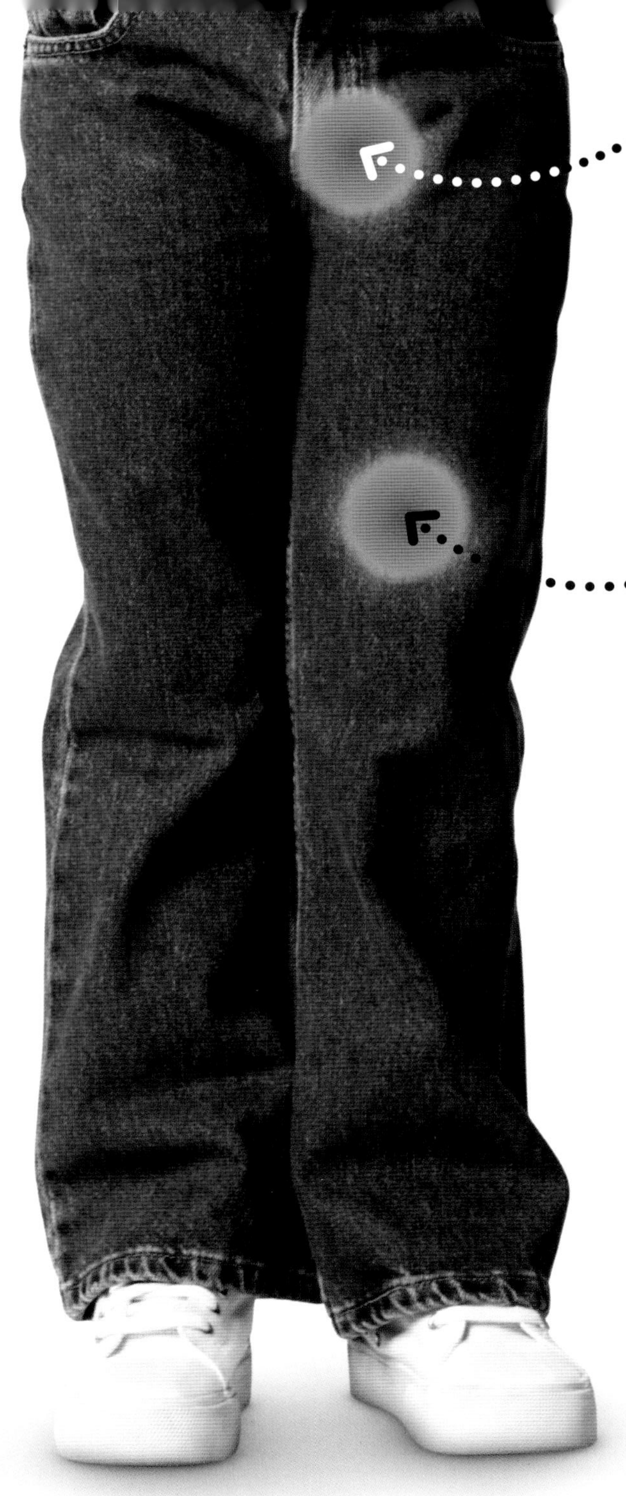

膀胱清空

負責控制膀胱的括約肌會放鬆，這就是為什麼有些人受驚的時候會尿褲子。

血管脹大

負責戰鬥或逃跑的肌肉裏的血管會脹大，好讓更多血液和氧氣能流過。大腦的血管也會擴大，令血液中的營養素可以幫助大腦加快運作和思考。

? 考考你

1 大部分的汗腺位於身體哪裏？

2 腎上腺素這種荷爾蒙能讓身體預備做什麼？

3 當你感到害怕的時候，消化系統會怎樣？

請翻到第139頁查看答案。

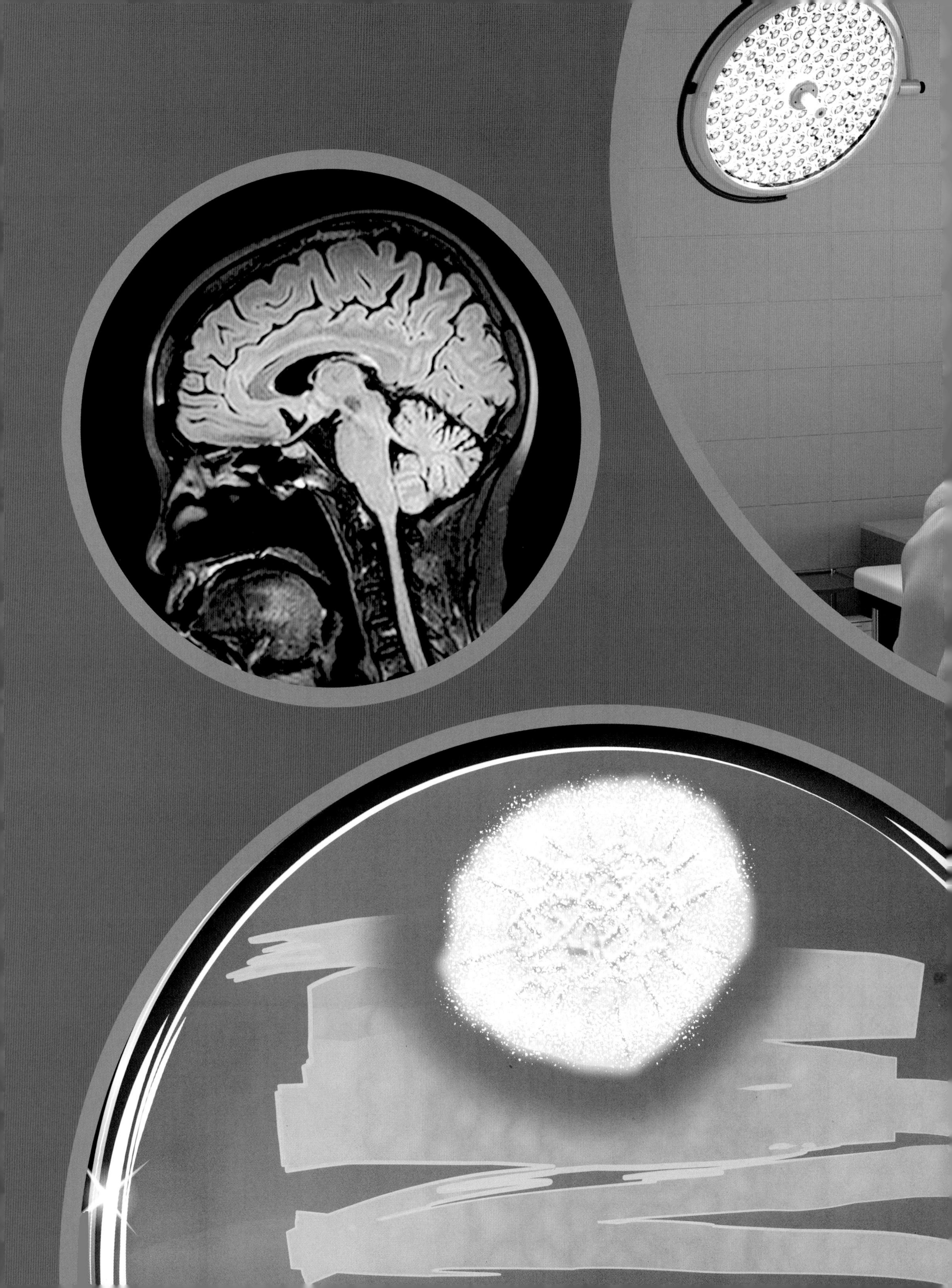

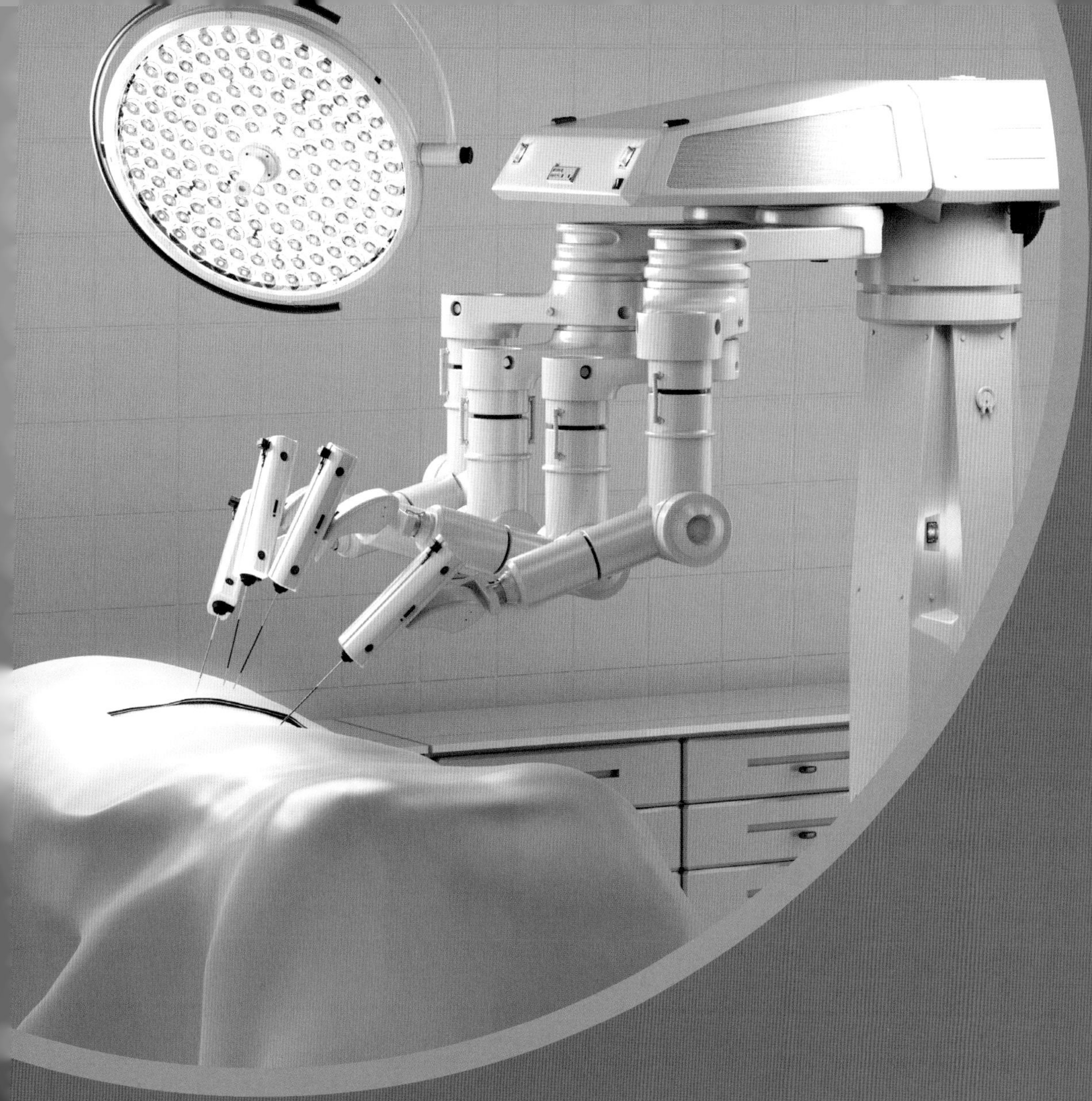

神奇的醫學

不論是仿生手，還是器官移植，醫學上的發明都徹底改變了我們檢測和修復人體的方法。如今，醫生可以用磁力來觀察你體內的影像，用抗生素來殺滅細菌，還能用機械人來做手術！

X光是怎麼一回事？

X光是一些看不見的光線，能穿過人體的軟組織，但會被較厚的組織，例如骨頭所吸收。在X光影像中，軟組織和空氣都會呈深色，但骨頭會呈白色。醫生可以透過X光影像來查看骨頭有沒有斷裂。

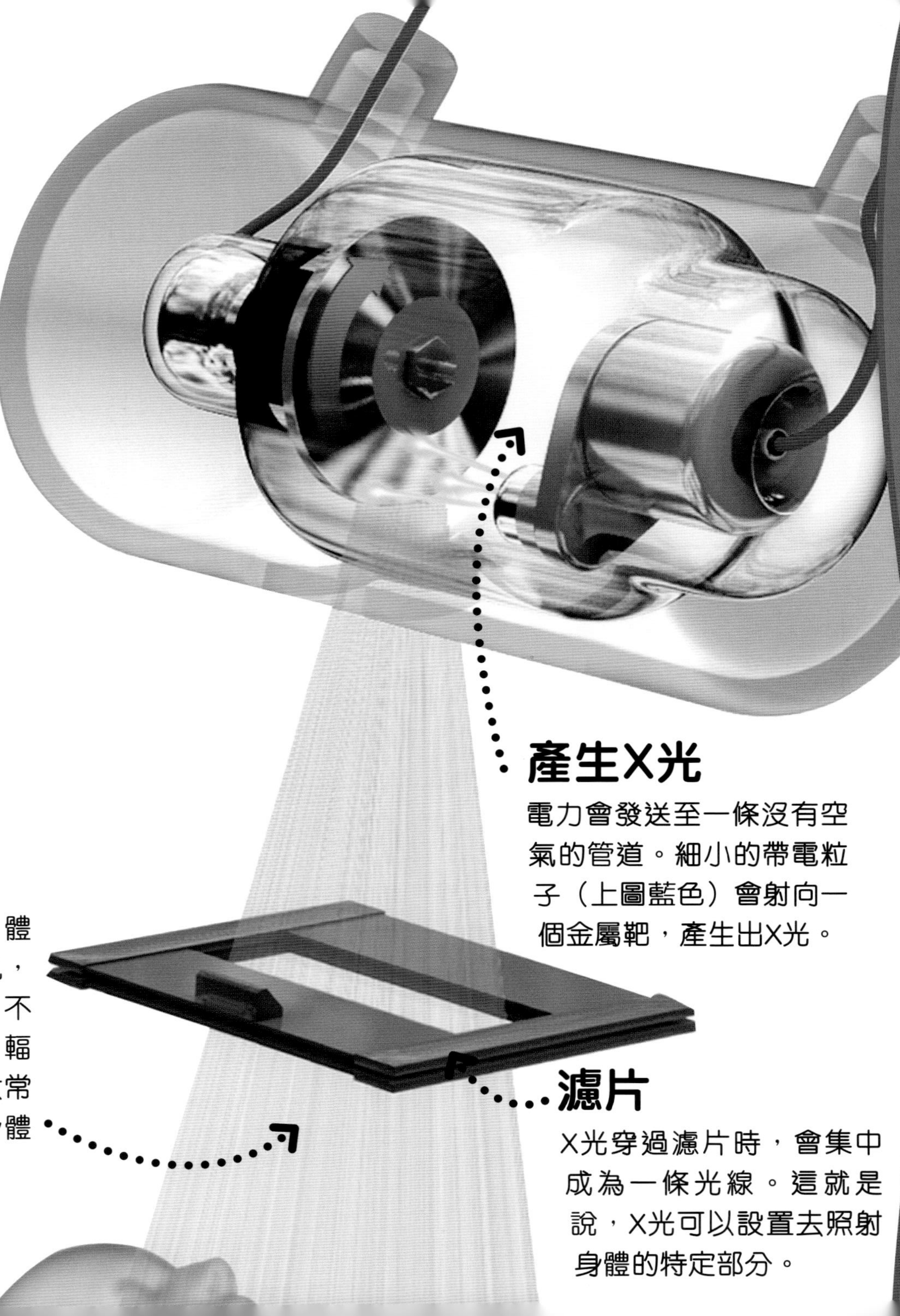

產生X光

電力會發送至一條沒有空氣的管道。細小的帶電粒子（上圖藍色）會射向一個金屬靶，產生出X光。

射線

當X光照射進身體時，是我們看不見，也感受不到的。不過，X光是一種輻射，就是說如果太常使用X光，會對身體有傷害。

濾片

X光穿過濾片時，會集中成為一條光線。這就是說，X光可以設置去照射身體的特定部分。

第一張X光影像是什麼樣子的？

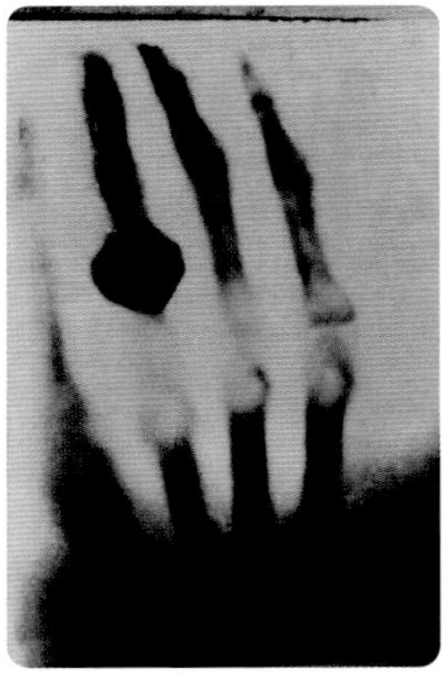

德國物理學家威廉·倫琴在1895年拍下第一張X光影像。這是他太太的手，影像顯示了她的手骨和金屬戒指。倫琴原本在研究另一種射線——陰極射線時，意外地發明了X光。

機場的保安系統也會用X光來檢查你的行李裏有些什麼。

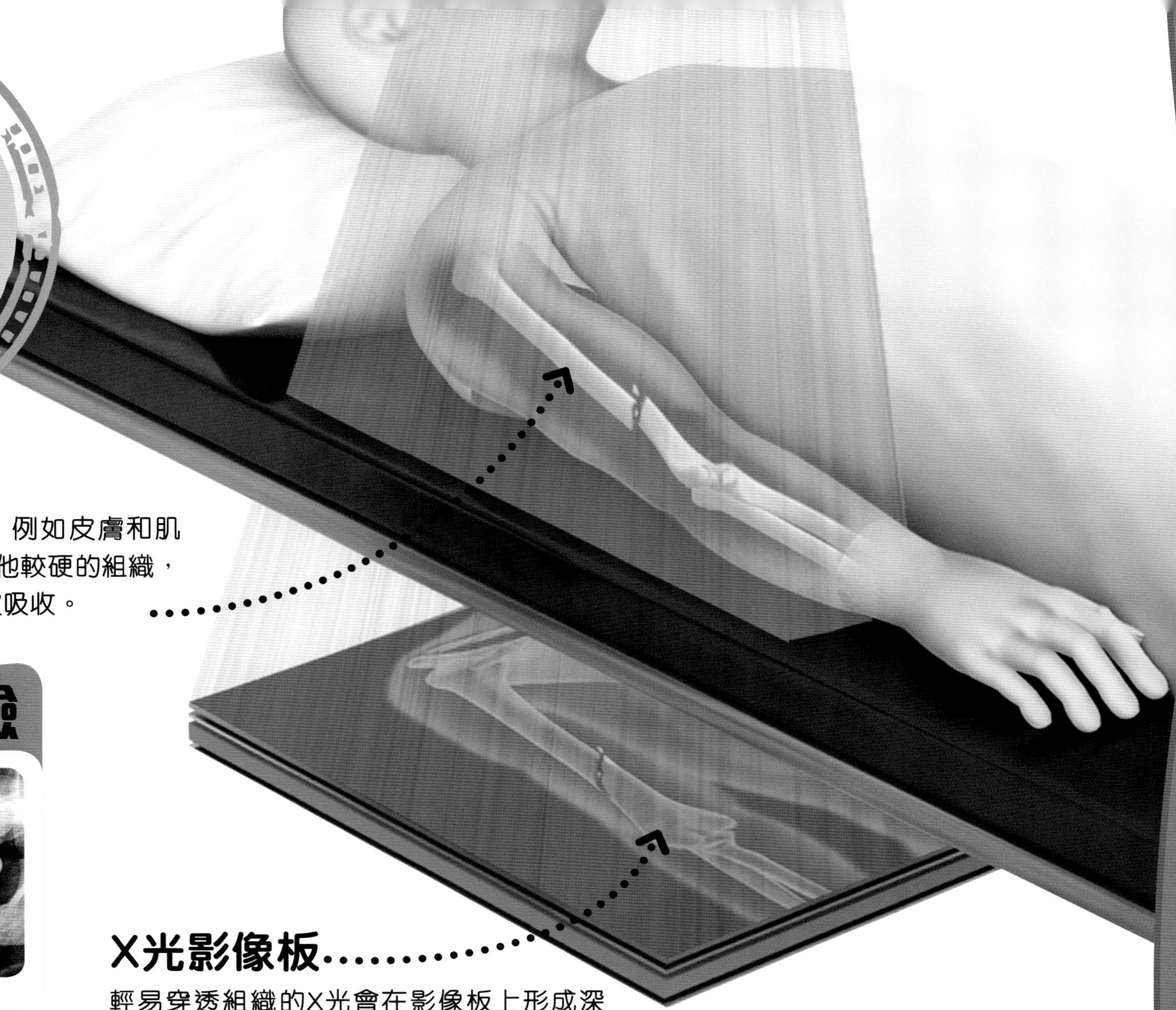

身體組織

X光能輕易穿透軟組織，例如皮膚和肌肉。然而，當X光經過其他較硬的組織，如骨骼和金屬時，則會被吸收。

X光影像板

輕易穿透組織的X光會在影像板上形成深色的影像，被硬組織吸收了的X光會在影像板上形成淺色的影像。X光影像上這些深色和淺色的地方，呈現出身體內部的2D平面影像。

? 看圖小測驗

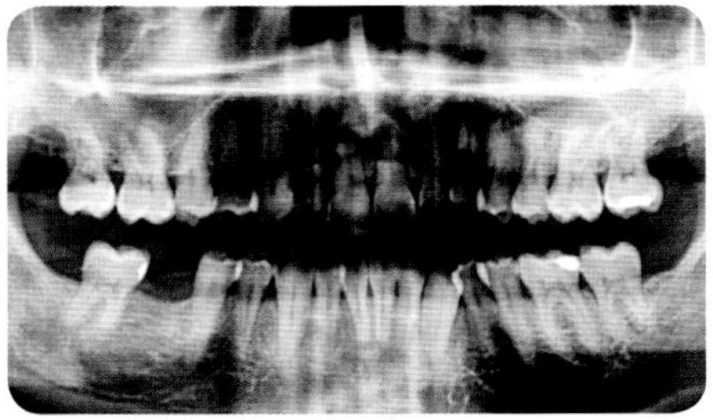

我們可以用X光來查看以下哪一樣事物？

a) 你的思想

b) 牙齒裏的洞

請翻到第139頁查看答案。

為什麼要接種疫苗？

疫苗能保護你對抗病毒，不致生病。疫苗是一種弱性的病毒，醫生把它放進你的身體，你的白血球就會產生對抗病毒的蛋白質，稱為抗體。

你也可以直接將別人的抗體放進身體裏，殺滅病毒。

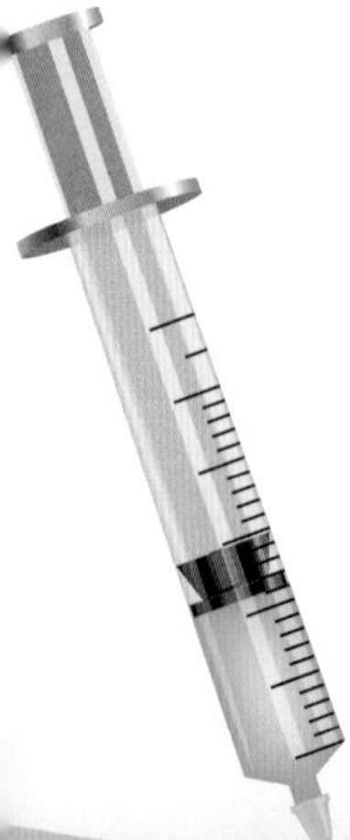

接種疫苗

將一種弱性的病毒打進血液或吞服後，身體會辨認出這病毒會對你不利，並開始產生抗體來對抗病毒。

產生抗體

白血球產生的抗體會依附病毒，將它殺滅。你的身體就會記住這種病毒，如果病毒再次來襲，身體也能迅速反應，產生抗體。

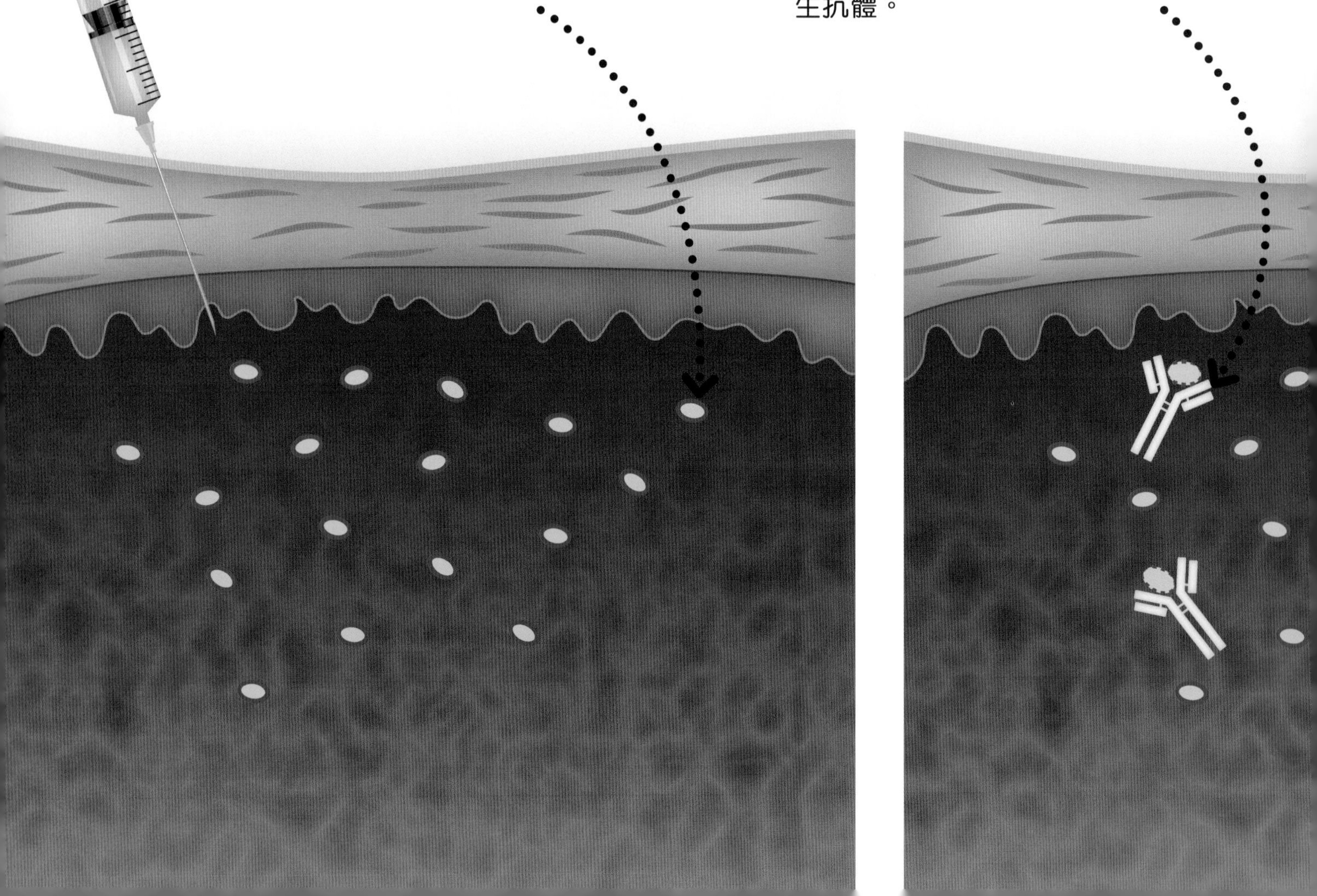

什麼是2019冠狀病毒病？

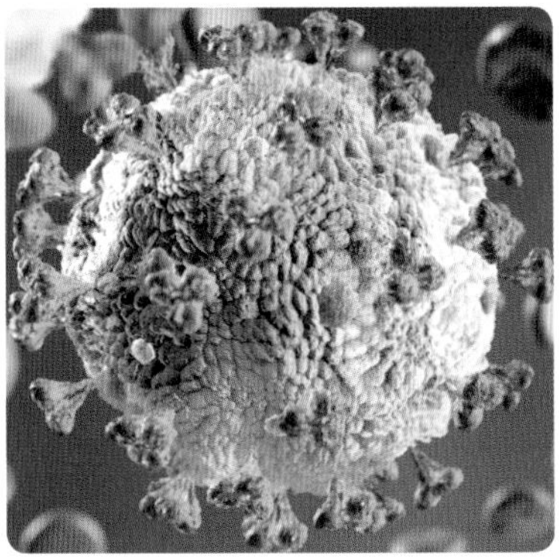

2019冠狀病毒病是一種由冠狀病毒引起的疾病，起源於2019年，容易透過咳嗽時的飛沫在空氣或物件表面傳播。全世界大部分輕症患者可在短時間康復，但約有5分之1是重症患者，需要到醫院接受治療。

第一種疫苗

第一種疫苗是由十八世紀一位名叫愛德華．詹納的醫生所研發的。他研發的疫苗是用來預防當時一種致死的疾病——天花。

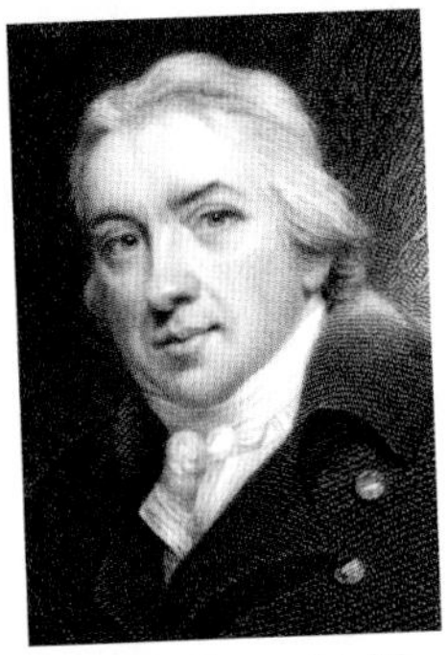

愛德華．詹納

考考你

1 抗體會做什麼？

2 哪一種血球負責對抗病毒？

3 可以怎樣接受疫苗？

請翻到第139頁查看答案。

免疫

如果病毒再次來襲，身體很快就能產生抗體，輕易打敗病毒。這就是有免疫力，代表你不會再被這種病毒引致生病了。

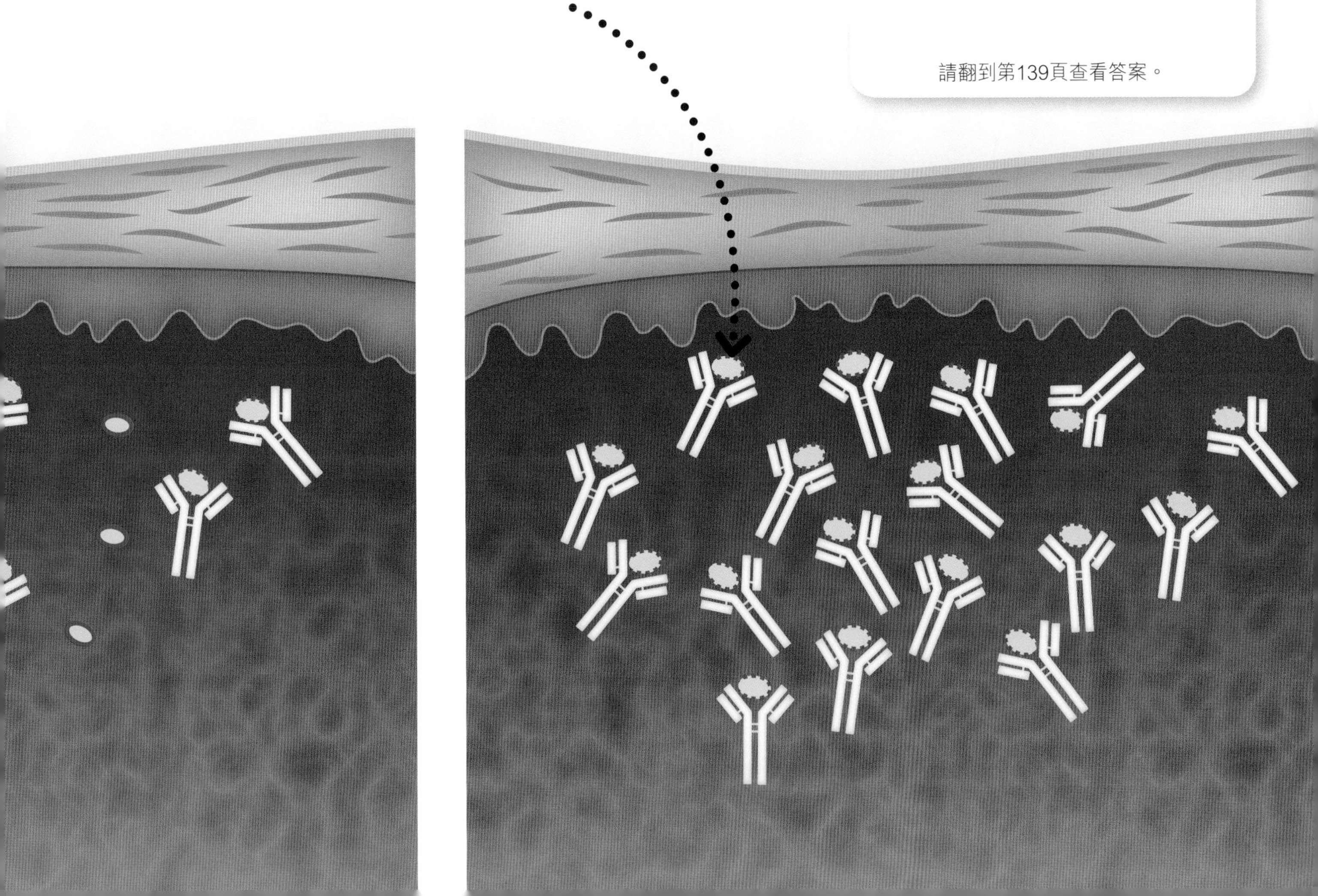

磁能顯示我身體裏的情況嗎？

能！醫生可以用磁力共振（MRI）來看看你身體裏的情況。磁力共振掃描是透過磁力來令你體內的原子按某個方法排列，然後發出無線電波信號。電腦能將信號轉化成影像，顯示你身體裏面的情況。

切片式圖像

磁力共振掃描器會收集身體在某一角度的切片式圖像，然後由電腦將所有圖像組成一個3D立體影像。

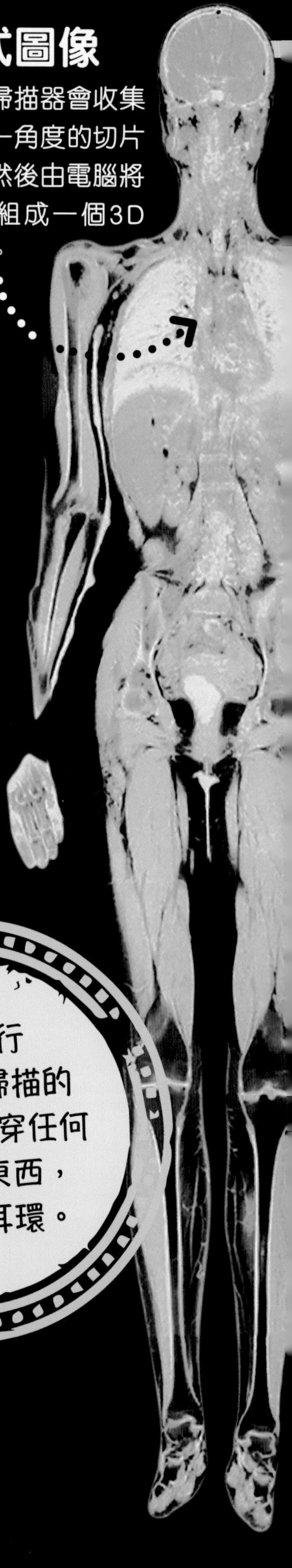

進行磁力共振掃描是怎樣的？

磁力共振掃描器是一個能讓你平躺進去的長形管道。掃描的時候，你要保持姿勢不要動。掃描器會上下移動，取得你身體裏的影像。掃描器的聲音有點大，而且會震動，但你在掃描過程中並不會痛。

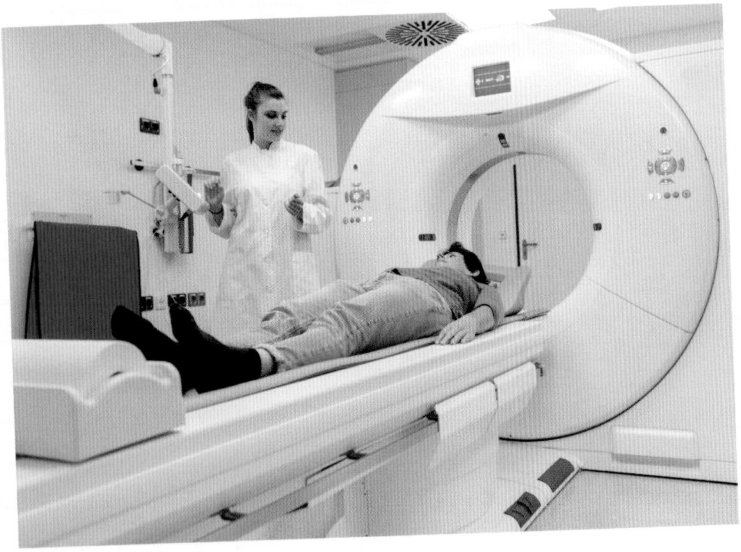

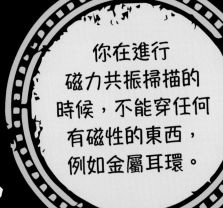

你在進行磁力共振掃描的時候，不能穿任何有磁性的東西，例如金屬耳環。

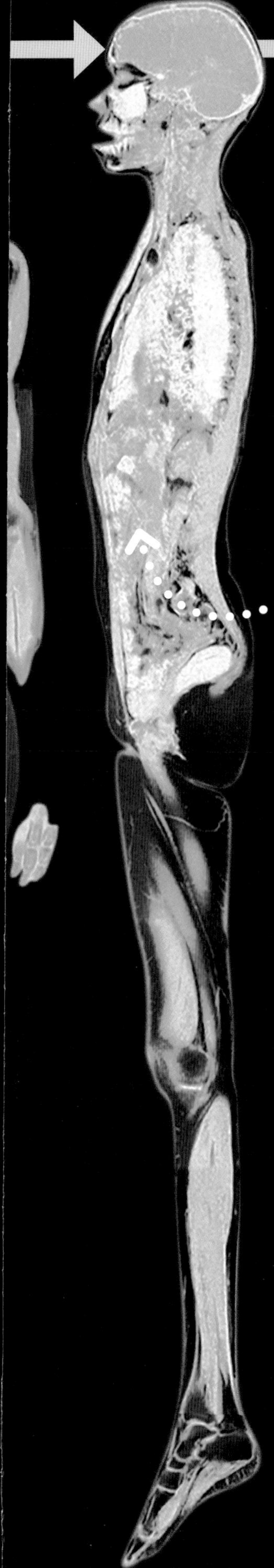

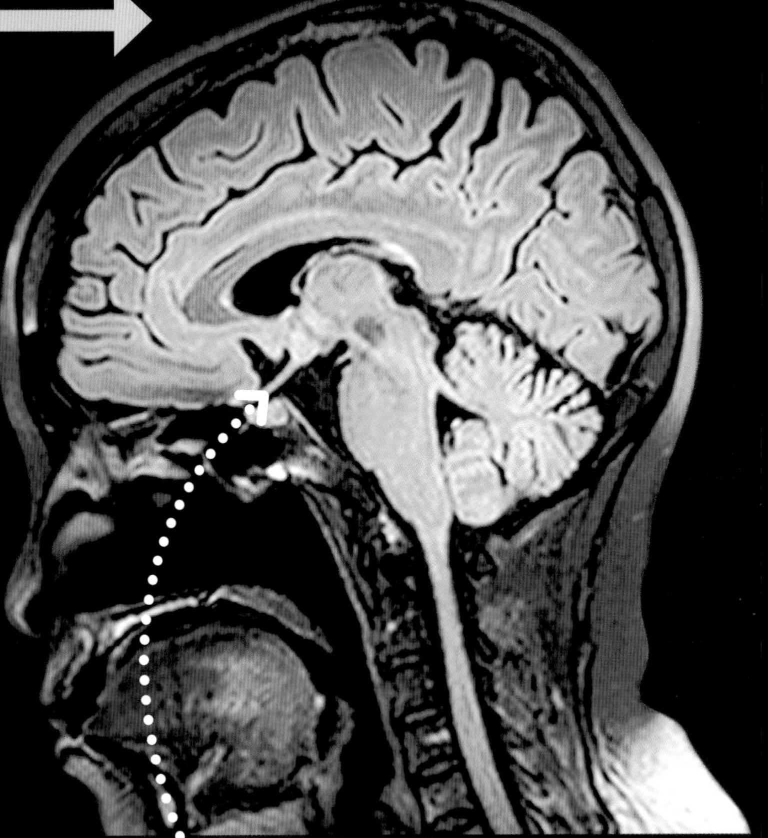

器官立體影像

磁力共振掃描器能掃描特定的器官，令醫生可以看見整個器官，例如大腦。

不同顏色

掃描時，身體裏的不同組織所發出的無線電波都稍有不同。電腦會填上不同的顏色，令醫生可以分辨身體的不同部位。

清晰圖像

磁力共振能展示出你體內情況的清晰圖像。這就是說，醫生不用開刀，都能知道你身體出了什麼狀況。

還能怎樣查看身體裏的情況？

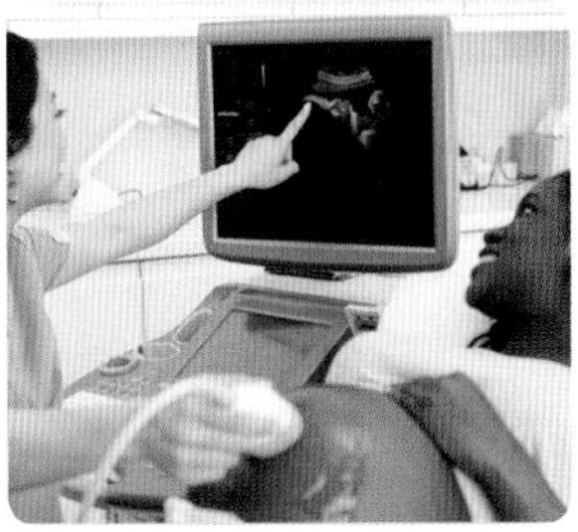

超聲波

掃描器會把聲波傳送體內。聲波遇上體內的固體就會反彈，形成影像。例如可以看到孕婦肚裏的胎兒。

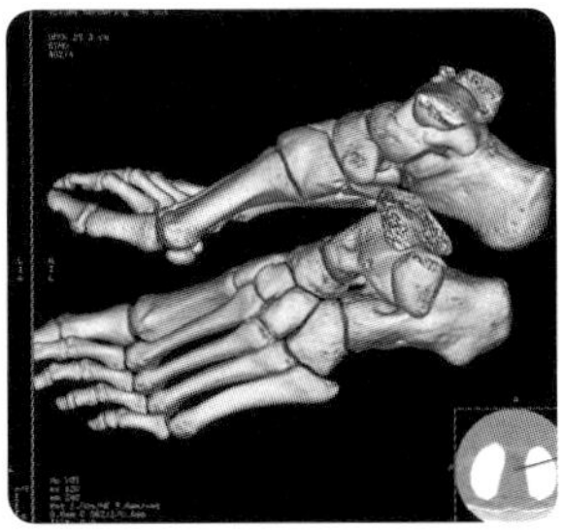

電腦斷層掃描

電腦斷層掃描會以不同角度向身體發出X光，然後由電腦整合成3D影像。

? 考考你

1 MRI是什麼意思？

2 為什麼要拍攝身體內的情況？

3 進行磁力共振掃描時，身體會釋放出什麼電波？

請翻到第139頁查看答案。

抗生素如何殺死細菌？

抗生素有很多種，它們都是由真菌和細菌製成的。抗生素能對抗一些會令你生病的細菌（即病菌），把它們殺死。或是減慢細菌速度，令身體有足夠時間打敗它們。但抗生素並不能殺死病毒。

滅菌區

這個區域沒有細菌，因已被盤尼西林殺滅。任何在這裏生長的細菌若接近了盤尼西林，都會被殺滅。

什麼是超級細菌？

隨着環境改變，細菌也會隨時間改變，試圖生存。偶然，抗生素也殺滅不了超頑強的細菌。這些細菌會生存下來，並自我複製，最後形成超級細菌，更難殺滅。

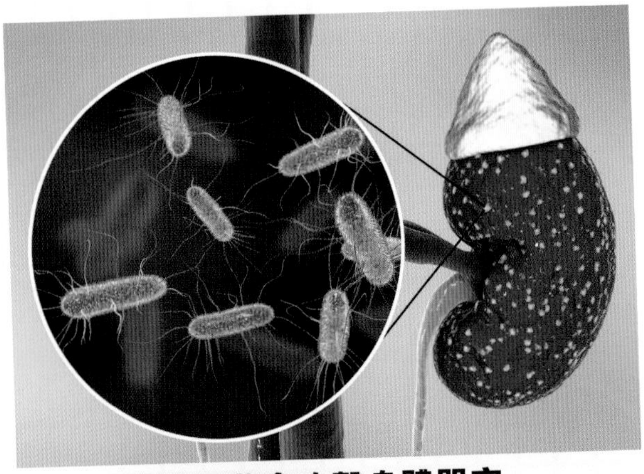

超級細菌會攻擊身體器官，例如腎臟，引致感染。

意外發現

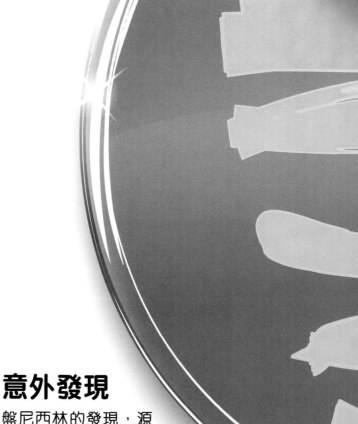

盤尼西林的發現，源於1928年的一次意外。科學家亞歷山大．弗萊明一天外出時，忘了蓋好細菌的培養皿，後來他發現其上生長了真菌，並殺死了細菌！

盤尼西林

這種抗生素又名青黴素，它會令細菌細胞壁變弱，使細菌爆破。醫生處方的盤尼西林，可以是藥丸或藥水，或打針注射。

細菌

這是培養皿（實驗室裏一個扁平的有蓋碟子），上面這個區域培植了細菌。隨着細菌數量倍增，這條白痕會變得越來越粗。

細菌為什麼會令我生病？

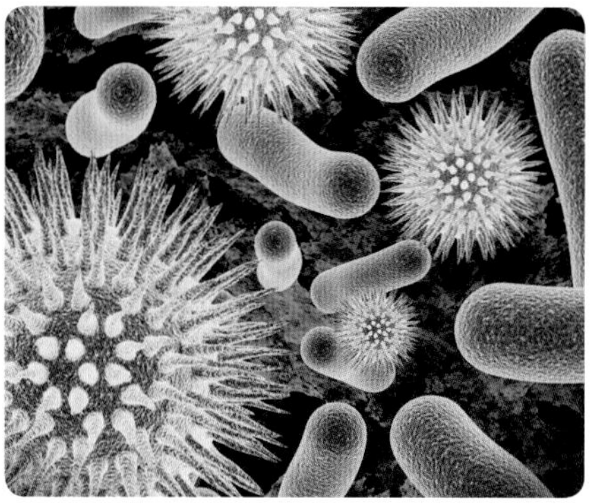

數量倍增

細菌細胞能自我複製並一分為二，新的細菌也會再次複製。當細菌在體內迅速倍增，身體可能無法及時抵抗，因而生病。

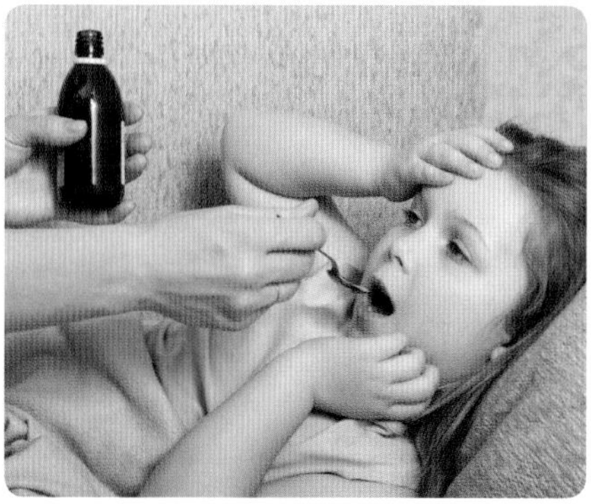

化學物

細菌會釋放出有毒物質，破壞細胞，令人感到不適。而身體對抗細菌時會提升體温，因為細菌怕熱。

? 對或錯？

1 細菌是生物。

2 肥皂能像抗生素那樣殺死細菌。

請翻到第139頁查看答案。

醫生怎樣知道我們生病？

當你感到不適，醫生會問你各樣的問題來了解你的症狀。他們會做各樣測試來看看你的身體出了什麼問題，並會對症下藥醫治你。

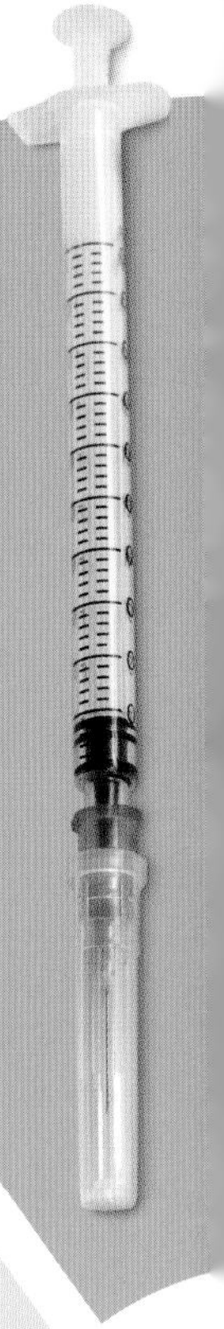

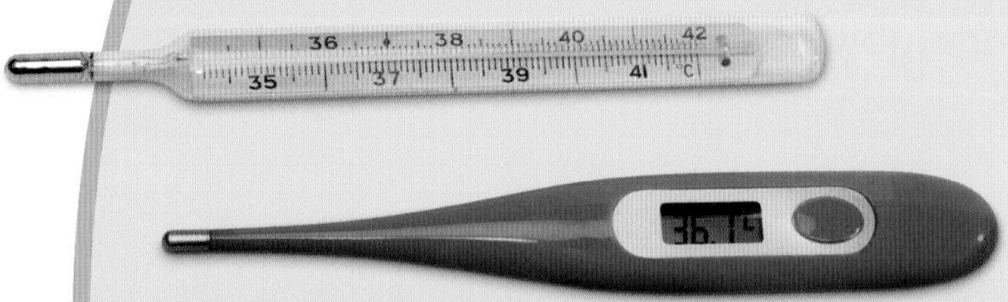

量度體溫

人體平均溫度是攝氏37度。當身體正在與病菌打仗，體溫就會上升。探熱針可以量度體溫，通常會放口裹或耳朵裹量度。

哪些體液可用來檢測？

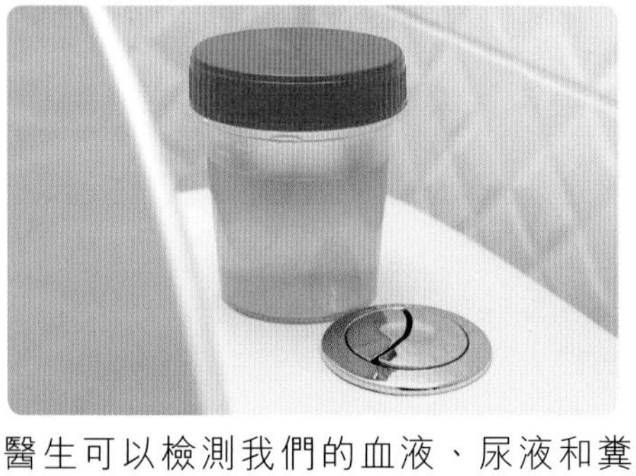

醫生可以檢測我們的血液、尿液和糞便。檢測結果能讓我們知道許多資訊，例如有沒有發炎、感染細菌、出血、生病或荷爾蒙失調。

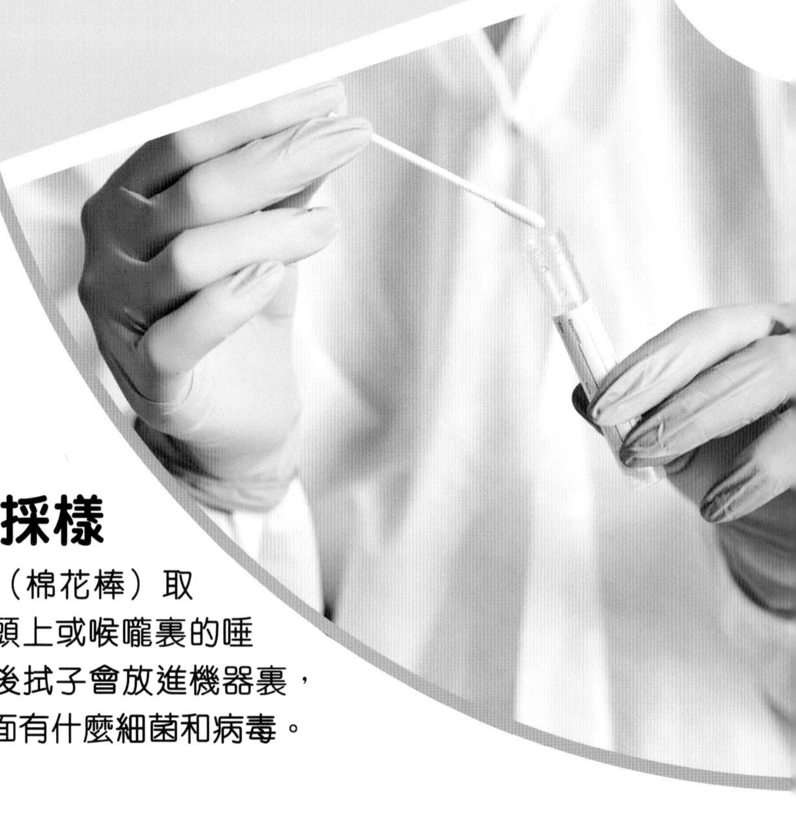

拭子採樣

以拭子（棉花棒）取出你舌頭上或喉嚨裏的唾液，然後拭子會放進機器裏，檢驗上面有什麼細菌和病毒。

驗血

有時候醫生需要為病人抽血化驗。他們會將針插進你手臂的靜脈，然後抽出血液放到針筒。血液會帶到實驗室裏進行各種疾病測試。

診斷

醫生會用各樣的問題和測試來了解你的病情，然後處方適當的藥物。這就是診斷過程。

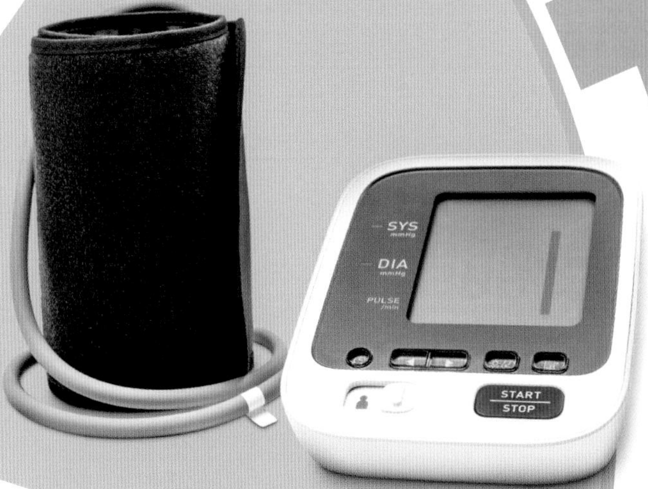

量度血壓

醫生會使用血壓計，先為你箍上臂帶，擠壓你手臂上的血管，來了解你的心臟狀況，是否如常為全身供血。

聆聽

醫生會用聽診器來了解你呼吸的情況，查聽胸部和背部。醫生能聽到你的肺部有沒有任何障礙物在影響呼吸。

? 考考你

1 人體平均溫度是多少？

2 醫生判斷你的病症，這過程稱為什麼？

3 醫生用什麼工具來聆聽你的肺部？

請翻到第139頁查看答案。

細胞可以交換工作嗎？

幹細胞是一種原始的細胞，能永久地變成其他功能的細胞，成熟的幹細胞是在骨頭裏產生的。胚胎發育時，裏面的幹細胞能變成任何一種細胞，但成年人的幹細胞只能變成某幾種特定的細胞，例如血細胞。

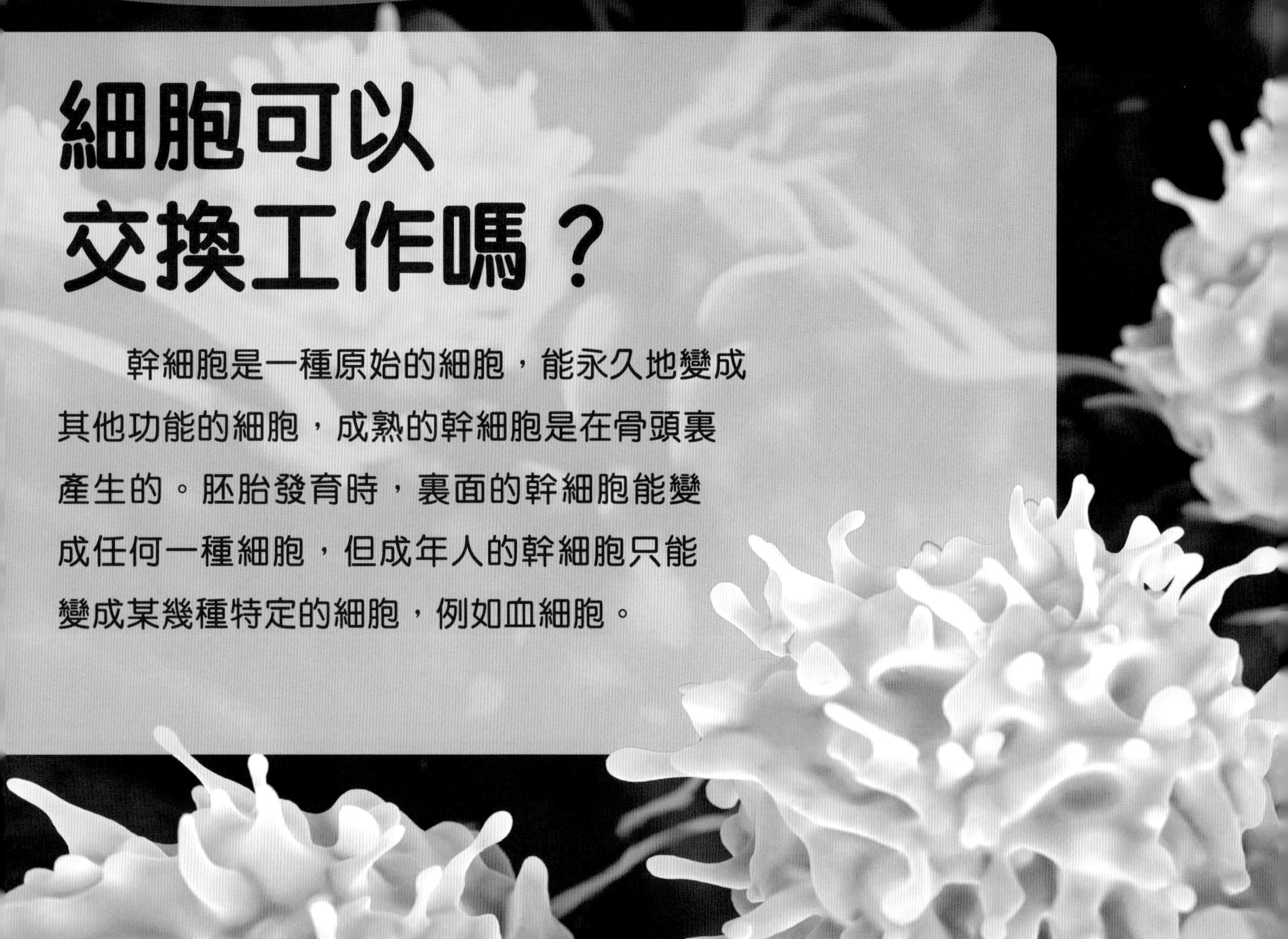

骨髓

成熟的幹細胞是在骨髓裏產生的。它們能倍增和分裂，自我複製，然後變成其他類型的細胞。

細胞怎樣分裂？

當細胞分裂成為另一個細胞，它首先會複製自己的DNA，然後將DNA一分為二，過程稱為有絲分裂。接着，細胞也會一分為二，過程稱為細胞質分裂，形成兩個細胞，每個細胞都有原本DNA的一份複製本。

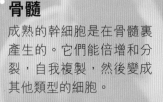

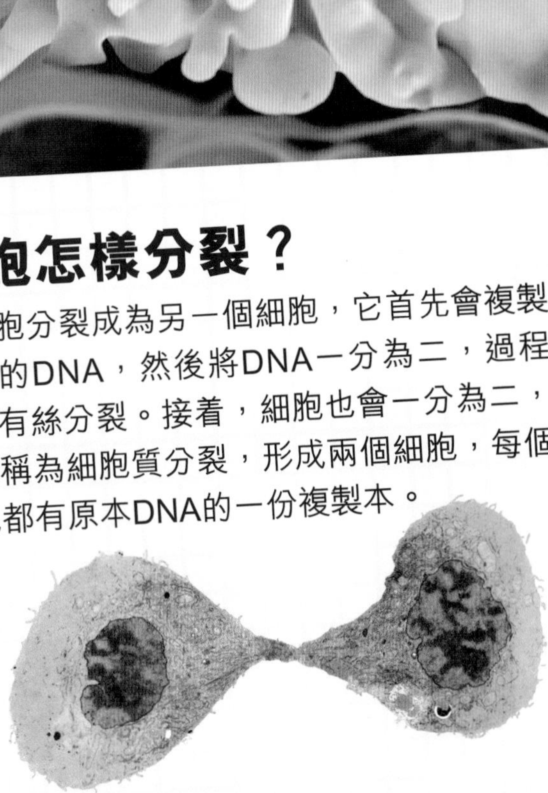

看圖小測驗

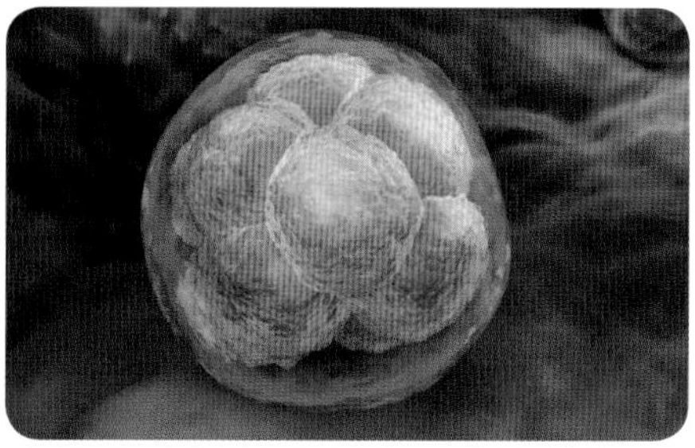

這一球幹細胞能在哪裏找到？

請翻到第139頁查看答案。

成為特定細胞

當幹細胞變成了另一種細胞，就會擁有特定的功能。例如，幹細胞可以變成不同的血球：紅血球、白血球或血小板。當細胞一旦改變了，就會永久保持那樣的狀態。

將來能怎樣運用幹細胞？

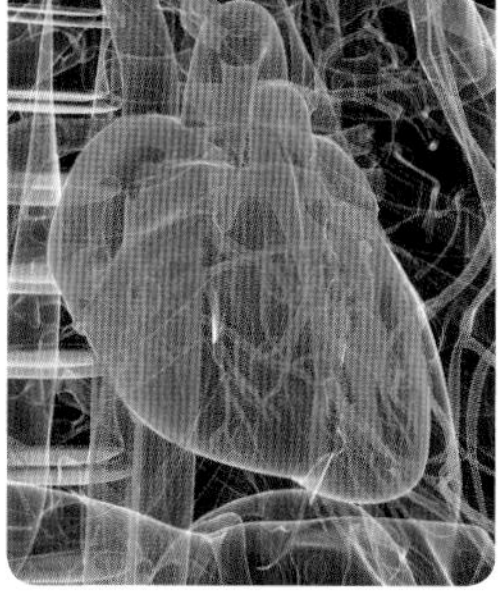

長出器官

胚胎裏的幹細胞可以長成身體裏任何的細胞，代表我們可以運用幹細胞來修復發生病變或損毀了的組織，甚至還能長出新的器官呢！

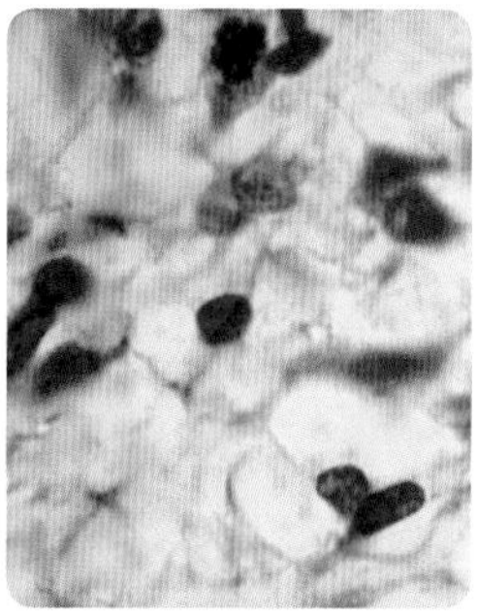

修復基因

連着新生嬰兒的臍帶裏有許多幹細胞，這些幹細胞可以用來修復或取代嬰兒的兄弟姊妹身上有缺陷的基因，這個過程稱為基因編輯。

為什麼防曬霜可保護我們？

防曬霜有兩種——物理性防曬和化學性防曬。物理性防曬會形成一道屏障，防止太陽直射你的皮膚，阻擋及反彈有害的光線。化學性防曬則會吸收這些光線，使它們無法到達皮膚，也會使部分光線反彈。

維他命D

吸收一些陽光是對身體好的。皮膚吸收紫外光（UV）後能產生維他命D，令身體成長，也能從食物中吸取營養素。

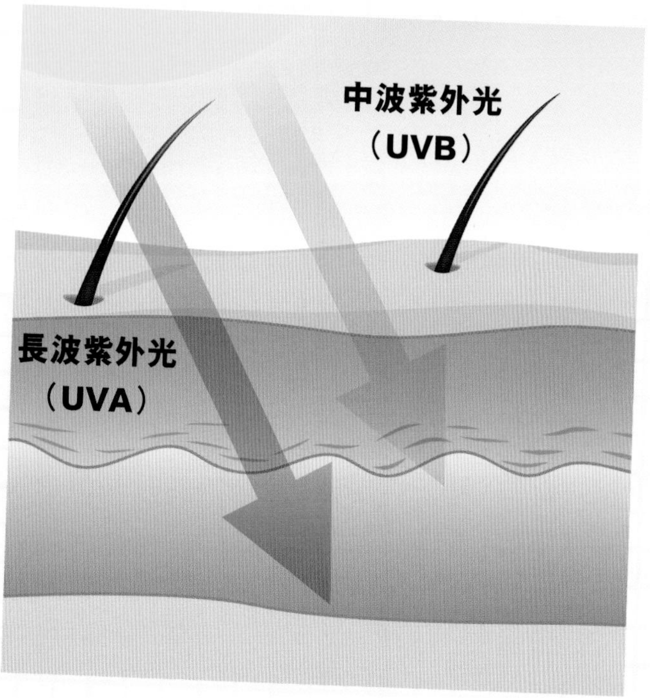

太陽眼鏡

太陽眼鏡能反射紫外光，防止傷及眼睛，也能令你在強光下看得更清楚。不過千萬別直視太陽，即使戴着太陽眼鏡時也不要這樣做。

物理性防曬

防曬霜會在皮膚上形成一道屏障，反彈有害的紫外光。所以你塗防曬霜就能保護皮膚。

紫外光

紫外光（UV）是由太陽發出來的一種不可見光，但會傷害皮膚。紫外光當中有長波紫外光（UVA）和中波紫外光（UVB），長波紫外光進到皮膚後會造成皺紋，中波紫外光會影響皮膚表層，造成曬傷，甚至引致皮膚癌。

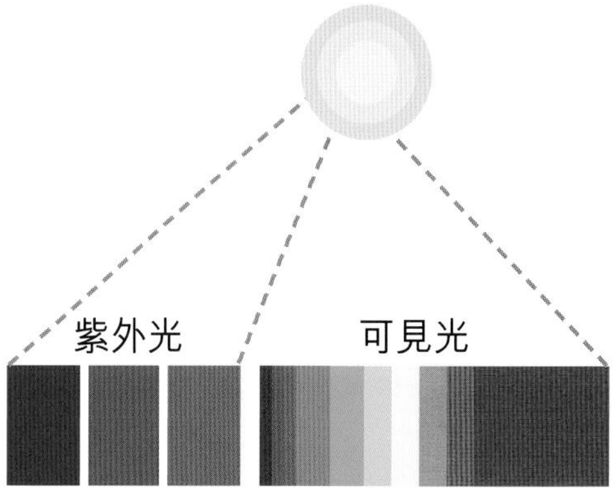

白色帽子

帽子能遮擋太陽直射臉部。白色的布料也能反射陽光，令你保持涼快。

我曬傷了會怎樣？

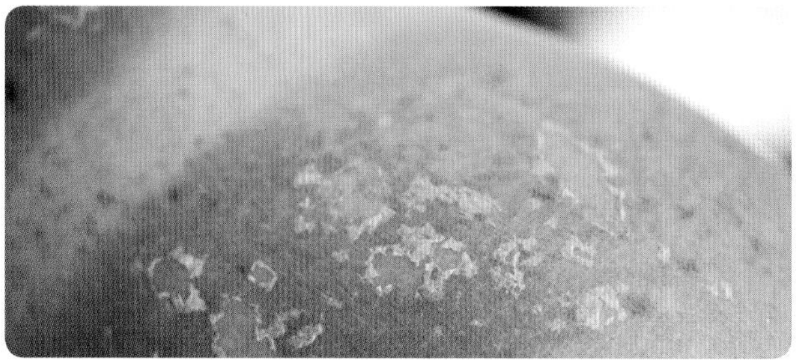

如果你塗不夠防曬霜，被陽光照射太久，可能就會曬傷。有些人曬傷後，皮膚會變紅腫，感到疼痛，也有些人會脫皮。不同膚色的人，對陽光照射的反應也會不一樣，但無論如何，曬陽光時總要塗上防曬霜。

化學性防曬

防曬霜裏的化學性物質會吸收有害的紫外光，防止皮膚被傷害。不過防曬霜會隨着時間流失，所以要定時補上。

對或錯？

1 你能看見紫外光。

2 吸收一些陽光是好的。

請翻到第139頁查看答案。

機械人可以施行手術嗎？

可以——世界各地的醫院都已經有機械人在施行手術！機械臂可以處理比人手更細緻精準的切割，也能縮短手術時間。這些機器可以由外科醫生遙距控制，也可以在手術前預先編寫程式來操控。

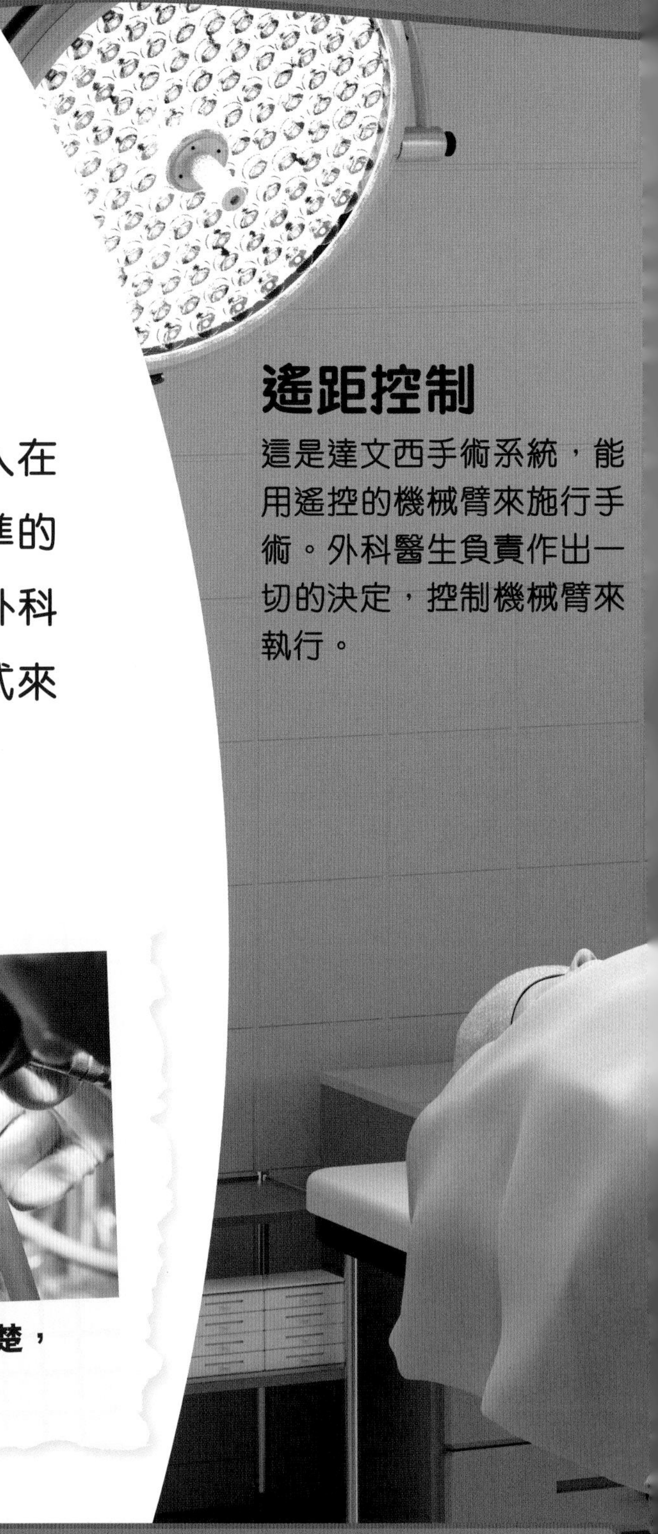

遙距控制

這是達文西手術系統，能用遙控的機械臂來施行手術。外科醫生負責作出一切的決定，控制機械臂來執行。

什麼是微創手術？

微創手術，就是在人體切開一個鑰匙孔般大小的洞，然後將手術工具從洞中伸入。洞裏還會放進攝錄機和小燈，讓外科醫生施手術時能看見裏面的情況。

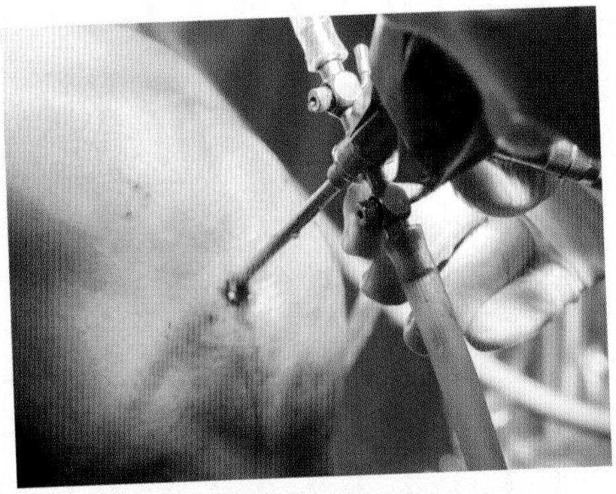

微創手術能減低痛楚，減少失血。

機械人還會幫我們做什麼？

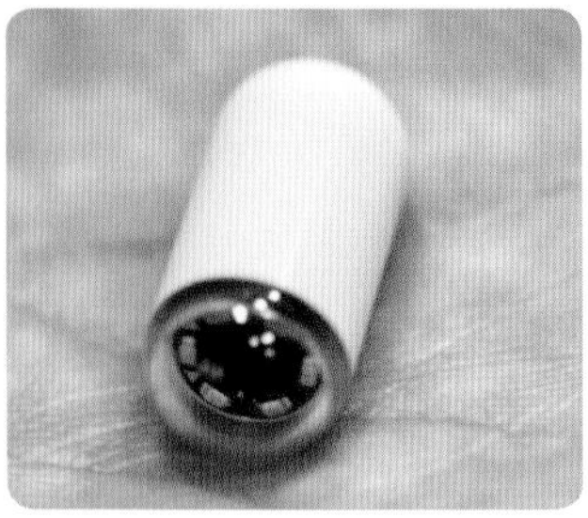

膠囊內窺鏡

一個像藥丸般大小的機械膠囊，稱為膠囊內窺鏡，能經過你整個消化系統。它沿途會閃燈，然後拍攝影像傳送至電腦，讓醫生分析。

機械外骨骼

患有神經或肌肉損傷的病人，繫上了機械外骨骼，就能站立、轉身和走路。這些機械外骨骼也可以幫助人們舉起重物。

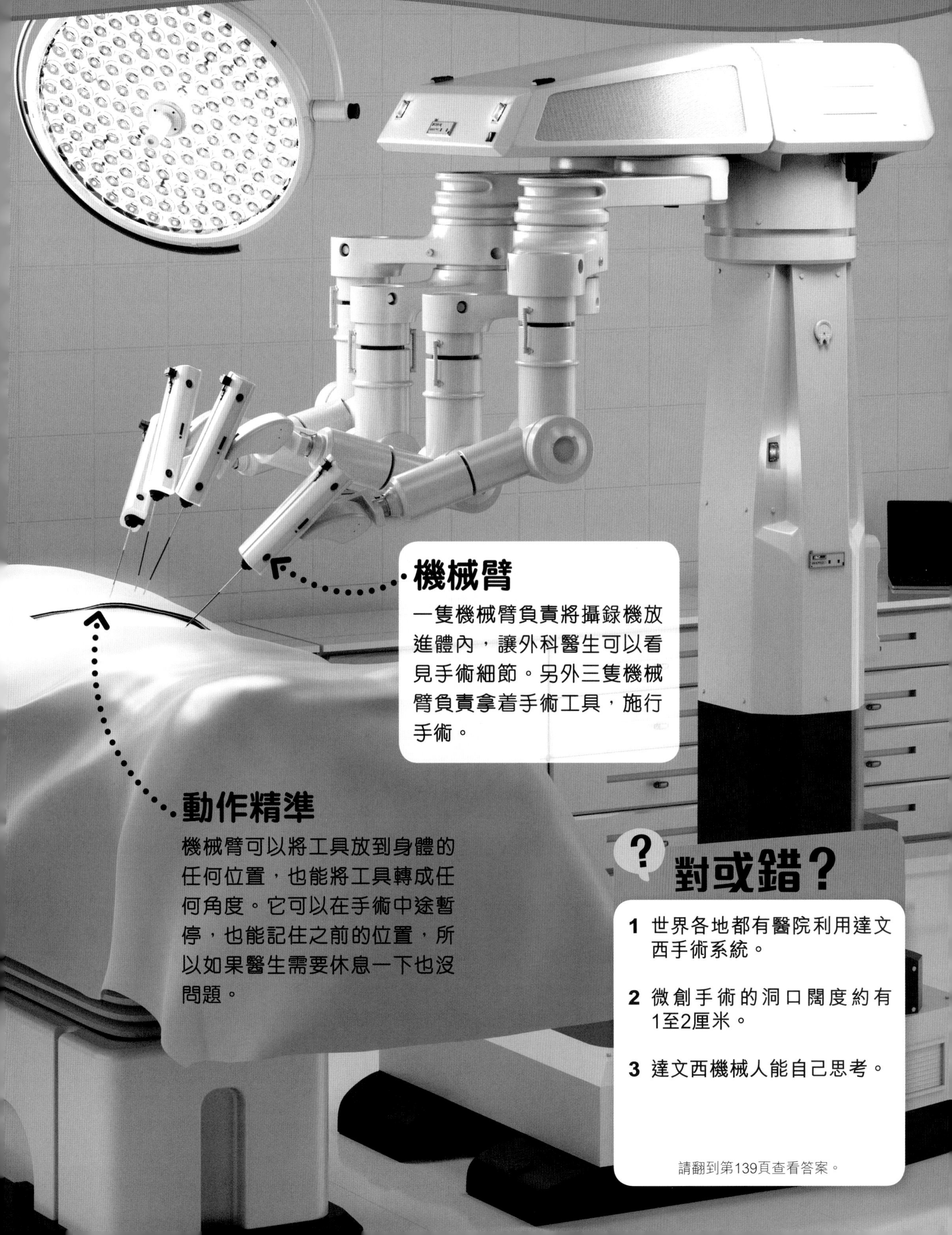

機械臂

一隻機械臂負責將攝錄機放進體內，讓外科醫生可以看見手術細節。另外三隻機械臂負責拿着手術工具，施行手術。

動作精準

機械臂可以將工具放到身體的任何位置，也能將工具轉成任何角度。它可以在手術中途暫停，也能記住之前的位置，所以如果醫生需要休息一下也沒問題。

對或錯？

1 世界各地都有醫院利用達文西手術系統。

2 微創手術的洞口闊度約有1至2厘米。

3 達文西機械人能自己思考。

請翻到第139頁查看答案。

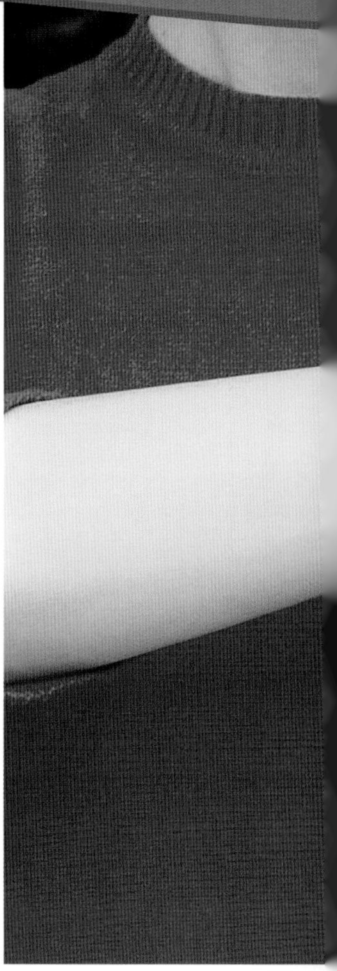

醫生怎樣造出人工身體器官？

有人天生欠缺了一些身體器官，有人則因為疾病或意外而失去器官，醫生會盡力幫忙他們重建或補回這個器官。醫生也可以進行移植手術，將某人身體上的器官移植到另一人身上，取代他那失去功能的器官。

移植是什麼？

當一個器官的功能受損，醫生可以由另一個人的身體摘取器官，來取代這個受損的器官。許多身體器官，例如肝臟都可以移植。接受移植後，病人也要吃藥，確保身體不會排斥新的器官。

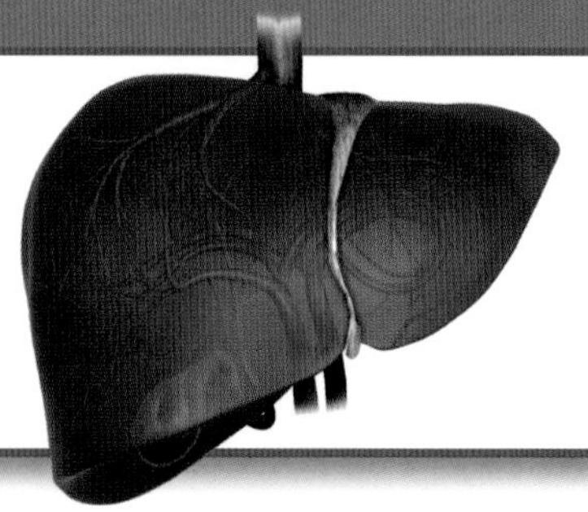

看圖小測驗

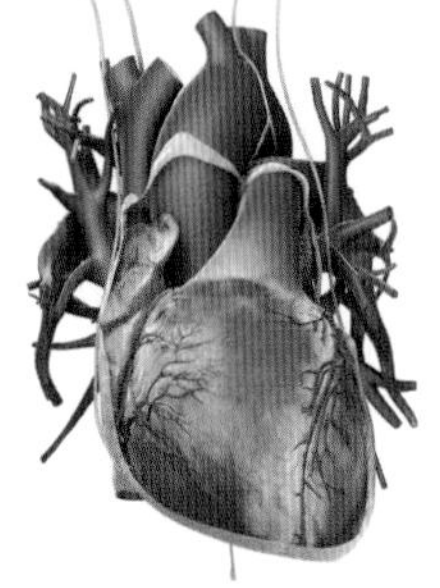

這個器官也能移植進人體。這是什麼？

請翻到第139頁查看答案。

肝臟能重新長出來，即使被切掉了三分之二也沒有問題！

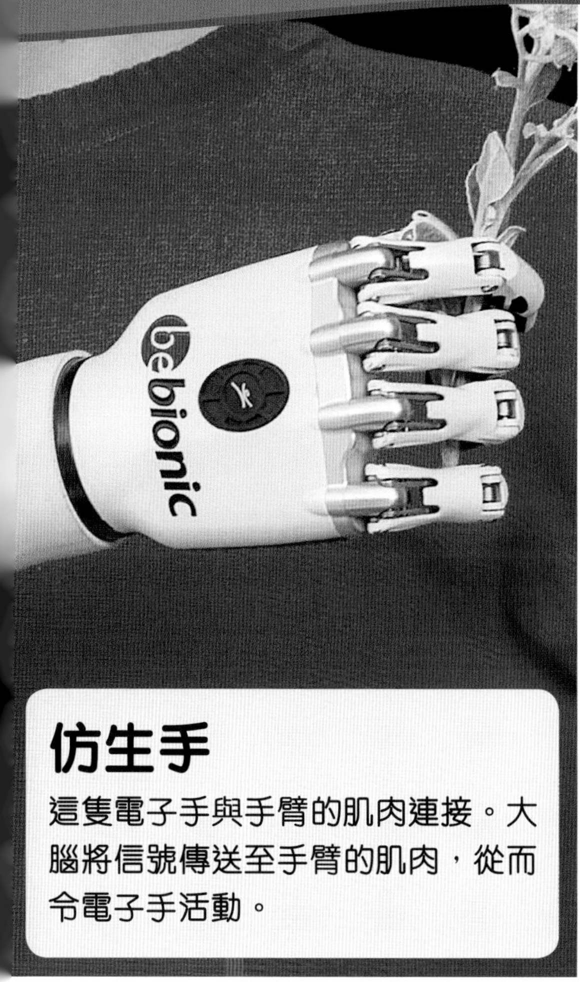

仿生手

這隻電子手與手臂的肌肉連接。大腦將信號傳送至手臂的肌肉，從而令電子手活動。

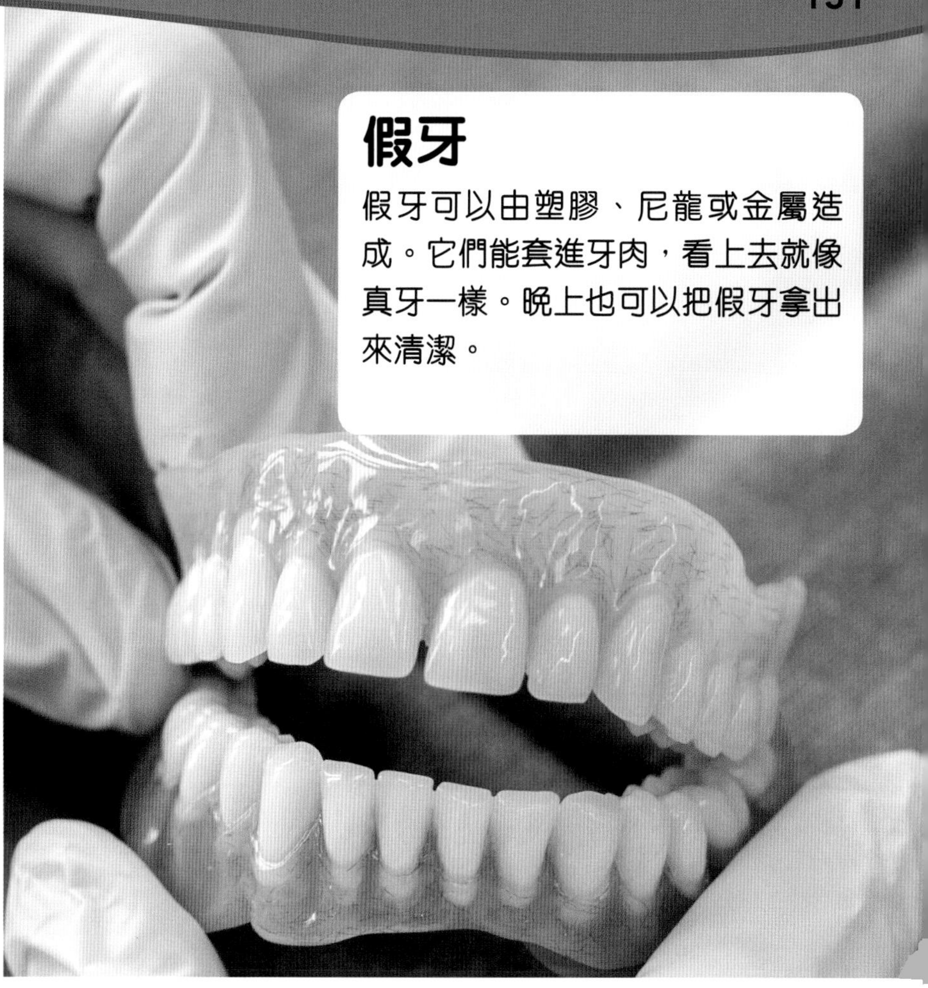

假牙

假牙可以由塑膠、尼龍或金屬造成。它們能套進牙肉，看上去就像真牙一樣。晚上也可以把假牙拿出來清潔。

義肢

這隻義肢是由碳纖維這種材料造成的。這種物料很輕，可以彎曲而不折斷，所以很適合跑手使用。義肢也能由海綿橡膠和塑膠製成。

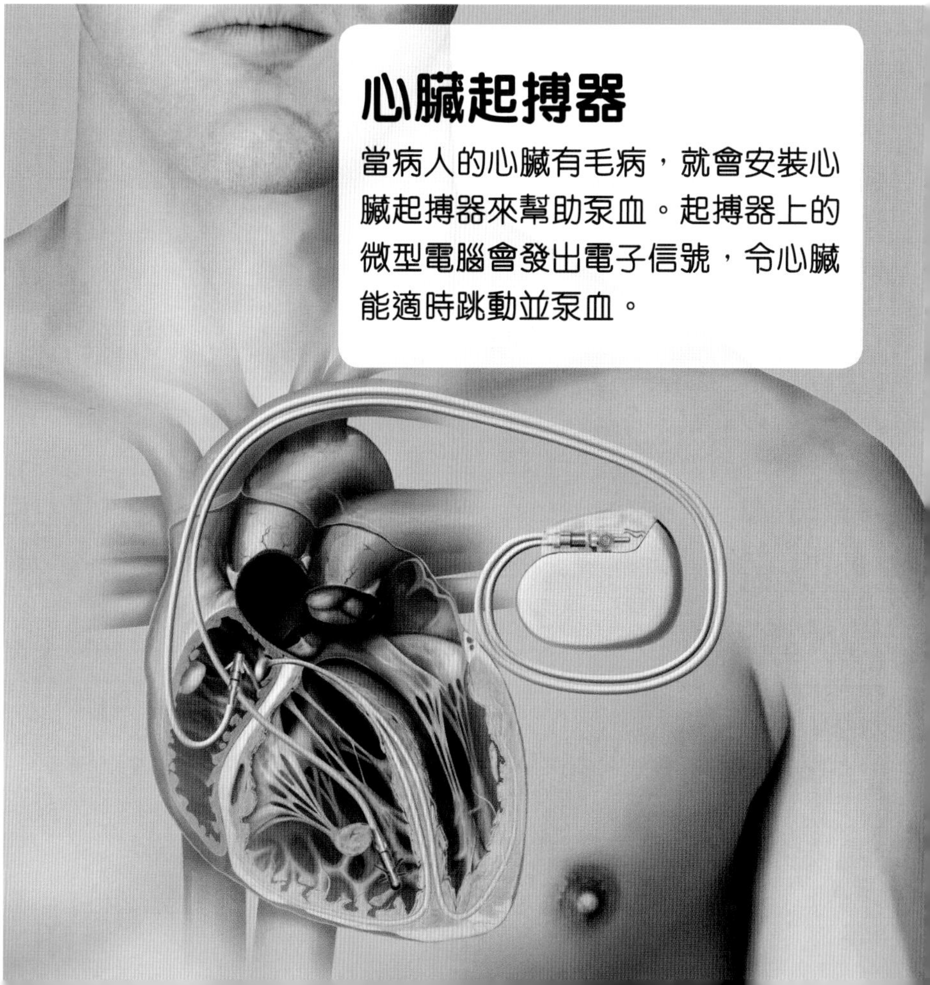

心臟起搏器

當病人的心臟有毛病，就會安裝心臟起搏器來幫助泵血。起搏器上的微型電腦會發出電子信號，令心臟能適時跳動並泵血。

詞彙表

Absorb 吸收
物體吸入一些東西，例如血液會從肺部吸收氧氣。

Allele 等位基因
特定的基因差異。我們身上的每一個特徵（例如鼻子形狀）會從父母身上各自遺傳一個等位基因。

Bacteria 細菌
細小而無處不在的單細胞生物。有些會致病，有些則會幫助身體。

Blood vessel 血管
一些能運載血液經過全身的管道。

Body clock 生理時鐘
身體裏的一個自然時鐘，控制每天的活動，例如睡覺。

Carbon dioxide 二氧化碳
空氣中的一種氣體。呼氣的時候會排出較多二氧化碳。

Cartilage 軟骨
體內一種堅韌但有彈性的組織。

Cell 細胞
體內最小的生命單位。

Cerebrospinal fluid 腦脊髓液
圍繞和保護大腦的液體。

Characteristic 特徵
一些由基因控制的身體特質，例如鼻子的形狀。

Chromosome 染色體
一束捲起來的DNA。

Diagnosis 診斷
醫生憑病人的病徵和做各樣測試來判斷他所患的是什麼病。

Diaphragm 橫膈膜
肺部下的肌肉，能幫助呼吸。

DNA 脫氧核糖核酸
由四種不同化學物（代表字母為ACGT）串成鏈狀的長分子，能用來組成編碼，建立成身體的不同部分。英文簡寫為DNA。

Dominant 顯性
一種等位基因比另一種隱性基因較有優勢，成為下一代的特徵。

Emotion 情緒
一種內心的感受，會影響大腦和身體。例如開心和恐懼。

Empathy 同理心
能分享和明白其他人感受的能力。

Enzyme 酶
能加快體內化學作用的物質，例如消化酶能加快消化。

Epidermis 表皮
皮膚最外層的薄層。

Follicle 毛囊
毛髮生長出來的小孔。

Gene 基因
一段DNA的編碼。基因會影響你身體運作和發展的模式。

Gland 腺體
一組負責分泌特定荷爾蒙或其他物質的細胞。

Haemoglobin 血紅素
紅血球裏的啡紅色蛋白質。

Hormone 荷爾蒙 / 激素
在腺體和器官裏所製造的化學信使，會在血液裏運行到全身，將信號帶給其他器官。

Joint 關節
兩塊骨頭之間的連接位置。

Keratin 角蛋白
堅韌、防水的蛋白質，能在組成表皮、頭髮和指甲的死細胞裏找到。

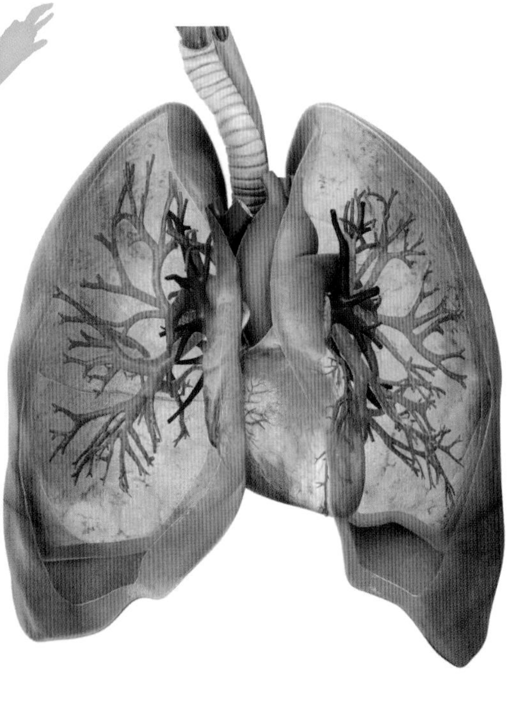

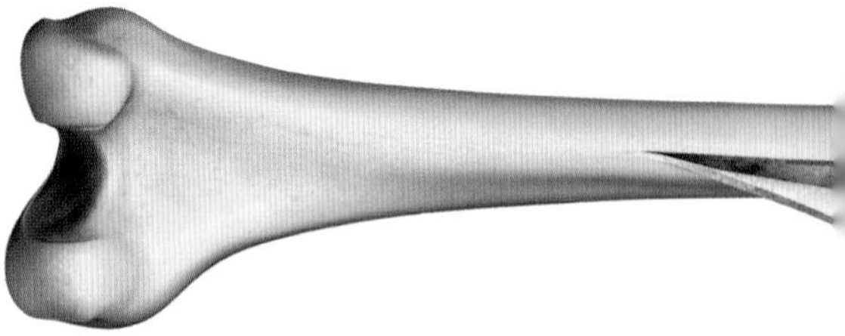

Ligament 韌帶
有彈性的結締組織，連接着骨頭。

Meninges 腦脊膜
大腦和頭顱骨之間的三層扁平組織。

Molecule 分子
由原子組成的化學單位。

MRI 磁力共振
一種用磁掃描人體的掃描器，英文簡稱MRI。

Mucus 黏液
濃稠、黏糊糊的液體。口腔、喉嚨、腸臟和鼻子都會產生黏液。

Nerve 神經
在身體裏傳送電子信號的一束纖維。

Neuron 神經元
即神經細胞。神經元會發出電子信號至其他神經元和身體部分。

Nucleus 細胞核
細胞的核心部分，內面有染色體。

Nutrient 營養素
食物裏的基本化學物，可以令身體成長、活動和自我修復。

Organ 器官
眾多組織組合成為一個身體部分。

Organelle 細胞器
浮游的生物小機械，在每個細胞裏都有不同的工作。例如，粒線體能釋放能量，為細胞提供動力。

Organism 生物
有生命的東西，包括動植物和細菌。

Ossicles 聽小骨
中耳裏的三塊小骨，分別名為錘骨、砧骨和鐙骨。

Oxygen 氧氣
空氣裏的一種氣體。人類需要吸入氧氣才能生存。

Particle 粒子
極細小的建構單元，構成所有東西。

Protein 蛋白質
由氨基酸組成的複合有機建構單元。

Reflex 反射動作
身體自動的反應動作，例如眨眼。

Regulate 調節
一個控制過程，例如荷爾蒙能幫你調節很多事情，例如成長。

Respiration 呼吸作用
生物製造能量的過程。

Sensor 感應器
一種幫你感受事物的細胞，跟五官感覺相關，例如味覺和觸覺。

Sphincter 括約肌
一個環狀肌肉負責控制管道開關，管制物質的進出。例如膀胱的括約肌控制尿液的排放。

Spinal cord 脊髓
脊柱裏的一大堆神經線，連接大腦至身體的神經細胞。

Stem Cell 幹細胞
一些可以變成其他細胞的原始細胞。

Tissue 組織
一組做相同工作的細胞。

Transplant 移植
將器官由某人身體轉移到另一人的身體，代替受損的器官。

Vertebrae 脊椎骨
連接成為脊柱的一些骨頭。

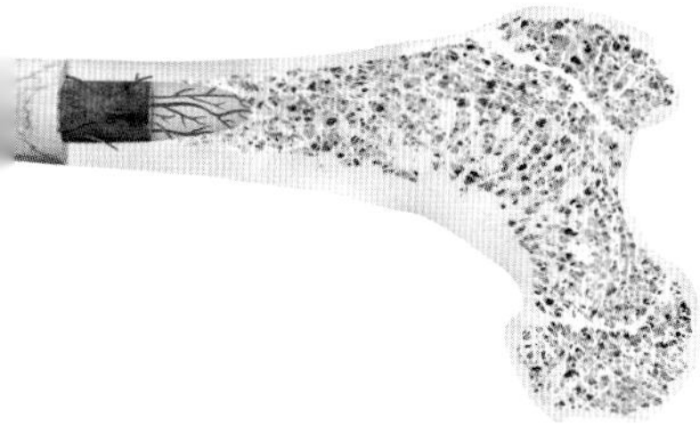

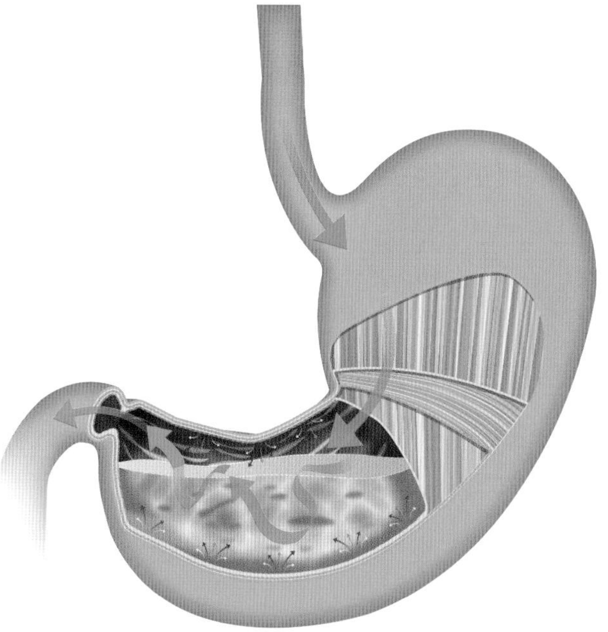

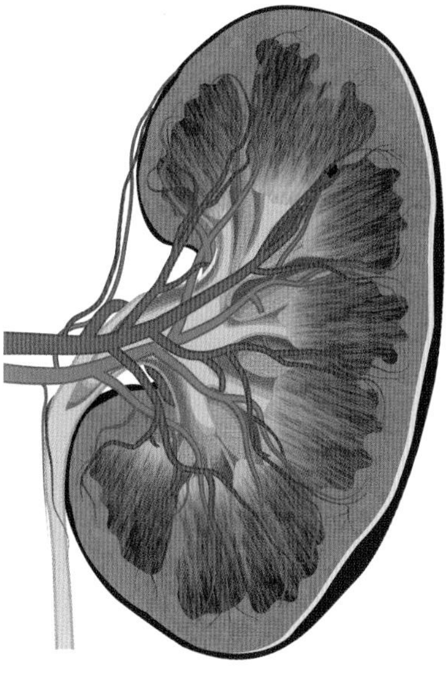

大考驗！

誰最認識人體呢？用這些棘手的問題考考你的朋友和家人吧。請翻到第136至137頁查看答案。

問題

1. 人體最小的器官是什麼？

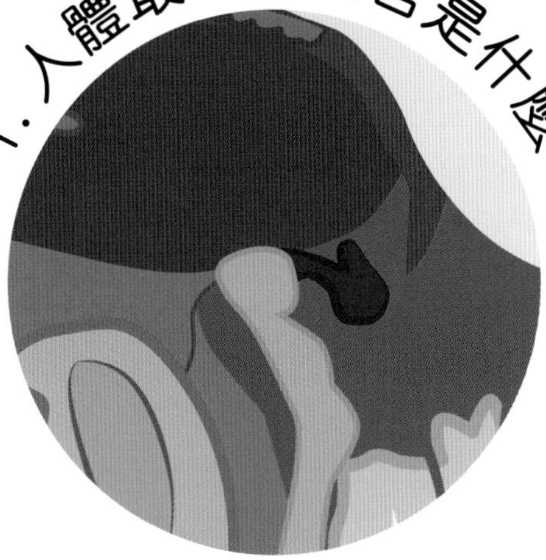

5. **牙齒的頂部**稱為什麼？

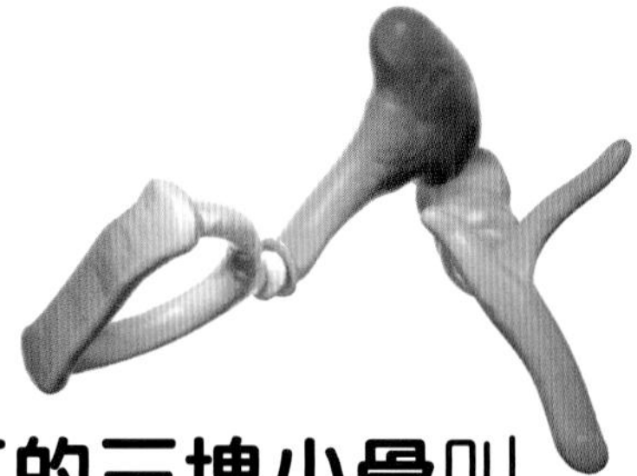

8. **中耳的三塊小骨**叫什麼名字？

12. 能顯示**身體內部**情況的**磁力掃描**稱為什麼？

2. **桿形的細菌**稱為什麼？

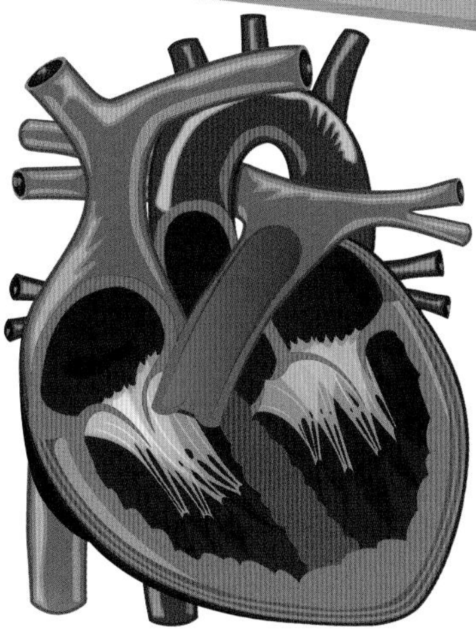

3. **心臟裏**有多少個**腔室**？

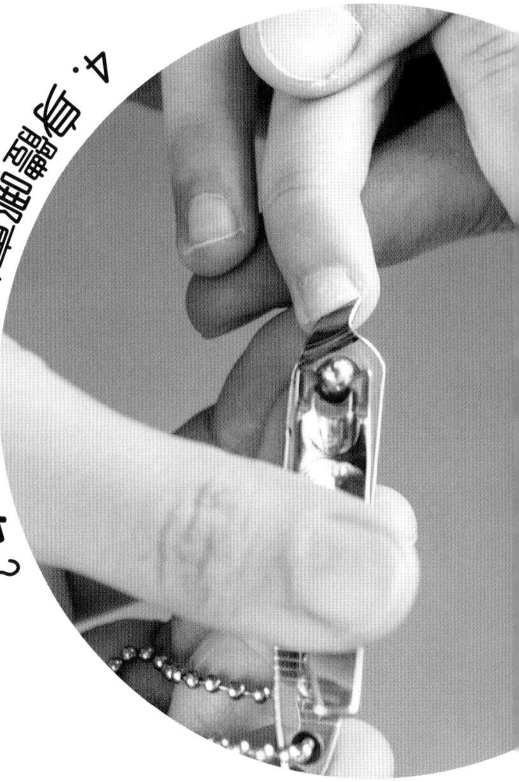

4. 身體哪裏能找到**角蛋白**？

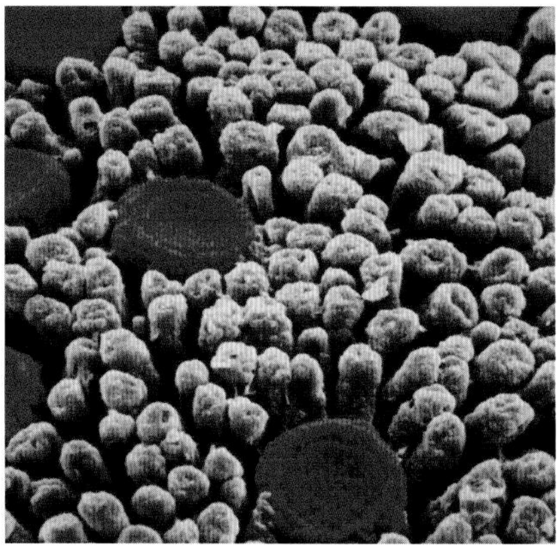

6. 覆蓋**舌頭**的**細小隆起部分**叫什麼？

7. **死去的皮膚細胞是排列成什麼形狀的？**

9. **誰**發明了**第一種疫苗**？

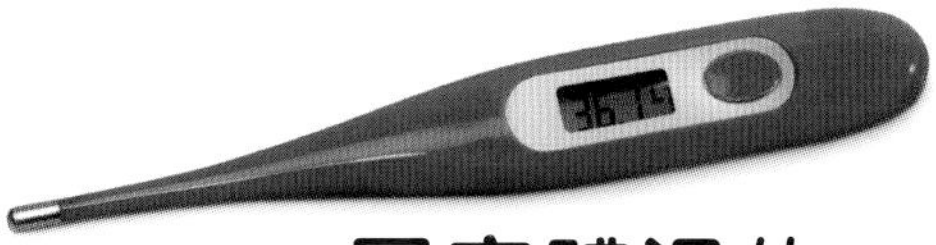

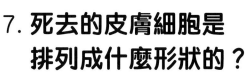

10. **量度體溫**的工具是什麼？

11. 哪一個**器官**若切掉了部分，可以**重新生長**出來？

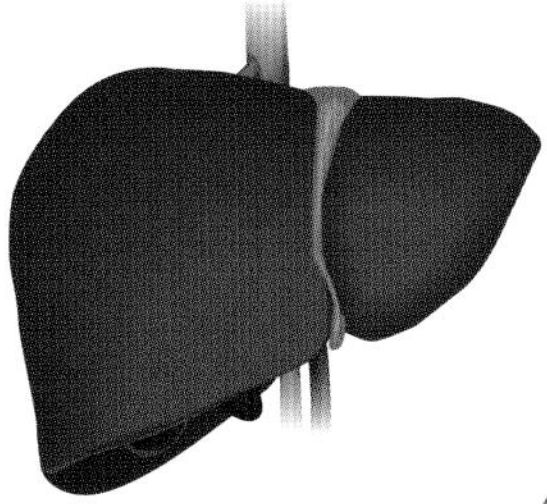

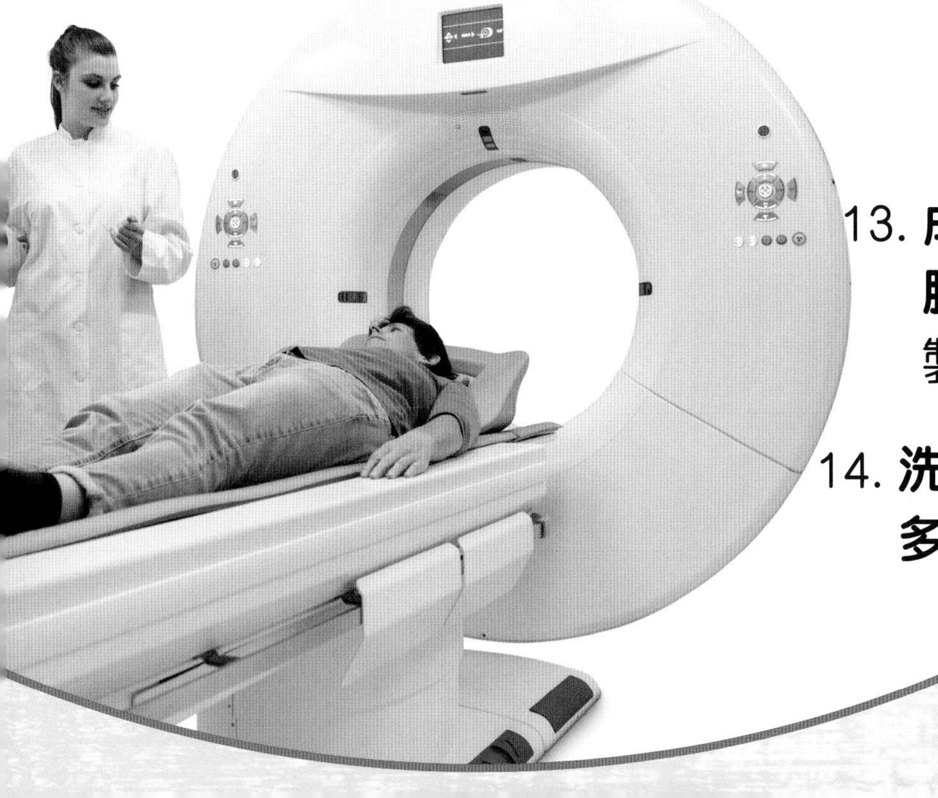

13. **成熟的幹細胞**是在哪裏製造？

14. **洗手應該要洗多久？**

答案

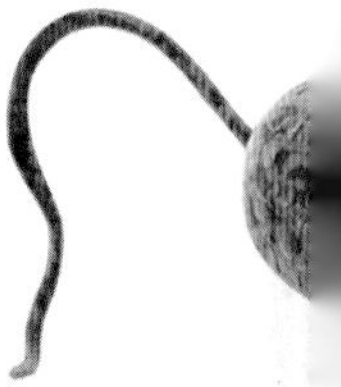

1. 身體最小的器官是**松果腺**。

7. 死去的皮膚細胞會**密鋪排列**。

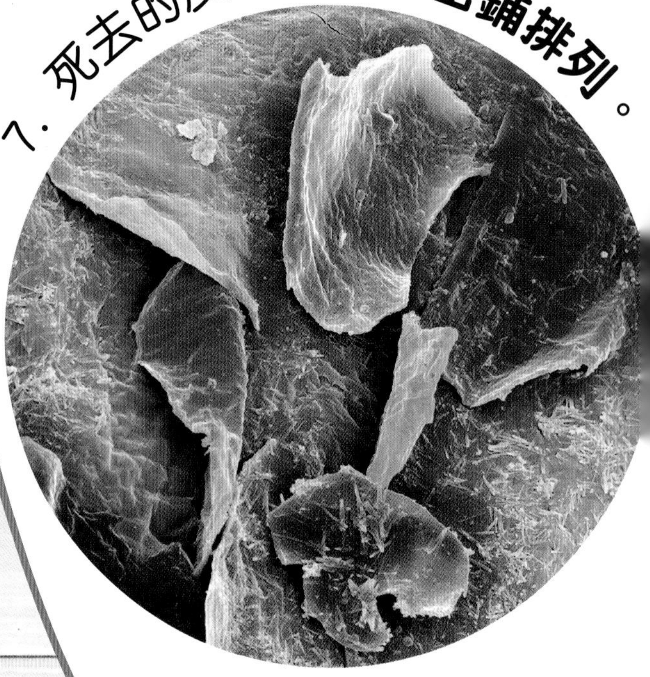

11. 肝臟。

13. **成熟的幹細胞**在骨髓裏製造。

2. 桿菌。

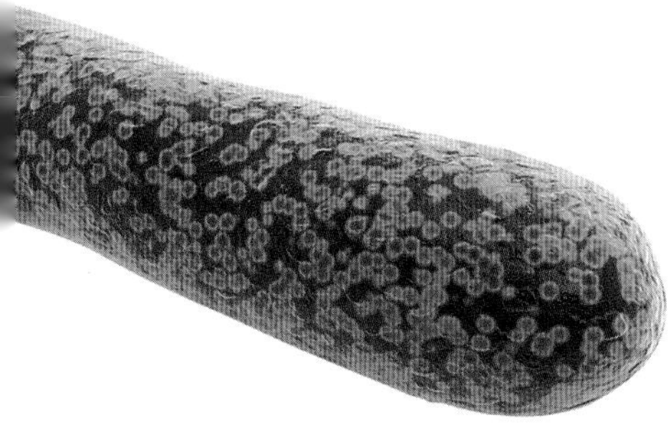

3. 心臟有**四個腔室**。

4. 指甲、頭髮和皮膚。

5. **牙冠**。

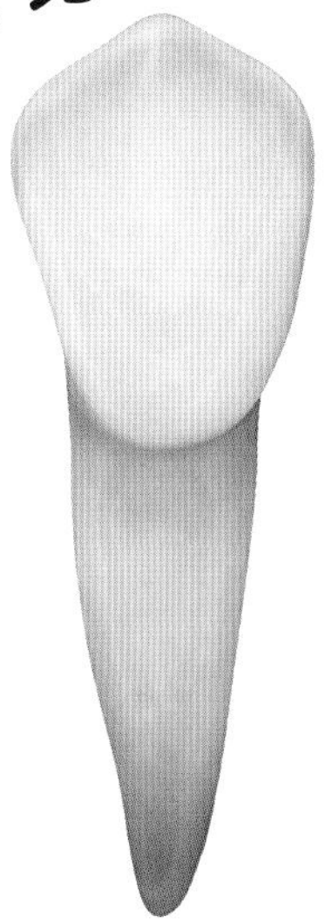

6. 覆蓋舌頭的細小隆起部分叫做**舌乳頭**。

8. 中耳的三塊小骨名為**錘骨**、**砧骨和鐙骨**。

9. **愛德華・詹納**。

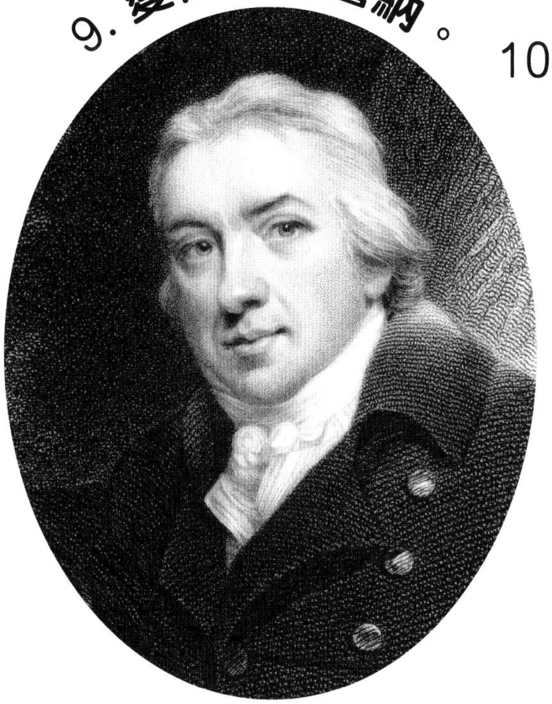

10. 探熱針。

12. **磁力共振掃描**。

14. **洗手**最少要洗**20秒**。

全書答案

第9頁
1 細胞。
2 細胞核。
3 器官。

第11頁
1 對。肺部也是呼吸系統的一部分。
2 錯。身體最大的器官是皮膚。
3 錯。只有一個腎臟，你也能生存。

第13頁
紅血球。

第15頁
1 錯。靜脈將血液帶往心臟。
2 對。
3 錯。白血球負責對抗病菌。

第16頁
1 在細胞核 。
2 基因會透過類似開關掣的形式來告訴細胞要做什麼。
3 雙螺旋形。

第19頁
1 因為DNA很幼很小，而且是螺旋形地緊密排列的。
2 什麼也不做！只有2%的DNA會工作。
3 一半DNA來自媽媽，另一半來自爸爸。

第21頁
1 爸爸和媽媽會各自傳一套基因給你。
2 遺傳。

第23頁
1 對。
2 對。

第25頁
1 對。
2 錯。荷爾蒙是化學信號。
3 錯。神經才是身體裏最快的信號系統。

第29頁
1 脂肪。
2 骨頭由一層層小骨枝交叉組成。之間有一些小空間，這樣令骨頭受壓時變得堅韌。
3 軟骨。

第30頁
1 骨骼肌。
2 二頭肌。

第33頁
1 三層。
2 提供養分，並作為緩衝。
3 脊髓。

第34頁
1 心瓣合上的聲音。
2 氧氣。
3 動脈。

第37頁
1 錯。
2 錯。

第39頁
1 椎間盤軟骨。
2 液體和薄膜。

第41頁
1 錯。這是植物的呼吸作用。
2 錯。肺泡位於肺部。
3 對。

第43頁
1 海馬體。
2 四個。

第45頁
1 死去的老細胞。
2 甲母質。
3 夏天。

第46頁
1 對。
2 對。琺瑯質也能保護牙齒。
3 錯。大部分嬰兒一出生時沒有牙齒。

第48頁
1 錯。吃太多糖會對身體有害。
2 錯。只有味蕾才能偵測味道。
3 對。

第50頁
神經細胞。

第55頁
1 感受器。
2 點字。

第57頁
1 因為要排出二氧化碳。
2 會放鬆。
3 不能，心臟的跳動是由大腦控制的。

第59頁
拇指。

第61頁
1 對。
2 對。

第63頁
1 防止太多光線進入眼球。
2 虹膜。
3 瞳孔會放大。

第65頁
1 錯。這些器官位於耳朵。
2 錯。你的眼睛能助你平衡，但也有其他資訊可以令身體平衡。
3 對。

第67頁
1 由熱傳向冷的地方。
2 下丘腦。

第69頁
1 對。太空沒有重力，所以不會將你壓下。
2 錯。晚上睡覺後，你會高了一點。
3 對。

第71 頁
1 五種。
2 神經元。
3 情節記憶。

第73頁
1 溶解脂肪。
2 大約兩天。

第75頁
青蛙。

第77頁
1 會，吃喝太快的時候，會比慢慢進食吞下更多的空氣。
2 嗝氣和噯氣。

第79頁
1 胎兒。
2 胚胎。
3 透過胎盤和臍帶。

第81頁
1 錯。手肘和腳掌的皮膚最厚。
2 錯。是在表皮的底部製造的。

第83頁
1 感受器會將信號傳送至大腦。
2 膀胱壁會摺疊起來。
3 括約肌。

第85頁
1 錯。會令毛髮豎起。
2 對 。
3 錯。肌肉收縮或拉緊，才會令毛髮豎起。

第87頁
1 對。
2 對。
3 錯。揚眉能表示驚訝。

第89頁
鐙骨。

第93頁
脂肪裏。

第94頁
1 對。
2 對。
3 錯。運動會燃燒卡路里。

第97頁
1 練習正念靜觀或跟輔導員談談。
2 有良好的人際關係、享受生活或願意表達感受。
3 對事物失去興趣、有睡眠問題或飲食習慣失衡。

第99頁
1 大腦會分泌化學物。
2 你的感受能讓我們與他人連結，也能讓我們知道自己狀態如何。

第101頁
病毒。

第103頁
1 讀寫障礙的孩子在閱讀和寫作上，會比一般同齡的孩子更困難。
2 家人的行為能影響你的想法。

第104頁
1 對。
2 錯。年紀越大，皮膚會分泌越來越少油脂，因此皮膚會越來越乾。

第107頁
1 細胞 。
2 透過尿液和糞便、透過汗水、透過呼氣排出體外。
3 排尿的次數和分量都會減少。

第109頁
1 錯。夏天時頭髮會長得較快。
2 對。

第111頁
1 在手、腳和腋窩。
2 作戰或逃跑。
3 減慢消化。

第115頁
b) 牙齒裏的洞。

第117頁
1 攻擊和殺滅病毒。
2 白血球。
3 可以注射進血液，或吞服。

第119頁
1 磁力共振。
2 不用開刀都能知道身體裏有沒有出狀況。
3 無線電波。

第121頁
1 對。
2 對。洗手也是殺死細菌的妙方。

第123頁
1 攝氏37度。
2 診斷。
3 聽診器。

第125頁
子宮 ，這是早期的胚胎。

第127頁
1 錯。紫外光位於可見光的光譜以外，所以是看不見的。
2 對。

第129頁
1 對。
2 對。
3 錯。機械人由外科醫生遙距控制，不能自己作決定。

第130頁
心臟。

中英對照索引

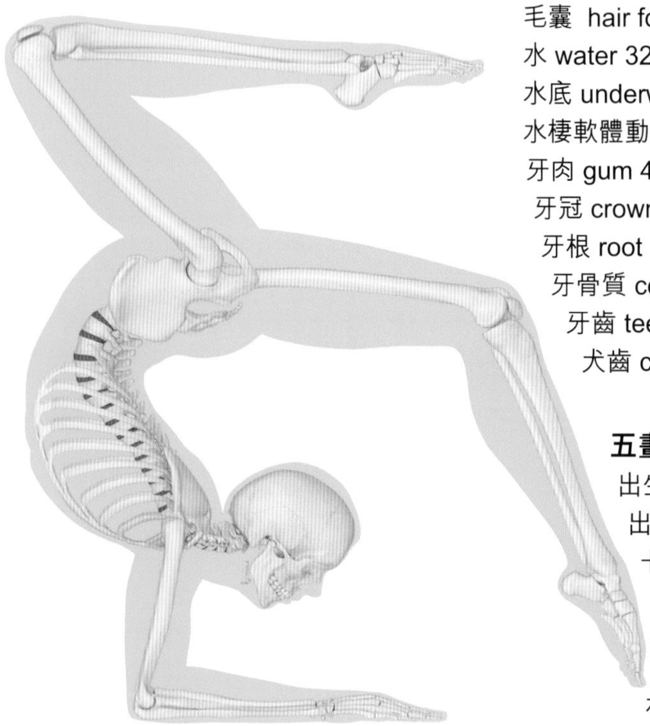

七畫

八畫

九畫

十畫

十一畫

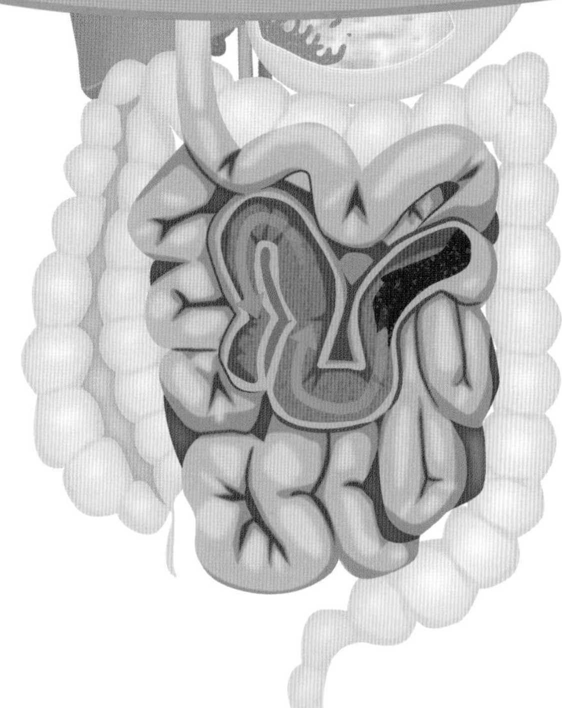

十二畫

十三畫

十四畫

十五畫

十六畫

十七畫

十八畫

十九畫

二十畫

二十一畫

二十二畫

二十三畫

二十四畫

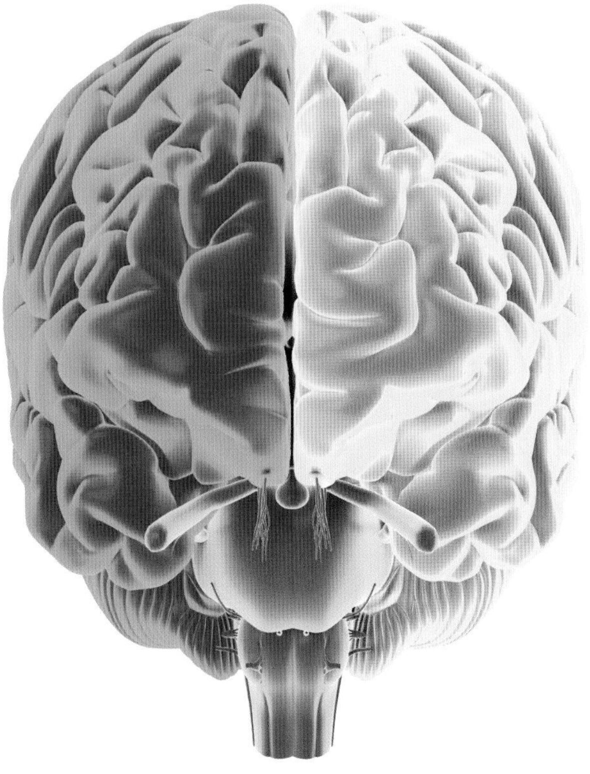

鳴謝

DORLING KINDERSLEY would like to thank: Polly Goodman for proofreading; Helen Peters for the index; Sally Beets, Jolyon Goddard, Marie Greenwood, and Dawn Sirett for editorial assistance; and Niharika Prabhakar and Roohi Sehgal for editorial support.

Consultant Darrin Lunde, National Museum of Natural History, Smithsonian Institution

Smithsonian Enterprises
Kealy Gordon Product Development Manager
Janet Archer DMM Ecom and D-to-C
Jill Corcoran Director, Licensed Publishing
Carol LeBlanc President

The publisher would like to thank the following for their kind permission to reproduce their photographs:

(Key: a-above; b-below/bottom; c-centre; f-far; l-left; r-right; t-top)

2 Getty Images / iStock: akesak (br). **4 Alamy Stock Photo:** Alexandr Mitiuc (cr). **Dreamstime.com:** Igor Zakharevich (tr). **5 Dreamstime.com:** Okea (cb). **Robert Steiner MRI Unit, Imperial College London:** (tr). **6 Science Photo Library:** Dr Torsten Wittmann. **6–7 Getty Images / iStock:** kali9 (tc). **8 Science Photo Library:** Dr Torsten Wittmann (b). **9 Dreamstime.com:** Sebastian Kaulitzki (clb); Mopic (cb). **10 Dreamstime.com:** Srckomkrit (clb). **11 Dreamstime.com:** Rajcreationzs (cb); Skypixel (crb). **14–15 Dreamstime.com:** Igor Zakharevich. **14 Dreamstime.com:** Florin Seitan (cra). **15 Alamy Stock Photo:** Science Photo Library (tl). **16 Dreamstime.com:** Fancytapis (ca); Sebastian Kaulitzki (tl); Skypixel (cr). **17 Dreamstime.com:** Sergey Novikov (bl). **18 Getty Images / iStock:** kali9 (cla). **18–19 Dreamstime.com:** Barbara Helgason (b). **20–21 Getty Images:** Ariel Skelley. **21 Dreamstime.com:** Didesign021 (clb); Dmitrii Melnikov (cb). **22–23 Dreamstime.com:** Axel Kock. **23 Dreamstime.com:** Mala Navet (crb); Katerina Sisperova (cb). **26 Science Photo Library:** Prof. P. Motta / Dept. of Anatomy / University "La Sapienza", Rome (b). **28 Getty Images / iStock:** BettinaRitter (bc). **29 Dorling Kindersley:** Natural History Museum, London (ca). **Getty Images:** Science Photo Library - Steve Gschmeissner (bl). **31 Alamy Stock Photo:** Phanie (cl). **32 Science Photo Library:** CNRI (ca). **36 Science Photo Library:** Astrid & Hanns-Frieder Michler (ca). **36–37 Dorling Kindersley:** Zygote. **37 Dreamstime.com:** Nmsfotographix (tr). **38–39 Science Photo Library:** Sciepro (t). **38 Alamy Stock Photo:** Science Photo Library (br). **40 Fotolia:** Zee (t). **42 123RF.com:** Langstrup (clb). **43 Dreamstime.com:** Sebastian Kaulitzki (cra). **44 Getty Images / iStock:** spukkato. **45 Alamy Stock Photo:** Kostya Pazyuk (cra). **Dreamstime.com:** Marko Sumakovic (cr). **Science Photo Library:** Steve Gschmeissner (bc). **46–47 Alamy Stock Photo:** Alexandr Mitiuc (c). **47 Dorling Kindersley:** Arran Lewis (br). **48–49 Science Photo Library:** Prof. P. Motta / Dept. of Anatomy / University "La Sapienza", Rome (c). **49 Alamy Stock Photo:** Science History Images (b). **50 Dreamstime.com:** Sebastian Kaulitzki (crb). **50–51 Dreamstime.com:** Piyapong Thongcharoen. **52 Dreamstime.com:** Andrey Armyagov (b). **53 Alamy Stock Photo:** imageBROKER (t). **54–55 Alamy Stock Photo:** RubberBall. **54 Dreamstime.com:** Oleksandr Homon (br). **57 Dreamstime.com:** Yobro10 (ca). **59 Dreamstime.com:** Timofey Tyurin (t). **Getty Images / iStock:** Freder (cb). **61 Alamy Stock Photo:** MedicalRF.com (tl). **Science Photo Library:** Dr Goran Bredberg (bc). **62 Getty Images / iStock:** stock_colors (tl). **62–63 Getty Images / iStock:** ScantyNebula (tc). **63 Getty Images / iStock:** Elen11 (tr). **64–65 Dreamstime.com:** Nataliia Maksymenko. **66 Dreamstime.com:** Berlinfoto (clb); Laneigeaublanc (cb). **67 Alamy Stock Photo:** Cultura Creative (RF) (cb); Top Notch (crb). **68 Dreamstime.com:** Jacek Chabraszewski (cb). **69 Alamy Stock Photo:** Philip Berryman (bc). **70 Dreamstime.com:** Andranik Hakobyan (cl); Valeryegorov (c); Andrey Popov (cb); Ziggymars (tr). **71 Dreamstime.com:** (tc); Ziggymars (tl). **74–75 Dreamstime.com:** Andrey Armyagov. **75 123RF.com:** Marek Poplawski / mark52 (bl). **Alamy Stock Photo:** blickwinkel (bc). **Dreamstime.com:** Fifoprod (cra). **76 Shutterstock.com:** Onjira Leibe (clb). **77 123RF.com:** Jose Jonathan Heres (cr). **78 Alamy Stock Photo:** imageBROKER (tl). **Dreamstime.com:** Ammentorp (bl); Katerynakon (tr). **Science Photo Library:** Lennart Nilsson, TT (br). **79 Alamy Stock Photo:** Science Photo Library (clb). **Dreamstime.com:** Smith Assavarujikul (tr); Magicmine (crb). **80–81 Getty Images:** PhotoAlto / Odilon Dimier. **81 Science Photo Library:** Dennis Kunkel Microscopy (bl). **82 Getty Images:** Ed Reschke (clb). **83 Dreamstime.com:** Dzmitry Baranau (cla). **84–85 Alamy Stock Photo:** imageBROKER. **85 Dreamstime.com:** Mashimara (cla); Photodynamx (ca). **86–87 Science Photo Library:** Richard Wehr / Custom Medical Stock Photo (tc). **86 Dreamstime.com:** Seventyfourimages (cb); Timofey Tyurin (crb). **87 Getty Images:** Thomas Barwick. **88 123RF.com:** Vladislav Zhukov (clb). **Dreamstime.com:** Kouassi Gilbert Ambeu (bc). **Getty Images / iStock:** kool99 (bl). **89 Dreamstime.com:** Sergey Novikov. **Science Photo Library:** Bo Veisland (br). **90 Dreamstime.com:** Lunamarina (b); Okea (t). **92 Dreamstime.com:** Decade3d (cl); Tatyana Vychegzhanina (clb). **92–93 Dreamstime.com:** Okea. **93 Dreamstime.com:** Sebastian Kaulitzki (cra). **94 Dreamstime.com:** Glenda Powers. **95 Dreamstime.com:** Golfxx (cra); Ljupco (l). **96 Dreamstime.com:** Chernetskaya (tc); Lunamarina (tl); Yobro10 (tr). **97 Dreamstime.com:** Katarzyna Bialasiewicz (cb); Famveldman (tl); Nadezhda Bugaeva (tc); Jose Manuel Gelpi Diaz (tr); Dmytro Gilitukha (clb). **98–99 Dreamstime.com:** Erik Reis. **99 Dreamstime.com:** MNStudio (cla). **100 Alamy Stock Photo:** Yon Marsh (cra). **101 Dreamstime.com:** Chinnasorn Pangcharoen (cra). **102 Dreamstime.com:** Denys Kuvaiev (bl). **103 Dreamstime.com:** Jbrown777 (cr); Monkey Business Images (cra). **104 Alamy Stock Photo:** BSIP SA (cl). **Science Photo Library:** Zephyr (c). **104–105 Dreamstime.com:** Monkey Business Images. **106–107 Alamy Stock Photo:** Alfafoto. **107 Science Photo Library:** Dennis Kunkel Microscopy (br); Steve Gschmeissner (crb). **108 Dreamstime.com:** Deyangeorgiev (crb); Wave Break Media Ltd (cra). **109 Alamy Stock Photo:** RooM the Agency (cla). **Dreamstime.com:** Chih Yuan Wu (clb). **110 Dreamstime.com:** Korn Vitthayanukarun (tc). **110–111 Getty Images / iStock:** Photodisc. **111 Alamy Stock Photo:** Universal Images Group North America LLC (bc). **Dreamstime.com:** Kts (bl). **112 Getty Images / iStock:** akesak (cla). **112–113 Dreamstime.com:** Kittipong Jirasukhanont (tc). **114 Getty Images:** SSPL (br). **115 Dreamstime.com:** Saaaaa (bc). **117 Dreamstime.com:** Georgios Kollidas (tr); Sloka Poojary (cla). **118 Alamy Stock Photo:** Westend61 GmbH (bl). Robert Steiner MRI Unit, Imperial College London: (r). **119 Dreamstime.com:** Monkey Business Images (cb); Trutta (bc). **Getty Images / iStock:** akesak (tr). Robert Steiner MRI Unit, Imperial College London: (l). **120 Dreamstime.com:** Katerynakon (clb). **121 Dreamstime.com:** Irochka (cra); Maya Kruchankova (cr). **122–123 Dreamstime.com:** Tatiana592 (tc). **122 123RF.com:** anmbph (cr). **Getty Images / iStock:** Evgen_Prozhyrko (clb). **123 123RF.com:** akkamulator (cra). **Dreamstime.com:** Per Boge (cl); Paul-andré Belle-isle (clb). **124–125 Dreamstime.com:** Juan Gaertner. **124 Science Photo Library:** Steve Gschmeissner (br). **125 Dreamstime.com:** Sebastian Kaulitzki / Eraxion (bl); Ilexx (cra). Getty Images: Ed Reschke (bc). **127 Dreamstime.com:** Edgars Sermulis (cr). **128 Alamy Stock Photo:** Edward Olive (c). **Science Photo Library:** Andy Crump (bl); Patrice Latron / Look at Sciences (bc). **128–129 Dreamstime.com:** Kittipong Jirasukhanont. **130–131 Alamy Stock Photo:** Dmitri Maruta (b); PA Images (t). **131 Alamy Stock Photo:** Universal Images Group North America LLC (br). **Science Photo Library:** Burger / Phanie (tr). **134 Alamy Stock Photo:** MedicalRF.com (cr). **Dreamstime.com:** Nataliia Maksymenko (bl). **134–135 Alamy Stock Photo:** Westend61 GmbH (bc). **Dreamstime.com:** Tirachard Kumtanom. **135 123RF.com:** anmbph (c). **Alamy Stock Photo:** Science History Images (cla). **Getty Images / iStock:** spukkato (tr). **136 Dreamstime.com:** Ljupco (bl). **Science Photo Library:** Dennis Kunkel Microscopy (cr). **136–137 Dreamstime.com:** Tirachard Kumtanom. **137 Dorling Kindersley:** Arran Lewis (tr). **Dreamstime.com:** Juan Gaertner (b); Mala Navet (tl); Georgios Kollidas (c). **140 Dorling Kindersley:** Zygote (bl). **141 Dreamstime.com:** Igor Zakharevich (tl). **143 Dreamstime.com:** Sebastian Kaulitzki (br).

Endpaper images: *Front:* **Dreamstime.com:** Juan Gaertner; *Back:* **Dreamstime.com:** Juan Gaertner.

Cover images: *Front:* **Dreamstime.com:** Ruslandanylchenko95, Skypixel crb, Studio29ro c, Igor Zakharevich br, Ljupco; *Back:* **Dorling Kindersley:** Natural History Museum, London tc, Arran Lewis; **Dreamstime.com:** Sebastian Kaulitzki, Ruslandanylchenko95; *Spine:* **Dreamstime.com:** Igor Zakharevich ca.